犹太人智慧秘籍

两个人总比一个人好。人应交友以便能跟他一起读《圣经》，一起研习《密西拿》，一块儿吃饭，一同饮酒，并向他吐露心曲。（《塔木德》）

犹太人智慧秘籍

连山◎编著

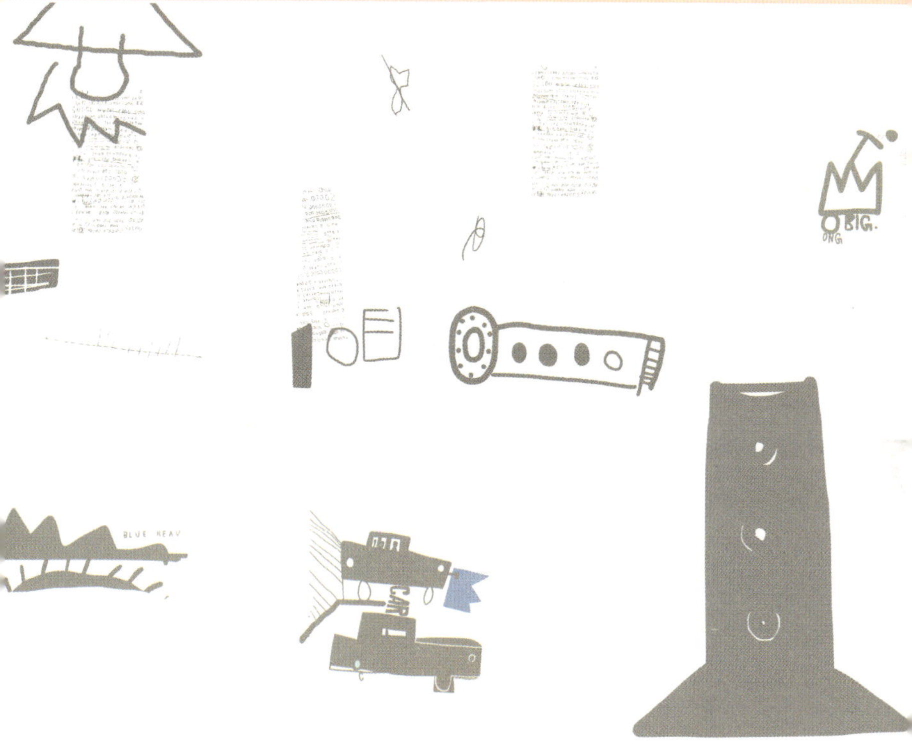

四川人民出版社

图书在版编目（CIP）数据

犹太人智慧秘籍 / 连山编著 . -- 成都 : 四川人民出版社 , 2018.12

ISBN 978-7-220-10857-0

Ⅰ . ①犹… Ⅱ . ①连… Ⅲ . ①犹太人－人生哲学－通俗读物 Ⅳ . ① B821-49

中国版本图书馆 CIP 数据核字 (2018) 第 148201 号

YOUTAIREN ZHIHUI MIJI

犹太人智慧秘籍

连山　编著

出 版 人	黄立新
策划组稿	张明辉
责任编辑	罗晓春　戴黎莎
营销策划	张明辉
插画绘制	金版文化
封面设计	黄健民
责任校对	袁晓红
责任印刷	许　茜
出版发行	四川人民出版社（成都槐树街2号）
网　　址	http：//www.scpph.com
E-mail	sarmcbs@sina.com
新浪微博	@四川人民出版社
微信公众号	四川人民出版社
发行部业务电话	（028）86259624　86259453
防盗版举报电话	（028）86259624
印　　刷	深圳市雅佳图印刷有限公司
成品尺寸	135mm × 180mm
印　　张	14
字　　数	300千
版　　次	2018年12月第1版
印　　次	2018年12月第1次印刷
书　　号	ISBN 978-7-220-10857-0
定　　价	42.80元

前言

PREFACE

众所周知，犹太民族是一个苦难深重的民族，他们遭遇过形形色色的排犹主义，然而，这样一个总是在夹缝中求生的民族，却在世界的经济、科技、思想、文化、教育、服务等各个领域，都有着举足轻重的地位，涌现出了大批世界级的科学巨匠、思想艺术的大师、顶尖的政治家、卓越的外交能手、石油王国的巨子、传媒帝国的巨擘、华尔街的天才精英、好莱坞的娱乐大亨，等等。据《福布斯》杂志统计，世界前400名亿万富翁中，有60人是犹太人，占总数的15%；犹太人获诺贝尔奖的人数超过了240人，是世界各民族平均数的28倍。可以说，犹太人的左手拿着巨额的财富，右手捧着智慧的宝典，屹立于世界民族之林。甚至有人断言：没有犹太人，世界的历史将会重写。犹太人如此卓越的根源究竟在哪里呢？这里就不得不提到犹太民族的三大智慧奇书：《塔木德》《财箴》和《诺未门》。

《塔木德》是犹太民族的一部古老经典，被译成十几种语言在全世界广泛流传。《塔木德》成书于公元3世纪到5世纪，原典全套20卷，总计12000页，250万字，内容庞杂，大至宗教、经商、律法、民俗、伦理、医学，小到起居、饮食、洗浴、着衣、睡眠等，无所不包，凝聚了10个世纪中2000多位犹太学者对自己民族智慧的发掘、思考和提炼，是整个犹太民族的精神支柱和生活方式的导航图，是犹太文明的智慧基因库，也是犹太人经商致富和为人处世的秘籍。它不仅是犹太人的精神支柱和行动指南，更被世人看作智慧与金钱合一的象征、经商与为人合一的象征。

相传在公元前400年左右，犹太民族的先人留下一本《财箴》，它曾在犹太人中广泛流传，并被奉为掌握理财、创富技巧的宝典。但是自公元136年，犹太人被罗马人强行驱逐出巴勒斯坦成为难民以后，《财箴》也随之消失了……后来一个名叫科比的犹太富豪出高价担保，拿到了一份珍贵的羊皮卷，并利用高科技手段对文字进行了模拟复原。经过许多犹太专家多方查证史料，终于确定羊皮卷上的内容正是犹太民族消失了近2000年的那部“如何面对和获取财富的理财圣典”——《财箴》。其后，专家们进一步发现《财箴》的内容很简练，也很精辟，处处显示着犹太式的智慧。

此外，犹太人还有一部专门讲述独特家庭教育方法的典籍，那就是《诺未门》。《诺未门》是犹太人的家教“圣经”，作为一种培养人才的先进教育理念和完备的教育体系，它已经在世界上流行了3000多年。它是犹太家庭教育的经典，许久以来，它在每一个犹太家庭中流传。

本书对《塔木德》《财箴》和《诺未门》中浩若烟海的智慧进行了归纳和总结，将其分为四个类别，即经商智慧、处世智慧、教育智慧和口才智慧，堪称一部有关犹太人智慧的百科全书，全面揭示了犹太人的思维方式、致富策略、处世哲学以及教育方法。书中没有泛泛的理论讲述，而是从头到尾都由引人入胜的有关犹太人的故事组成，故事所要表达的思想直接、鲜明地体现了犹太人独特的智慧。经过时间的历练和成功的实践，这些智慧已经成为全世界各民族公认的宝贵精神财富，亿万人通过学习这些智慧而从中受益。

目录

CONTENTS

第一篇　犹太人的经商智慧

第二篇 犹太人的处世智慧

第三篇　犹太人的教育智慧

第一篇

犹太人的经商智慧

PART 01 赚钱是商人的天职——树立正确的金钱观

金钱是现实的上帝

犹太人经商智慧要诀

金钱给人间以光明，金钱给众生以温暖。金钱让说坏话的人舌头发硬，金钱让举起屠刀的人呆立发愣。金钱给神购买了礼物，敲开了神那紧闭的门。（《塔木德》）

钱对犹太人来说，绝不仅止于财富的意义。钱居于生死之间，居于他们生活的中心地位，是他们事业成功的标志。这样的钱必定已具有某种“神圣性”。钱本来就是为应付那些最好不要发生的事情而准备的，钱的存在意味着这些事可以避免发生。所以，赚钱、攒钱并不是为了满足直接的需要，而是为了满足对安全的需要！至今在犹太人家庭中还有一种习惯，留给子女的财产至少不应该比自己继承到的财产少。这种心愿代表着犹太人对后辈的祝福。

不论在古代还是现代，金钱在社会中的作用是不可以低估的。犹太人这样说："富亲戚是近亲戚，穷亲戚是远亲戚。"犹太人的历史一再地验证了这个事实。当他们没有金钱的时候，就处于社会的底层，人们看不起他们，他们走到哪里都会受到凌辱和压迫。而等到他们有了钱，就可以和贵族平起平坐，人们对他们钦慕和妒忌不已。社会上，没有钱的人注定是可怜的，而要获得尊严和尊敬就需要有钱。

"二战"后，在驻日本的联合国军某司令部里，犹太士兵总是无端地受到多方的歧视，根本没有尊严可谈。犹太士兵只要走过，白人士兵必然要满怀憎恨和轻蔑地骂一声"犹太鬼"，任何人都可以随便地挖苦犹太士兵一番，而犹太士兵虽然恼火却无可奈何。

有个叫威尔逊的犹太人，由于他的军衔低微，因此更是受到白人士兵和高级军官们的歧视。大家都看不起他，背地里经常议论他，他饱尝了人们对他的各种侮辱。但是他拥有犹太人智慧的头脑。一开始他口袋里也没有钱，他就省吃俭用，积攒一小笔钱，然后他把这笔钱借贷出去。在白人士兵里花钱大手大脚的现象普遍存在，他们总是等不到发薪水的时候，就囊中羞涩了。他们看到威尔逊有钱，就迫不及待地向他借。

威尔逊借钱给他们，同时还要求他们在一个月内还清，且附带高额的利息，但是那些士兵们早就管不了那么多了。威尔逊收到这些利息之后总是继续攒起来再借贷给那些士兵们。

对于没有钱可还的人，威尔逊就让他们把自己值钱的东西做抵押，然后再高价卖出去。这样，没过多久，威尔逊就过上了富裕的生活。他还买了两辆车和一栋别墅，他变成了士兵中的“大款”。这些待遇即使是高级军官也未必可以享受得到。那些经常过山穷水尽、灰头土脸的日子的白人士兵，对威尔逊趾高气扬的样子再也没有出现过了，他们都欣羡不已。

威尔逊用自己的富有为自己赢得了尊严。

金钱不仅可以购买尊严，还可以购买你所能想象得到的很多东西。有了金钱，你就拥有了大家仰慕的生活方式，有了大家对

你的恭维和羡慕；你还有了发言的权利，“富有的愚人的话人们会洗耳恭听，而贫穷的智者的箴言却没有人去听”。在今天，金钱已经是成功的标志和人生价值的重要衡量标准，在一些人的眼里甚至已经成为唯一的衡量标准。

犹太人认为金钱是上帝给的礼物，是上帝给人以美好人生的祝福。他们对金钱的热爱不仅仅局限于现实生存的需要，而且是一种精神的寄托，更是美好人生的必要手段和工具。

简言之，金钱已成为犹太人现实的“上帝”。

下面来看看金钱这位现实的“上帝”是如何救赎犹太人的。

由于历史和宗教的原因，犹太人的命运始终处于风雨飘摇之中。在遭受异族排挤时，在面临反犹分子的血腥杀戮时，他们不止一次地“请”出了“钱”——这位现实的“上帝”。这时，我们或许能明白犹太人不惜一切赚钱的真正原因了。对他们来说，赚钱就是为了生存。

在历史上，金钱曾多次充当了犹太人的“保护神”。17世纪的荷兰是一个典型的资本主义国家。当时，荷兰一方面摆脱了西班牙的军事政治统治，另一方面摆脱了宗教的干涉和纷争，工商业尤其是商业发展很快，它的资本总额比当时欧洲其他所有国家的资本总额还要多。

1654年9月，一艘名为“五月花”的航船由巴西抵达荷属北美殖民地的一个小行政区——新阿姆斯特丹。这里属于荷兰西印度公司的前哨阵地。

“五月花”为北美带来了第一个犹太人团体——23个祖籍

为荷兰的犹太人，他们是为了逃避异端审判而来到新阿姆斯特丹的。但当他们筋疲力尽地抵达这里时，出于宗教偏见，当地的行政长官彼得·施托伊弗桑特却不允许他们留在当地，而是要他们继续向前航行，并呈请荷兰西印度公司批准驱逐这些犹太人。

施托伊弗桑特没有想到，当时的荷兰已不是中世纪的荷兰，犹太人也不是毫无权力和任人宰割的。这些新来的犹太人一方面据理力争，另一方面设法与荷兰西印度公司中的犹太股东取得了联系。在犹太股东，也就是施托伊弗桑特的"雇主"的有力干预下（荷兰西印度公司对犹太股东的依赖远甚于对施托伊弗桑特的依赖），这个小行政区的行政长官不得不收回成令，准许犹太人留下，但保留了一个条例：犹太人中的穷人不得给行政区或公司增加负担，应由他们自己设法救济。这个条件对犹太人来说毫无意义，因为自大流散以来，犹太人就没有向基督教会乞讨过，他们有足够的能力照顾好自己。这些犹太人就此定居下来，并且建立了北美洲第一个犹太社团。后来，这里发展成了北美洲最大的犹太人居住区。

就这样，犹太人用金钱铸造了一根"魔杖"。然而，这根"魔杖"的无上法力又指向何处呢？对于犹太人来说，钱绝不仅是财富的象征。在他们看来，金钱保证了生存，指挥了政治，推进了慈善。

众所周知，经济是政治的基础，政治反作用于经济。精明的犹太人早已参透了金钱与权力之间的玄妙。他们以金钱为饵，换来了政治上的发言权，又倚靠着政治资本，在商场上肆意驰骋。

在犹太人的历史上，金钱一直都是他们赖以存活的根本。金钱可以在他们被追杀时买通别人得以逃脱；金钱可以在他们被人看不起时买回自己的尊严，得到尊敬……金钱对于犹太人来说是如此的重要，犹太人将金钱视为现实生活中的“上帝”也就不难理解了。

金钱无贵贱之分

犹太人经商智慧要诀

金钱平等，因此人格平等，于是怀有赚大钱的欲望才好。金钱对于任何人来说，都是平等的，它没有高低贵贱的差别。（《塔木德》）

有一位演讲者在一个公众场合演讲。他拿起了50美元，高举过头顶：“看，这是50美元，崭新的50美元。有谁想要？”结果所有的人都举起了手。然后，他把这张纸币在手里揉了揉，纸币变得皱巴巴的了，然后又问观众：“现在有人想要这50美元吗？”所有的人举起了手。

他把这张纸币放在地下，用脚狠狠地踩了几下。钱币已经变得又脏又烂了。

他拿起钱来，又问：“现在还有人想要吗？”结果还是所有的人都举起了手。于是他说：“朋友们，钱在任何时候都是钱，它不会因为你揉了它，你把它踩烂，它的价值就会有任何的变化。它依然可以在商店里花出去。”

为什么那张钞票在那个演讲者的手里揉皱了，又被他踩脏弄破了，还是有人想要它呢？

因为钞票就是钞票，钞票是没有高低贵贱的，它不会因为受到了什么“待遇”就有所差别。它还是同以前一样有价值，和其他等面值钞票的价值是一样的。只要它们的价值一样，钞票都是平等的。

犹太人就是这样的观念。他们认为“金钱无姓氏，更无履历表”。他们自信，不管通过什么方式、什么途径，只要是通过自身辛勤劳动合法赚来的钱，都是心安理得的。因此，他们通过千方百计的经营，尽量赚取更多的钱。不管这些钱是农夫卖产品得来的，还是知识分子以脑力劳动得来的，都是收之无愧，泰然处之。

赚钱有术的犹太人数不胜数，以放债发迹的亚伦就是典型的一例。

这位移居英国的犹太人从打工开始，用积蓄的一点小钱做些小生意。由于生意的扩大，他需要资金周转，不得不向钱庄或银行借钱。他在自己的实践中发觉，向别人借钱的代价确实太高，往往与商业经营获得的利润相差无几。他想，自己辛辛苦苦经营全为银行打工，而且风险比银行还大，倒不如自己从事放债业务合算。几年后，他开始了放债业务。他一边经营小生意，一边抽出部分资本贷给急需用钱的人。另外，他又从银行贷来利率相对较低的钱，以较高的利率转贷给别人，从中赚

取差额利润。有些等钱应急的生产者或个人，宁愿以月息20%借贷，这样，等于100元放贷1年，可获得240%的回报率，这比投资做买卖更能赚钱。亚伦正是盯着这个赚钱的路子，才迅速走上发迹之路的。亚伦63岁逝世时，留下的钱财在当时的英国是首屈一指的。

犹太人的经商活动，有一个看似简单却很难做到的特点，他们对顾客总是一视同仁，且不带一丝成见。

犹太人的观念中，除了犹太人外，不管是英国人、德国人、法国人或意大利人等，一律被称之为外国人。为了赚钱，不管你是哪一国的人，主张何种主义，信仰何种宗教，都是他们交易的对象。他们绝对不会因为对方是“异教徒”或者是其他人种而放弃一笔能赚钱的生意。

例如，住在美国的一位名叫合利·威尔斯顿的犹太钻石商人，他联合全世界的犹太钻石商组成一个庞大的集团和其他国的人做生意。又如，居住在瑞士的犹太人，最能利用中立国的特性，同时联络美国的犹太人和俄国的犹太人来从事国际性的交易。在犹太人的脑海里，没有意识形态之分。为了共同的目的，他们可以紧密地联系在一起，共同对付外人。在进行贸易往来时，无论你是美国人还是俄国人，无论你是西欧人还是非洲人，只要你和他的这笔交易能给他带来利润，他就可以和你交易。因此，如果有人对他们与苏联商人做生意而指责他们时，犹太人会疑惑不解地歪着头反问："和苏联人做生意有什么不好呢？"他们的目的就是赚钱，他们所信奉的就是做生意，获得最大的利益。哈默就是突出的代表。在苏联刚刚成立时，世界上的资本家都不敢涉足这个国家，只有这个名叫哈默的犹太人"胆大包天"，与苏联做生意发了大财。他也由此起步，成了20世纪世界历史上最富传奇色彩的商人。

要赚钱，就不要顾虑太多，不能被原来的传统习惯和观念所束缚，要敢于打破旧传统，接受新观念。试想一下，如果因为和对方的思想意识不同，自己在原来成见的作用下，主动放弃了一次赚大钱的机会，岂不是太可惜、太不值得了！我们知道，金钱是没有国界的，所以，赚钱就不应当区分国籍，为自己设置赚钱的种种限制。聪明的犹太人很早就认识到这点，所以他们很团结，结合在一起共同赚钱，这就是他们成功的原因所在！

犹太人还认为金钱是没有性质的，所谓的性质是人自己主观强加给金钱的。如果说金钱在恶人手里就是罪恶的，那么让善良的人把它赚回来就可以是善的了。犹太人认为，主观区分钱的性质是件荒唐的事，那样做不但浪费时间，而且又束缚思想。

现金至上

犹太人经商智慧要诀

手头没钱就是穷人。（《塔木德》）

有这样一则笑话：有一位犹太人，临终之际，把所有的亲戚朋友都叫到了床前，对他们嘱托后事，说道："请将我的财产全部换成现金，用这些钱去买一床最高档的毛毯和一张最昂贵的床，然后把余下的钱放在我的枕头底下。等我死了，再把这些钱放进我的坟墓，我要带着这些钱到那个世界去。"

亲友们按照他的安排，买来了毛毯和床。这位富翁躺在豪华的床上，盖着柔和的毛毯，摸着枕边的现金，安详地闭上了眼睛。遵照富翁的遗嘱，死者留下的那一笔现金和他的遗体一块儿，被放进了棺材。

这时，死者的一位老朋友前来向他的遗体告别。当他听说死者的财产都换成了现金并已随死者的遗体一块被放入了棺材时，立即从衣袋里掏出了支票和笔，飞快地签上金额，撕下支票，放入棺材。同时，又从棺材中取出现金，并轻轻地拍着死者的脑门，说道："老朋友，金额与现金相同，你会满意的。”

这则笑话说明了犹太人对现金的偏爱。

在现实生活中，犹太人中也不乏痴爱现金的。19世纪的南非首富之一、犹太钻石商巴奈·巴纳特就说：“始终和现金或现金之类的东西打交道，喜欢钻石、金镑和纸币。”这位富翁从来不喜欢那些称为“股票”的玩意儿。

还有一位英国犹太富商，欧洲第三大食品生产和经营集团卡文哈姆公司的老板詹姆斯·戈德文密斯爵士也特别迷恋现钞，他有这样的怪癖：他在卖东西时，一般都要求别人支付现金，但是在买东西时，他尽量用股票支付或者用长期赊购的方式。

犹太人之所以奉行彻底的现金主义，一方面是因为他们在大流散中可以随身携带现金逃跑，另一方面是因为他们对任何人都不放心，一旦将商品赊出去，拿不回钱怎么办？如果马上要逃跑，岂不要白白损失？所以，唯有现金才是安全的。

动荡的生活环境决定了犹太人在财产选择上的与众不同。他们通常是持有现金，或把钱换成黄金或钻石，固定财产几乎为零。

聪明的犹太人不会去购买土地营建价值连城的别墅，尤其在战乱的年代，一看政治风向不对，他们就马上席卷家产而逃，只有随身携带的财产是他们逃难时的生活依靠。有了它们，任何天灾人祸他们都不会担心，现金就是他们生活的保障。因此，犹太人对现金的偏爱程度是无以复加的。

彻底采取现金主义，是犹太人的商道之一。这在日常生活及交往中表现得特别明显。与他国商人打交道时，他们心中想的是：“那个人今天究竟带了多少现款？”更令人惊讶的是他们对公司的评价："今天那个公司，换成现款，究竟值多少？"总的来说，他们关心的是现金，脑子里除了现金，没有其他的货币形式。

犹太人这一"保守"的观念，决定了他们的商品交易力求现金交易。纵然交易的对方，在一年后确能变成亿万富翁，也难保证他明天不发生意外。人、社会及自然，每天都在变，只有现金是不变的。这是犹太人的信念，也是犹太教的"神意"。

银行存款，短期内的确可以获得一大笔利息，但是物价在存款生息期间不断上涨，货币价值随之下降，尤其是存款者本人死亡时，还须向国家缴纳继承税。所以，无论多么巨大的财产，存放在银行，相传三代，将会变成零。这就是税法上的原则。

现款确实不增值，但物价上涨对其影响不大，而且最关键的是手持现款，避免了在银行的财产登记，在财产继承时，不需要向国家缴纳遗产继承税。所以，手持现款时，财产既不增多，也不减少。

犹太人认为，银行存款和现金相比，当然是现金最可靠，既不获利也不亏损。小心谨慎的犹太人自然在二者择一的条件下选择了后者。因为，对犹太人来说，"不减少"正是"不亏损"的最基本做法。想借助银行存款求得利息，是不太可能获得利润的。对钱财的保管，从古至今，每个国家的人们都有自己的一系列办法。在中国，银行出现以前，人们为了生命和财产安全，通常把金银元宝埋藏在秘密的地方。当前，也有一些人不太信任银行，仍旧用原始方法保存现款。其实，这种方法存在许多弊端。

首先，人们拥有的现款大多数是纸币，一旦发生意外事故，如失火等，将损失惨重。

其次，巨款在身，对生命也构成威胁。

现款是不能随便放置的，它需要一个安全的“藏身”之地。

犹太人不把现款存入银行，那么家缠万贯的犹太人到底怎样保护现款的呢？每天都把现款携带在身？当然不可能，这样也不安全。他们已经为现款找到安全之处——银行，不是存款于银行，而是把现款放在银行的保险柜里。

日本具有“银座的犹太人”之称的藤田先生，在访问美国服饰用品商、犹太人狄蒙德先生时，曾参观了他的现款保险柜，他的保险柜里装着现行的各种纸币，也有五六年前的各种旧币，还有金块，约合日币二三十亿元。如此巨大的财产，狄蒙德先生却十分放心地置放于此。因为银行是个极其安全的地方，有一流的安全防卫措施，专门的防卫人员，把现款放于此，当然可以高枕无忧了。

赚钱天经地义

犹太人经商智慧要诀

金钱既非可诅咒亦非罪恶，而是造福人类的东西。（《塔木德》）

对于钱，犹太人既没有避之如祸，也没有恶之如鬼，更没有既想要钱又羞于碰钱的尴尬心理。对于犹太人来说钱干干净净、平平常常，赚钱大大方方、堂堂正正。

犹太人认为赚钱天经地义，是最自然不过的事。如果能赚到的钱不赚，那简直就是对钱犯了罪，要遭上帝惩罚。

犹太人中间流传着这样一个笑话：

一个拉比、一个神父、一个牧师，坐在同一辆火车上。他们在一起谈论着各自的教徒和天命。

牧师说，他总是在办公室的地板上画个小圈，然后把募捐盘里的钱币拿出来抛向空中。“恰好落在小圈里的是给上帝的，剩下的是给我的。”神父说他也是这样做的。拉比说：“我所做的与你们略有不同，我把钱扔向空中，上帝能接到多少就拿多少，剩下的就是给我自己的。”

对于金钱，犹太人是大大方方地视钱如命的，哪怕是像拉比这样的神职人员。在他们的心目中，“伟人”就是既富有又具有生活情趣的人。即使你是大名鼎鼎的学者，但一贫如洗，犹太人也是绝对看不起的。犹太人最讨厌贫穷。他们认为，贫穷就是耻辱，就是罪恶。所以，犹太民族也被称为“钱的民族”，他们对金钱有着“准神圣”的膜拜，善于赚钱同信仰宗教一样构成了犹太民族醒目的标志。

中国人在赚钱的时候，往往特别注意钱的出处。例如，经营妓院或色情酒吧等赚的钱是肮脏的钱，是绝对不光彩的。规规矩矩地工作所赚的工资是干净的钱。然而，犹太人的看法却是大不相同的。

在犹太人的眼中，钱是没有区别的。他们想的是——既然是钱，管它是什么样的钱，我就可以去赚。在他们的观念中，金钱既不是罪恶也不应被诅咒，而是一种对人类的祝福。可以说，犹太人是典型的拜金主义者。这与犹太人的历史过程有相当大的关系。自从罗马帝国占领犹太人的地域后，犹太人就被逐出祖国，流浪在世界各地，饱受迫害和杀戮。他们没有自己的国家，更谈不上主权。政治权力靠不住，只有金钱，才是他们生存的唯一依靠。总之，对犹太人来说只有金钱才能给他们带来快乐及其他，他们可用金钱对付歧视，用金钱买回快乐。几千年来流浪异国他乡的生活，使他们形成了这种金钱观。而正是这种金钱观，为犹太人赚钱减少了障碍，开辟了不少的财源。

大财团希尔斯是犹太人的杰出代表，他的始祖名为迈耶·希尔斯，少年时在另一个成功的犹太商贾处当学徒。后来自立门户经营古董商店，以贵族巨贾为推销对象。在18世纪后半期至19世纪的动乱期间，因善于应变和经营，获得了巨大的盈利。他的经商手法可以说是犹太人的典范。

犹太人嗜钱如命，为了赚钱，他们绞尽脑汁，用尽各种办法。

有这样一则故事：

加利是位犹太人，他曾为一个贫穷的犹太教区写信给伦贝格市一位有钱的煤商，请他为了慈善的目的赠送几车皮煤来。

商人回信说：“我们不会给你们白送东西。不过我们可以半价卖给你们50车皮煤。”

该教区表示同意先要25车皮煤。交货3个月后，他们既没付钱也不再买了。

不久，煤商寄出一封措辞强硬的催款书。没几天，他收到了加利的回信：

“您的催款书我们无法理解。您答应卖给我们50车皮煤，减掉一半价钱，25车皮煤正好等于您减去的价钱。这25车皮煤我们要了，那25车皮煤我们不要了。”

煤商愤怒不已，但又无可奈何。他在高呼上当的同时，却又不得不佩服加利的聪明。在这其中，加利既没耍无赖，又没搞骗术，他们仅仅利用这个口头协议的不确定性，就气定神闲地坐在家里等人“送”来了25车皮煤。

这就是犹太人的赚钱高招。

犹太人在对工作的选择方面也不同于他人。如果当一个体面的白领所领的工资还没有自己做一份不怎么起眼的小本生意拿得多，那么他们一定会毫无疑问地选择那份虽不体面但利润颇多的小本生意。

富凯尔在日本见过这样的一件事情，并且他个人也相当赞同：

富凯尔在一个小摊上吃了一碗枸杞汤。由于闲着无事，就和摊主聊了起来。这时他才发现，原来摊主以前是一个专攻化学的大学生，而且曾在某公司任化学技师。

富凯尔感到不解，通过谈话他才真正明白。这位技师感觉自己不过是像机器中的一颗小螺丝钉一样任人摆布，觉得毫无趣味，便毅然选择自由自在地摆起了小摊。

他这样做有的人会认为不理智。当技师多体面呀，非要把自己变成一个小商贩，这不是让家人觉得在朋友面前很不体面吗？

是的，有很多人都这样认为，但是你看看作为犹太人的富凯尔是怎么看待的吧。他认为，人不可真的为了面子而“打肿脸充胖子”，不然会吃很多不必要的苦头。犹如那位卖枸杞汤的人，当技师虽然够体面，但月薪才10万日元，生活并不像表现出来的那样体面，反而是相当拮据。他能清楚地认识到自己的处境，自己要面临的人生，于是他毫不犹豫地改了行。而且自从他摆上小摊以后，每月平均可挣到30万日元，生活得到大大的改善。

犹太人素来把金钱当作世俗的“上帝”，他们认为，在这个世界上除了上帝之外，就只有金钱最值得人尊敬和重视。

在《塔木德》中，有许多关于金钱的格言：

“《圣经》放射光明，金钱散发温暖。”

“伤害人们的东西有三：烦恼、争吵、空钱包，其中以空钱包为最。”

“一旦钱币叮当响，坏话便停止。”

“用钱去敲门，没有不开的。”

犹太人爱钱，但从来不隐瞒自己爱钱的天性。所以，世人在指责其嗜钱如命、贪婪成性的同时，又深深折服于犹太人在金钱面前的坦荡无邪。只要认为是可行的赚钱方法，犹太人就一定要赚，赚钱合乎常理，赚回钱才算真聪明。这就是犹太人经商智慧的高超之处。

赚钱是游戏

犹太人经商智慧要诀

金钱不神圣，不是高不可攀的圣物。（《塔木德》）

犹太人对钱持一种平常心。他们认为金钱同衣服一样，不过是一件有用的物品而已。有许多犹太大亨，他们手中掌握着数以百万、千万，甚至亿万的财富的时候，他们感觉手里拿的不过就是一堆纸张而已。如果他们把金钱看得很重，就不敢再那样心不跳、气不喘地赚钱了。

要想赚钱，就绝对不能给自己增加心理负担，而是应该从容地、冷静地对待。对金钱不感兴趣自然赚不到钱，然而倘若把金钱看得太重也就给自己背负了沉重的包袱。

犹太人注重金钱，认为金钱是现实中万能的“上帝”。金钱在他们眼中显得无比神圣，但是在赚取金钱的时候，他们已经把金钱当作是一种十分普通的东西，就和纸张、石头一样，丝毫不觉得金钱有烫手的感觉。

犹太人只把金钱当作是一种很好玩的物品。它在刺激着每一个人的神经去高度地投入获取它，人们投入资金的时候就是投入了一次次危险的但是有趣的游戏中。如果不是把赚钱当作游戏，而是看作一项沉重的工作，甚至是在拿命运做赌注的时候，心理的压力会十分强大，以至于人们不敢去冒风险。

犹太人这样形容自己：在赚钱的时候你就进入了一个游戏的世界。作为游戏的参与者，你要不停地和对手进行较量和角逐，你要采用一切办法和手段来胜过其他的人，你要超越所有的人才可以赢得最后的胜利。

著名的金融家摩根就是这样的赚钱观念，即绝不让赚钱变成一种沉重的负担，而是一种新鲜刺激的游戏。他认为只有以这种游戏的心态去赚取金钱，才是最佳的赚钱心态。

摩根赚钱甚至达到痴迷的程度。他一直有一个习惯，每当黄昏的时候，他就到小报摊上买一份载有股市收盘的当地晚报回家阅读。当他的朋友都在忙着怎样娱乐的时候，他则说："有些人热衷于研究棒球或者足球的时候，我却喜欢研究怎么赚钱。"

在谈到投资的时候，他总是说："玩扑克的时候，你应当认真观察每一位玩者，你会看出一位冤大头。如果看不出，那这个冤大头就是你。"

他从来不乱花钱去做自己不喜欢的事情。他总是在不停地琢磨怎么赚更多的钱。有的同事开玩笑说："摩根你已经是百万富翁了，感觉滋味如何？"摩根的回答让人玩味："凡是我想要的东西而又可以用钱买到的时候，我都能买到。至于其他人所梦想的东西，比如名车、名画、豪宅我都不为所动，因为我不想得到。”

他并不是一个为金钱而生活的人，他甚至不需要金钱来装饰他的生活。他喜欢的仅仅是游戏的感觉，那种一次次投入资金，又一次次地通过自己的智慧把钱赚回来的感觉，充满了风险和艰辛，但是也颇为刺激。他喜欢的就是刺激。摩根说：“金钱对我来说并不重要，而赚钱的过程，即不断地接受挑战才是乐趣，不是要钱，而是赚钱，看着钱滚钱才是有意义的。”

视钱为平常物，视赚钱为游戏，这就是犹太人的高明之处。唯有如此，才成就了那么多的犹太大亨。

有钱不置半年闲

犹太人经商智慧要诀

上帝把钱作为礼物送给我们，目的在于让我们购买这世间的快乐，而不让我们攒起来还给他。（《塔木德》）

在犹太人的观念里面，与其把钱放在银行里面“睡觉”，靠利息来补贴生活费，养成一种依赖性而失去了冒险奋斗的精神，不如活用这些钱，投资更具利益的项目。

犹太人经商有个共同特点，即采取彻底的现金主义。

犹太富商凯尔，资产上亿美元，然而他却很少把钱存进银行，而是将大部分现金放在自己的保险库。

一次，一位在银行有几百万存款的日本商人向他请教这一令他疑惑不解的问题。

“凯尔先生，对我来说，如果没有储蓄，生活等于失去了保障。你有那么多钱，却不存进银行，为什么呢？”

“认为储蓄是生活上的安全保障，储蓄的钱越多，则在心理上的安全保障程度越高，如此积累下去，永远没有满足的一天。这样，岂不是把有用的钱全部束之高阁，使自己赚大钱的机会减少了，并且自己的经商才能也无从发挥了吗？你再想想，哪有省吃俭用一辈子，光靠利息而成为世界上知名富翁的？”凯尔不慌不忙地答道。

日本商人反驳道：“你的意思是反对储蓄了？”

“当然不是彻头彻尾地反对。”凯尔解释道，“我反对的是，把储蓄当成嗜好，而忘记了等钱储蓄到一定时候把它提出来，再活用这些钱，使它能赚到远比银行利息多得多的钱。我还反对银行里的钱越存越多时，便靠利息来补贴生活费。这就养成了依赖性而失去了商人必有的冒险精神。”

凯尔的话很有道理，金钱只有进入流通领域，才能发挥它的作用。

犹太人经商，很重要的秘诀是不把钱放在银行变成存款。在18世纪中期以前，犹太人热衷于放贷业务，就是把自己的钱放贷出去，从中赚取高利。到了19世纪后期，直至现在，犹太人也更愿意把自己的钱用于高回报率的投资或买卖。

犹太人这种不让钱成为存款的秘诀，是一门资金管理科学。它说明做生意要合理地使用资金，千方百计地加快资金周转速度，减少利息的支出，使商品单位利润和总额利润都得到增加。

做生意总得要有本钱，但本钱总是有限的，连世界首富也只不过百亿美元左右。一个企业，哪怕是一般企业，一年也可做几十亿美元生意，如果是大企业，一年要做几百亿美元的生意，而企业本身的资本，只不过几亿或几十亿美元。他们靠的便是资金的不断滚动周转，把营业额做大。

在犹太人眼里，衡量一个人是否具有经商智慧，关键看其能否靠不断滚动周转的有限资金把营业额做大。

犹太人普利策出生于匈牙利，17岁时到美国谋生。一开始，他在美国军队服役，退伍后开始探索创业路子。经过反复观察和考虑后，他决定从报业着手。

为了从实践中摸索经验，他到圣路易斯的一家报社，向该老板求一份记者工作。开始老板对他不屑一顾，拒绝了他的请求。但经过普利策反复自我介绍和请求，老板勉强答应留下他当记者，但有个条件，半薪试用一年后再商定去留。

普利策为了实现自己的目标，忍受老板的剥削，并全身心地投入到工作之中。他写的文章和报道不但生动、真实，而且法律性强，吸引了广大读者。面对普利策创造的巨大利润，老板高兴地留用他为正式工，第二年还提升他为编辑。普利策也开始有了点积蓄。

通过几年的接触，普利策对报社的运营情况了如指掌。于是他用自己仅有的积蓄买下一间濒临歇业的报馆，开始创办自己的报纸——《圣路易斯邮报快讯报》。

普利策自办报纸后，资本严重不足，但他很快就渡过了难关。19世纪末，美国经济开始迅速发展，很多企业为了加强竞争，不惜投入巨资搞广告宣传。普利策盯着这个焦点，把自己的报纸办成以经济信息为主的报纸，增设广告部，承接多种多样的广告。就这样，他利用客户预交的广告费使自己有资金正常出版发行报纸。他的报纸发行量越多广告也越多，他的资金进入良性循环。即使在最初几年，他每年的利润也超过15万美元。没过几年，他成为了美国报业的巨头。

普利策开始身无分文，靠打工挣的半薪，然后以节衣缩食省下极有限的钱，一刻不闲置地滚动起来，发挥更大作用，是一位做无本生意而成功的典型。这就是犹太人“有钱不置半年闲”的体现，是成功经商的诀窍。

有句话说：“花钱如流水。”金钱确实流动如水，它永远在不停地运动周转流通，在这些过程中，财富就产生了。而过去那些土财主，把银子装在坛子里埋在房基下面，一万年以后还是这么多银子，丝毫也没有增值。

PART 02

做一个令人刮目相看的商人——练就一身超人的本领

亮出你的个性

犹太人经商智慧要诀

我讨厌模仿，如果你要成功，你应该朝着新的道路前进，不要跟随被踩烂的成功之路。（《塔木德》）

没有个性，人家就会忘却你。个性化的策略、个性化的产品、个性化的管理，都是十分引人注目的东西。

《塔木德》是这样规定的："不要把一种产品和其他产品混合，但为了提高品质，可以把度数高的葡萄酒倒入度数低的葡萄酒里。"看来，注重商品的品质，不仅是现在，早在古代，犹太人就意识到了。他们说，同一种作物会因为产地的不同、管理的差异而在品质上有所差别。因此，应对不同产地的同种作物进行区别，对各类商品进行分门别类，这样才可以获得好的价格。

可口可乐公司是美国饮食文化的象征，在全球可谓家喻户晓，它的商标价值已达400亿美元，但这家公司曾经差一点因放弃“个性”而夭折。

1886年11月15日上午，因饮酒过量而头痛的威尔克斯先生受“彭氏健身饮料可治头痛”的宣传，来到阿萨·坎德勒的药店，提出喝一杯彭氏健身饮料。店员一时疏忽，把配制彭氏健身饮料的原浆掺到了苏打水里，没想到威尔克斯喝完顿觉神清气爽，可口可乐由此诞生。

但是后来，可口可乐公司一度更改可口可乐的配方，以迎合想象中的大众口味，结果没得到市场认可，公司业务一落千丈，濒临倒闭。关键时刻，该公司只好沿用原先的饮料配方，以其怪怪的味道再度赢得了大众的青睐。

在这个竞争日益激烈的时代，唯有创新才能生存，才能在市场竞争中站稳脚跟，才能战胜对手。否则，企业就会停滞不前，甚至亏损破产。在这一点上，犹太人是最有发言权的，他们总是出人意料、标新立异，以鲜明的个性击败对手。

在犹太人看来，商业的个性就是独有的经商理念、特殊的经营模式、因环境条件有异而不可相互简单模仿的销售品种和价格等要素的总和。

莉莲·弗农就是一位敢于凭借自己的个性特色而获得商业成功的犹太女性。当1951年弗农开始在餐桌上组建邮订购物公司时，她当时是一个仅23岁且怀孕的家庭主妇，她试图为增添人丁的家庭赚取额外的收入。她用2000美元的嫁妆投资于购买最初的一批钱夹和腰带，并花了495美元在《十七》杂志上登广告。弗农以典型的普罗米修斯风格行事，准备开拓别人未曾问津的新领域。

弗农最初的两样产品腰带和钱夹，因具个性化的特色，首次邮购广告在最初的12周内就收到价值32000美元的订货额。弗农对未曾料到的成功欣喜若狂，她又刊登标有人名的书签，看看自己能否像第一回合这般幸运，结果这一新产品销售额较前一次翻番。于是弗农频频推出新产品，走上了顺道。她不仅取得了经济上的成功，而且随着新产品一次次地推向市场，也获得良好声誉。

莉莲·弗农成为世界女企业家巨头，是由于她直觉地感知人们所需要购买的产品特点，她不是运用传统的市场研究技巧或主顾群体来做出新产品的决策；相反地，她完全依赖自己的分析做出产品抉择。她感到自己的直觉力成为她区别于其他人的重要因素。尽管在所有伟大创业革新者身上都能发现敏锐的直觉力，大多数人并没意识到自己的非凡能力，弗农却觉察到这一重要品格，使莉莲·弗农公司在竞争激烈的商界独树一帜。

弗农推销方法中别出心裁之处，是从她商品目录册中购买的任何产品，如果不能让顾客完全满意，她将在10年内将钱全部如数退还给顾客。弗农商品目录册中销售的产品都是标有姓名的商品，上面印有直接生产厂家的名字，因此消除了产品转手倒卖的因素。这种别具一格的营销方法使公司跻身于《幸福》杂志500家公司之列，功效显而易见。弗农别出心裁的营销术，显示出她对自己的产品及决策具有充分信心，她的胆魄和信心明显得益于她与广大顾客的沟通，她把顾客服务放在首位，这便是莉莲·弗农公司大获成功的原因。

犹太富人的这一金科玉律也为其他国家的商人所模仿。

巴西某地一家礼品店为了招徕顾客，在电视台大做广告宣传自己制定的店规：凡是名人前来购物，一律不收分文，条件是必须以绝招来证明自己的身份。广告登出后，一些名人感到新奇，特来献技，远近顾客也慕名而来，想一睹名人风采。一时间礼品店顾客盈门，生意十分红火。

一天，球王贝利来到礼品店，顺手拿起店里一个足球放在地上，用脚轻轻一勾，球不偏不倚正好碰在门铃上，店内立刻铃声大振。未待铃声停止，贝利又用头一顶，把刚要落地的球顶到原来放球的位置。老板马上热情地邀请贝利挑选自己喜爱的礼品，且分文不取。不过球王的这一套干净利落的踢球动作早被聪明的老板摄下，成为商店吸引顾客的“法宝”。

推销一样的东西，你的推销方式就要与众不同一些，有个性一些；要想在市场竞争中站稳脚跟，战胜对手，同样也需要个性。

犹太民族始终坚信，否定个性的社会难以进步。自己扼杀自己个性的人也不会有进步。每个人都是尊贵的。神是照着自己造人的，神的造型各异，人形与神也就各异。倘若一个人只知道模仿大众，那就是忘了神赋予他的神圣使命——创造自己。世界和艺术一样，是由每一个人创造的。

犹太人认为，每个人都要珍视自己，并且真正地尊重自己。一个人诚恳地珍重自己时，便能产生个性，然后才能透过个性，发挥专长以贡献社会。因此，对犹太人来说，培育个性是每个人的义务。对于商人而言，就是要使自己的商品和自己的经营策略有个性，独一无二。

中国国画大师齐白石说过："学我者生，似我者死。"对于经营者来说，有个性的才是最有魅力的，有独创性的才是最有吸引力的，学会经营特色的思想，做有个性的老板，开独一无二的商店，才能在激烈的市场竞争中独树一帜，赢得主动，取得成功。

每一步都朝目标走过去

犹太人经商智慧要诀

目标明确，成功的概率就会更大。没有实际行动计划的模糊梦想，则只是妄想而已。每个人都需要有某样东西来给以明确的指引，使自己能集中精力的最佳办法是把自己的人生目标清楚地表述出来。在表述自己人生目标时，要以自我梦想和个人的信念作为基础，这样做，有助于把目标定得具体可行。

《塔木德》上说：

"我们现在处于什么地方并不重要，重要的是看我们朝什么方向移动。"

"一个人如果不知道自己的船驶向哪个港口，那么，对他来说，也就无所谓顺风不顺风的了。"

这些话的意思是说，一个人应该知道为何而奋斗，因为，正确的目标对指导人的行为尤为重要。

在犹太人看来，一个人如果没有明确的目标，以及达成这项明确目标的具体计划，不管他如何努力，都像是一艘失去方向舵的轮船。辛勤地做事，拥有一颗善良的心，尚不足以使一个人获得成功。因为，如果一个人并未在他心中确定他所希望的明确目标，那么，他又怎能知道他已经获得了成功呢？

犹太人心里清楚，一个人过去或现在的情况如何并不重要，将来想要获得什么成就才是最重要的。目标是既定的目的地，也是理念的终点。如果一个人没有目标，就只能在人生的旅途上徘徊，永远到不了终点。

犹太人从商，非常注重确立经商奋斗目标，先是确立目标，然后全力以赴而终至成功。目标决定人的一生，激励人不畏艰苦，充分发挥自己的潜在能力。

一个商人要想经商成功，首先必须真正地认识自己。犹太人在确立目标中注重切合个人实际和环境，不会把自己的奋斗目标确立在可望不可即的位置上，而是分阶段一步一步地朝向目标迈进。但有的人心比天高，却力不从心，甚至不肯努力，最终以失败告终。

美国犹太人乔治·吉亚姆的高中时代是在田纳西州的温彻斯特度过的，他内心里经常梦想着有朝一日要成为一家大公司的总裁。虽然这只是一名17岁男孩的梦想，但却是他人生目标的萌芽。

进入耶鲁大学后不久，乔治·吉亚姆的兴趣就从经营一般企业转移到研究评断公司财务之上。大学二年级时，他的父母由于生活拮据而无法再继续供他念书，迫使他陷入不知该休学就业还是该半工半读的窘状。要作出决定是非常困难，但因为乔治有自己的梦想，因此他很快地做出了决定：无论如何都要坚持到毕业。最后他做到了，不但每学期都取得了优异的成绩，而且还利用奖学金及一份兼职工作解决了学费与伙食费的问题。3年后，他除获得经济学学士的学位外，同时还获得著名的路德奖学金，并取得全国优等生俱乐部耶鲁分会会长的头衔，以极其优异的成绩毕业。以后的两年，他前往英国牛津大学攻读硕士学位，此行对于他将来从事财务经营有很大的影响。

乔治回到美国后，便与一名田纳西女子结婚，随后，他前往纽约，正式开始追求自己的目标。他的起步是一家颇具规模的证券公司，他在公司里的职务是投资咨询部办事员。不久，朋友告诉他，国家地理勘察公司正在招聘年轻上进的财务经理。乔治前往应聘，他认为这家公司可让他进一步学到许多有关财务经营方面的东西，于是他进入了这家公司，一干就是4年。

4年之后，虽然这家公司业务非常稳定，而且他的表现也不错，但是他觉得能学的也学得差不多了，他又开始怀念起老本行了。于是，一咬牙，他又回到早先的那家证券公司工作，并等待机会。机会终于被他等到了，一名资深职员即将退休，这个人拥有8个相当有实力的客户，欲以5000美元出让。这对乔治来说是相当大的赌注，5000美元相当于他的全部财产，若此举失败，他将会变得一贫如洗。而且，这些客户接下来之后能不能留住还是问题。这时乔治再一次面对重大抉择。

最后，他一心想自立门户的雄心战胜一切，他接下了这8名客户，并且立即一一前往拜访，十分坦率而且诚挚地向他们说明自己的理想与计划，客户们都被他的热情与直率所感动，表示愿意留下观察一段时间。当时，乔治才28岁。两年的岁月很快就过去了，乔治几乎每天都在为员工薪金及管理费用忙得焦头烂额，有时候，他连自己的薪金都拿不出来。

两年期间，公司便是在这种拮据的情形下惨淡经营着。虽然如此，公司要求的服务品质并无降低，反而愈来愈高。熬到第三年，终于苦尽甘来，公司业务开始蒸蒸日上，客户也显著增加，乔治自立门户的梦想得以实现。

今天，他已经是一家投资咨询公司的总裁，拥有将近1亿美元的资产，并兼任某大型互助银行的常务董事及数家公司董事。

可见，人生需要确立奋斗的目标。一个人目标越远大，意志才会越坚强。没有大目标，一生都是别人的陪衬和附庸。没有大目标，就没有动力。漫无目标地漂荡，终归迷失航向而永远达不到成功的彼岸。

头脑中要有强烈的赚钱富裕意识

犹太人经商智慧要诀

富裕、充足，天下众生都应有份。假使你坚决地要求着、不断地奋斗着去取得这富裕、充足，金钱将从无数的途径涌向你。对于一个想致富的人来说，比能力和知识更重要的是保持富裕意识。只有你喜欢金钱，欣赏金钱的作用，你才会想尽办法赚钱，而不会把它乱花掉。

犹太人眼里的价值观标准就是金钱。犹太人认为，金钱成就崇尚它的人。只有你喜欢金钱，欣赏金钱的作用，你才会想尽办法赚钱，而不会把它乱花掉。

只要有钱在流通，就需要犹太人这样的“媒介”，犹太人就可以在人类生活中占有不可替代的位置，这时候犹太人是不会消失的。

犹太人这种独特的价值观，激发了他们对金钱的执着的信念。犹太人认为有钱是一件很好的事情，但他们绝不轻易浪费每一分钱，他们认为奢侈是一种相当愚蠢的行为。犹太人的观点是：每个人的生命，原则上是指向更富裕的生活，应该过着幸福、成功的生活才对，而贫穷违反了生命本来的欲求。可是过去有的宗教和哲学都赞美贫穷是一种美德，事实上这种看法，只是在特殊的情况下才产生的。这种想法其实是一种自我安慰罢了！现在的你，如果还受到违反生命原则的时代所建立的价值观影响，是极为不合理的事。你别忘了，每一个人都拥有富裕的权利，这才是生命原则。

犹太人认为，富裕、充足，天下众生都应有份。假如你坚决地要求着，不断地奋斗着去取得这富裕、充足，总有一天你会认识这条规则——人人都能成为百万富翁！

犹太人最喜爱的一句话就是耶稣所说：“你要，你就会得到。”对于一个想致富的人来说，比能力和知识更重要的是保持富裕意识。富裕意识是一种永远有大量的金钱足够分配的意识。那些真正生活富足的人们从不担心拥有过多，他们知道创造财富和富裕是他们自己思想倾向的一个功能。

你应将注意力放在扩展上。如果你保持富裕意识，金钱将从无数的途径涌向你。你将去创造使金钱向你的方向流动的方法，你的触角将在搜寻新的、激动人心的机遇，你的思想将开放着拥抱它们。

关于富裕意识的最重要的一点，不是当你变得“富裕”时你才突然产生富裕意识，而且你保障了你的富裕意识，真正的富裕就离你不远了。

善于从一点一滴积累财富

犹太人经商智慧要诀

金钱的积累要从“每一枚硬币”开始，不要因为钱小而弃之，任何一种成功都是从一点一滴积累起来的，没有这种心态就不可能得到更大的财富。想收获更大的财富，你不但要懂得如何创造财富，同时还要知道珍惜每一笔财富。

《塔木德》上有这样一句话：“沙漠是由一粒粒细沙堆成的，财富是由一枚枚硬币积累而成。”一枚枚硬币是一点一滴的财富，犹太人最懂得掌握这些不起眼的财富。

对于一个成功者来说，金钱的积累是从“每一枚硬币”开始的，一个成功致富的人绝不会因为钱小而弃之，他们知道任何一种成功都是从一点一滴积累起来的，没有这种心态就不可能得到更大的财富。犹太人认为，做生意最怕一开始就在心中膨胀出一个很大的贪欲，这会使人变得浮躁，而不会脚踏实地去赚钱。

很久以前，美国加州传来发现金矿的消息。许多人认为这是一个千载难逢的发财机会，于是纷纷奔赴加州。犹太人海亚·兰德斯也加入了这支庞大的淘金队伍，他同大家一样，历尽千辛万苦，赶到加州。淘金梦是美丽的，做这种梦的人很

多，而且还有越来越多的人蜂拥而至，一时间加州遍地都是淘金者，而金子自然越来越难淘，生活也越来越艰苦。当地气候干燥，水源奇缺，许多不幸的淘金者不但没有圆致富梦，反而丧身此处。海亚·兰德斯经过一段时间的努力，和大多数人一样，不但没有发现黄金，反而被饥渴折磨得半死。

一天，望着水袋中一点点舍不得喝的水，听着周围人对缺水的抱怨，海亚·兰德斯忽发奇想：淘金的希望太渺茫了，还不如卖水呢。于是，海亚·兰德斯毅然放弃对金矿的努力，将手中挖金矿的工具变成挖水渠的工具，从远方将河水引入水池，用细沙过滤，成为清凉可口的饮用水。然后将水装进桶里，挑到山谷一壶一壶地卖给找金矿的人。

当时有人嘲笑海亚·兰德斯，说他胸无大志：“千辛万苦地到加州来，不挖金子发大财，却干起这种蝇头小利的小买卖，这种生意哪儿不能干，何必跑到这里来？”海亚·兰德斯毫不在意，不为所动，继续卖他的水。结果，一段时间后，大多数淘金者都空手而归，而海亚·兰德斯却在很短的时间内靠卖水赚到几千美元，成了一个小富翁。

犹太人抱持“一点一滴地积累财富”的观念，其实还有另一层深意，那就是，即使自己赚到了很多钱财，也应该保持当初节俭的意识，善待每一分钱。

在一个专门描写美国百万富翁生活的电视节目上，介绍了一位典型的犹太富翁巴特勒先生。他当年57岁，大半辈子都是和同一个女人度过，在当地的大学毕业，拥有一家公司，最近几年赚了不少钱。在邻居眼中，巴特勒先生一家人不过是毫不起眼的中产阶级，殊不知，他的财产净值高达2000万美元，在那个高级住宅区里约居前10%之列。

主持人问巴特勒先生：“请问您买过最贵的一套衣服是多少钱？”巴特勒先生闭上眼睛好一会儿，显然陷入沉思，接着回答说：“买过最贵的，包括我自己、太太及为两个儿子、两个女儿买过最贵的是400美元。没错，那是最贵的了，是为了庆祝我和太太结婚25周年买的。”

犹太人认为，挣更多的钱，有更少的需求，这是两种完全不同的致富方法。最简单的、保证富裕生活的方法莫过于去挣更多的钱。但不要认为，每次提高收入你也必须提高生活水准，这样做会犯愚蠢的错误。

学识渊博才能做大生意

犹太人经商智慧要诀

商人要有渊博的学识，学识渊博不仅可提高商人的判断力，还可以增加他的修养和风度，从而在生意场上立于不败之地。一个文质彬彬和一个粗俗不堪的人，分别去应酬同一宗生意，成功概率大的必然是前者。

犹太人认为，没有知识的商人不算真正的商人，既然你不是真正的商人，我就没必要和你做生意。他们最看不起没文化的商人，犹太人绝大部分学识渊博、头脑灵敏。

正因为犹太人拥有渊博的知识，他们才具有高智商的头脑，才能在生意中立于不败之地，成为公认的“世界第一商人”。

《塔木德》里有这样一个故事：

有一次，一艘大船出海航行，船上的乘客中，除了拉比外，全是大亨。大亨们闲来无聊，就互相炫耀自己的财富。正当他们争得面红耳赤时，拉比插话了：“我觉得还是我最富有，只是我现在的财富无法拿给你们看。”

中途，海盗袭击了这艘船，大亨们的金银财宝全被抢劫一空。等海盗们离去后，这艘船好不容易抵达了一个港口，但已没有资金继续航行了。

下船后，这位拉比因其渊博的学识，很快受到当地居民的尊重，并被聘为学校的教师。后来，这位拉比偶然碰到曾经同船旅行的大亨。这时，他们已身无分文，只好再一次白手起家。大亨们深有体会地说：“只有知识才是夺不走的财富啊。”

商人要有渊博的学识，这是犹太人提出的口号，同时也是他们的经商法则。学识渊博不仅可提高商人的判断力，还可以增加他的修养和风度。一个文质彬彬和一个粗俗不堪的人，分别去应酬同一宗生意，成功概率大的必然是前者。

假如是一个学识渊博的商人，他除了了解自己的商品以外，还了解自己商品所针对的顾客的心理，尽力满足他们的需要，选取合理的场所，必要时还会客气而又不失风度地与顾客周旋，取得顾客的信任和重视。顾客对你的商品开始注意，这样生意就成功了一半。但是，假如是一个见闻狭隘、学识粗浅的商人，他既不懂得怎样控制场面，创造气氛，也不知道怎样招揽顾客，更不知道怎样树立自己的信誉，衣饰粗俗，出口粗话，这样，顾客未进门也许就给吓跑了，还能赚什么钱？

一个做钻石生意的犹太人曾问他的合作伙伴：“你知道大西洋底部有哪些鱼类吗？”听者乍一听，可能都会感到莫名其妙，做钻石生意和大西洋底部的鱼类毫无关系，怎么问这样一个驴唇不对马嘴的问题呢？

但犹太人自有自己的想法：一个钻石商人需要的是一个精明的头脑，对方连大西洋有哪些鱼类都了如指掌，可见对钻石的业务知识也同样相当熟悉，那么对巨细俱全的钻石种类的分析肯定也是全面、周到的，和这样的商人合作肯定能赚钱。

犹太人阿尔伯特的成功有力地证明了知识的强大力量。

阿尔伯特刚开始仅仅是一家银行的信贷业务员，他像现在美国许多年轻人一样，在工作了一段时间之后，认为自己的学识不够，产生了回大学继续深造的想法。

阿尔伯特经过在大学学习后，专业技能获得了极大提高，在银行业中做出了很大的成绩。不久，阿尔伯特便晋升为一家银行在纽约的总经理，随后又再次晋升为这家银行的总行经理，年纪轻轻便成了银行的高级管理人员。

你看，阿尔伯特的成功便是他不断充实自己的专业知识，提高自己的业务能力的结果。

犹太人既注重学校的正规教育，又注重自教自学。众所周知，学校的教育是获取基础知识的场所，很多专业知识及实际操作技术要通过实践或专业学习才能得到。另外，由于每个人的情况和条件不同，受到正规教育的情况也不尽相同。因此，犹太人很注重具有自己独立获取知识的技能，从中指导自己的工作实践。

犹太人把知识视为财富，认为“知识可以不被抢夺且可以随身带走，知识就是力量”，所以他们十分重视教育。犹太人认为人生有三大义务，其中第一义务就是教育子女。他们教育子女，目的在于让后代能在充满竞争的社会中求得生存和发展，壮大自己和民族的力量。

犹太民族在这种文化舆论的熏陶下，对教育和学习的重视就蔚然成风，形成了一种几乎全民学习、全民都有文化的传统。尽管早期的犹太民族的学习主要以神学研究为取向，涉及的知识面十分狭窄，但后来随着犹太民族受迫害流散于世界各地，他们的学习很快扩展到吸纳世界各国的文明成果了。更值得一提的是，他们勤学苦研的传统从未中断，这使犹太人特别是犹太中青年在调节心理、增强民族凝聚力和激发求生存谋发展的创造力上，具有了更大的能量。正是这种传统的继承，使犹太人不管流散到哪里，其民族的文化整体素质都比较高。

掌握多种语言，多多益善

犹太人经商智慧要诀

语言是商人行走世界的利器，掌握多种语言是经商赚钱的资本，是成为世界性商人的必备素质。在现代社会，世界商务往来愈加密切。与外国人做生意时，能用本国文化语言的思维考虑问题，同时能用外国的语言文化思维斟酌相同的问题，这意味着他们的理解是从不同角度和习惯分析得出的，所以更准确、迅速，并深刻得多。

犹太民族是一个世界性的民族，很早就知道了语言的重要，他们把掌握多种语言视作自己经商赚钱的资本，他们大都能熟练地掌握两种以上的语言，他们与外商接触不必通过翻译，这已成为犹太人经商成功的一个公开秘密了。

代表犹太民族5000年智慧精华的《塔木德》，就非常重视多种语言的运用。《塔木德》分为本文和注释两部分。注释部分包括了世界各国的文字，除了希伯来文之外，还包括了巴比伦文、德文、法文、西班牙文、北非文、土耳其文、波兰文、意大利文、俄文、日文、英文和中文等，所以这部书被世界各国广泛阅读，添加了许多新注释。

有不少商人认为，外语只是从事涉外工作人员必备的语言工具，这种观念是不正确的。语言是商人行走世界的利器，在现代社会，随着世界、文化和科技的发展，人类的交往早已冲破国界，各个国家、各个民族的相互沟通和交往日益密切。在交往过程中，最重要的是使人判断准确、迅速。

跟犹太人打交道，首先让你吃惊的是他们的判断非常迅速、准确。原因何在？在于他们普遍懂得两个以上国家的语言。他们与外国人交往时，能用本国文化语言的思维考虑问题，同时，亦能使用外国的语言文化思维斟酌相同的问题，这意味着他们的理解是从不同角度和习惯分析得出的，所以就准确而迅速，并深刻得多。

比方说，在犹太人的商务活动中，常会讲到英语的“nibbler”这个词，它是由动词“nibble”延伸而来，变成

一个名词。nibble是指钓鱼时鱼儿咬吃钩上饵的动作。聪明的鱼会把钩上的饵吃光而不被钓着，而笨鱼则会被钓起来。犹太人将夺得鱼饵逃走的鱼叫作“nibbler”，即做商人要做聪明的鱼。犹太人就这样巧妙地将外语的精华运用到自己的经营运作中，使其能赚钱，不会被“钓”起来（赔本）。

从事科学和艺术事业的犹太人，更是注重掌握外语。他们能克服语言的障碍，能汲取人类的各种文明，因而增强了自己的才智。爱因斯坦是生于德国并长于德国的犹太人，他除了精通犹太民族的希伯来语、德语外，还精通英语，这样才使他能博采众长，成为20世纪最杰出的科学家之一。弗兰克尔是一位德国犹太人，是杰出的音乐家和法官。法律与音乐是毫无关联的学科，但弗兰克尔却在这两方面都做出令人惊叹的业绩。他在柏林当了近10年的法官，成为德国颇有名气的人物。后来，弗兰克尔到美国定居，由于他精通英语，很快被好莱坞聘任，专门为历史影片谱曲作词。外语不但成为他谋生的本钱，还成为他事业成功的阶梯。

犹太人大多精通多种语言，这也是他们成为世界性商人的因素之一。

把数字运用到每一个商业活动中

犹太人经商智慧要诀

经商离不开数字，商人需要培养对心算的敏感和精通。当然，并不是每一个对数字敏锐的人都会成为优秀的商人，但是，优秀商人会牢牢地把握相关的数字。相反，失败的商人则几乎都不精通心算。大脑中全然没有成本、费用、利润的数字，这样的商人显然是不会成为世界一流巨富。

犹太人认为，商人必须注重数字，这不仅运用到经商中，还要让数字覆盖于生活的每个角落。钟爱数字，使用数字，才能把生意做大，这是犹太人在几千年的漂泊生涯中总结出的经验。

犹太人在商场上，绝对容不得模棱两可，马马虎虎。特别是在商定有关价钱时，他们非常仔细，对于利润的一分一厘，他们计算得极其清楚。

一个旅行者的汽车在一个偏僻的小村庄抛了锚，他自己修不好，有村民建议旅行者找村里的白铁匠看看。白铁匠是个犹太人，他打开发动机护盖，朝里看一眼，用小榔头朝发动机敲了一下，汽车开动了！

“共20元。”白铁匠不动声色地说。

“这么贵？”旅行者惊讶至极。

“敲一下，1元，知道敲哪儿，19元，合计20元。”

由此可见犹太人的精明。只要他们认为该赚钱的地方他们一定会脸不红心不跳，不卑不亢地赚它回来。在长期的商场磨炼中，犹太人练就了闪电般迅速的心算能力。

某导游引导某犹太人参观一个晶体管收音机工厂，该犹太人目睹女工作业片刻后问道：“她们每小时的工资是多少？”

导游一边盘算着一边说：“女工们平均月薪为25000元，每月工作日为25天，一天1000元，每天工作8小时，那么1000用8

除，每小时125元，换算成美元等于……”

花了两三分钟，那导游才计算出答案，可那位犹太人，听到月薪25000元后立即就说出“那么每小时35美金”。待工厂的一位负责人说出答案，他早已根据女工人数与生产能力及原料等，算出生产每部晶体管收音机自己能赚多少钱。

犹太人因为心算快，所以他们经常能做出迅速的判断，这使他们在谈判中能镇定自如，步步紧逼，直至大获全胜；在商场上游刃有余、坦然从容。

犹太人认为经商离不开数字，而有些商人一说到“数字”两个字就不行，他们对预算表之类的报表几乎毫不过目，全部都托付给财务负责人，而只过问“总的说来本季度或本年度赚了多少钱”就完事了，即使他们知道企业的金库和银行存款上还有多少现金，但对有多少借款和欠款，有多少赊账和收受票据等，全然不知。当然，对目前企业有多少固定资产、负债多少等更是一概不知，即使他们了解月度、年度的大概销售额，但大脑中却全然没有成本等费用的数字，这样的商人显然是不会成为世界一流巨富的。所以说经营与数字有着密不可分的关系，作为一名商人必须和数字打交道。

一位犹太人讲了这样一个故事，说明了数字的巨大作用。法国曾有家企业，老板常常把钱比作鱼。例如，1000万法郎相当于一条金枪鱼，100万法郎相当于一条沙丁鱼等。那位老板认为如果把钱当作钱看时，心里害怕不敢下决心动用。作为一个销售额大约只有3亿法郎的企业，该企业的老板却为了一时的夸口筹措了10亿法郎修建新的工厂，且把筹措到的资金看作100条金枪鱼，结果该企业新的工厂竣工后不久，就悲惨地倒闭了。一言以蔽之，该企业对销售情况的估计过了头。

其实干事业有时必须下定失败了就会面临丧失一切的那种极限性的决心，但往往正是那种关键时刻必须仔细、诚实地关注数字。10亿法郎就是10亿法郎，而不是100条金枪鱼，不是像金枪鱼那样填进肚子里就完事了的东西。不管怎么说它是必须从卖出的商品利润中偿还的，为了还清这10亿法郎究竟得卖出多少商品呢？老板的重点必须先转向这儿。把钱当成了金枪鱼，重要的数字感觉就变得淡薄了，企业决策自然就会失误。

经常自我反省让自己更成熟

犹太人经商智慧要诀

在每一个人的内心深处，多少都隐藏了一些不易察觉的弱点，这种内在的弱点常常会驱使一个人做出危及自己的行为。如果一个商人对自己的缺点浑然不觉或者不知反省，结果就会把自己一步一步推向失败的境地。人性的弱点最易让人迷失理性，所以你要善于自我反省。

犹太人认为，经商的失败在很大程度上是由于自身的弱点造成的，因为人性的弱点最易让人迷失理性，所以你要善于自我反省。

在每一个人的内心深处，多少都隐藏了一些不易察觉的弱点，这种内在的弱点常常会驱使一个人做出危及自己的行为。如果我们对自己的缺点浑然不觉或者不知反省，结果就会把自己一步一步推向失败的境地。

自我反省是提高一个人认知能力和办事能力的手段。缺乏自我反省，是盲目者最显著的特征，不能从根本上清理自己的错误。一个错误太多的人，只会在失败的道路上走得更远。

犹太人洛德尔的档案柜中有一个私人档案夹，标示着“我所做过的蠢事”。档案夹中插着一些他做过的傻事的文字记录。他有时口述给他的秘书做记录，但有时这些事是非常私人的，而且愚蠢之极，没有脸面请他的秘书做记录，因此只好自己写下来。

每次洛德尔拿出那个“愚事录”的档案，重看一遍他对自己的批评，可以帮助他处理最难处理的问题——管理他自己。

洛德尔讲述他避免犯错误的秘诀时说：“几年来我一直有个记事本，登记一天中有哪些约会。家人从不指望我周末晚上会在家，因为他们知道，我常把周末晚上留作自我省察，评估我在这一周中的工作表现。晚餐后，我独自一人打开记事本，回顾一周来所有的面谈、讨论及会议过程。我自问：‘我当时做错了什么？’‘有什么是正确的？’‘我还能干什么来改进自己的工作表现？’‘我能从这次经验中吸取什么教训？’这种每周检讨有时弄得我很不开心，有时我几乎不敢相信自己的莽撞。当然，年事渐长，这种情况倒是越来越少，我一直保持这种自我分析的习惯，它对我的帮助非常大。”

一个人如果失去反省的能力，他就看不见自己的问题，更不能自救。假如一个人不常常反省或管理自己，便很容易把责任推给别人，犯自以为是的错误。

反省的好处是，它让我们更清醒地认识自己。在安静的心灵状态下，我们可以看清事情，包括我们自己对问题应负的责任、做事情的新方法，以及我们挡住自己的方式。反省让我们察觉到自己所设下的限制，以及思考中的某些盲点。

总之，反省是未被善用却是强有力的制胜工具，反省让答案在你的眼前显现出来，通常你只要做一点努力，甚至完全不必费力。

PART 03

经商本领出自磨炼——在逆境中打磨自己的心志

敢于给失败迎头一击

犹太人经商智慧要诀

从失败中奋起，这是商战的取胜之道。我们的态度决定了我们怎样看待障碍，乐观的人把它看成是成功的台阶，而悲观的人则把它看作是绊脚石。只有那些意志坚定、不辞辛苦、充满热情的人才能完成这些事业。

《塔木德》上有一句话说："失败绝不会是致命的，除非你认输。"这是经商的名言。

商场如战场，失败是难免的。但失败并不可怕，怕的是在失败中垂头丧气。一个人如果不怕失败，善于从失败中吸取教训，把失败化为"成功之母"，就一定能转败为胜，赢得更大的成功。所以说，从失败中奋起，这是商战的取胜之道。

犹太人该亚·博通就是一个勇敢的人，正是这一点，使他获得了辉煌的成功。

该亚·博通早年埋头于发明创造，他先是发明了脱水肉饼干，但却未给他带来多少好处，相反，却使他在经济上陷入窘境。有了第一次失败的教训，又经过两年反反复复地试验，他终于又制成了一种新产品——炼乳，并决定把它推向市场。该亚·博通的第一步是要寻找专利保护。

该亚·博通发明的炼乳，其主要成分是一种纯净、新鲜的牛奶，牛奶中的大部分水分在低温中真空抽掉。但是，该亚·博通为他的制造方式寻求专利权时，得到的答复是产品缺乏新意，并且，专利局官员告诉他，在已批准的专利申请存档中已经有数十种“脱水乳”的专利权，其中包括一种“以任何已知方法脱水”。该亚·博通并不甘心，又一次提出申请。他的第二次申请又再度被驳回，因为专利官员判定“真空脱水”并非必要的过程，该亚·博通只是被认为制作态度比较谨慎而已。第三次申请仍被拒绝，理由是该亚·博通未能证明“从母牛身上挤出的新鲜牛奶

在露天地方脱水”与他的制作方式的目的不一致。

虽然三次申请，三次被驳回，但这并未把该亚·博通击倒。他对专利权仍然穷追不舍，因为他坚信他的创造。他的第四次申请终于被批准了。

然而，虽然有了专利权，推销新产品也不是一帆风顺的。该亚·博通的工厂是由一家车店改造的，租金便宜。刚开业时，该亚·博通每天花费18个小时在厂里指导炼乳的生产方法，监督生产程序，检查卫生清洁情况。由于附近有醇正、营养丰富的牛奶供应，因而炼乳的成本较低。

该亚·博通小心地挑选了一位社区领袖做他的第一位顾客，因为这位社区领袖对炼乳的意见会有助于巩固新公司及其新产品在该地区的地位，而且这位社区领袖对产品也表示了赞赏。但是，当时当地的顾客习惯的是把掺有水分的牛奶放入一些发酵品，进行蒸馏，他们只觉得炼乳稀奇古怪，对它有疑心，所以，很少有人问津。出师屡屡不利，甚至到了山穷水尽的地步。该亚·博通的两位合伙人都失去了信心，第

一家炼乳厂被迫关闭了。

在失败面前，该亚·博通破釜沉舟，又建起了新厂，也许是他的努力感动了上帝，他的第二次尝试终于获得了成功。他的公司在他逝世时，已根深蒂固，成为美国具有领导地位的炼乳公司。

该亚·博通的创业奋斗奠定了现代牛奶工业生产的基石。在该亚·博通的墓碑上，有这样一段墓志铭："我尝试过，但失败了。我一再尝试，终于成功。"这正是对他一生的总结，这对每个渴望成功的商人也是一种激励。

成功是由那些抱有积极心态并付诸行动的人取得的。同一件事抱有两种不同的心态其结果则相反，心态决定人的命运。心态能使你成功也能使你失败，不要因为你的心态而使你成了一个失败者。美国哈佛大学著名行为学家皮克斯在《心态影响人的一生》一书中的观点：人的心态随着环境的变化，自然地形成积极的和消极的两种。思想与任何一种心态结合，都会形成一种"磁性"的力量，这种力量能吸引其他类似的或相关的思想。这种由心态"磁化"的思想，好比一粒种子，当它培植在肥沃的土壤时，会发芽、成长，并且不断繁殖，直到原先那粒小小的种子变成了数不尽的同样的种子。这就是心态之所以产生重大作用的原因。

在当今社会，一个有生气、有计划、克服消极心态的人，一定会不辞任何劳苦，聚精会神地向前迈进，他们从来不会想到"将就过"这些话。那些克服消极心态而成就的大事，绝非那些仅仅为了"填饱肚子"以及抱着"得过且过"思想的人所能完成的，只有那些意志坚决、不辞辛苦、充满热情的人才能完成这些事业。

坚持下去，必能获得大收益

犹太人经商智慧要诀

大多数人都停下来收手不干的事情，只有富有忍耐力的人才会继续坚持；人人都感到绝望而放弃的信仰，只有富有忍耐力的人在继续为自己的意见辩护。一个商人只要具有这种卓越品质，最终总能获得很大的收益。

犹太人认为，成功有两个重要条件：坚决和忍耐。许多人失败，是因为他们没有恒心和忍耐力，没有不屈不挠、百折不回的精神。

一家犹太公司的总裁曾说："只要专心致志盯住自己的目标而且不犹豫、不走神，我看什么都能做好。就像打井一样，打到一半深度可能没有水，这时你转移方向，就可能前功尽弃，而只要你坚持下去再深挖一下，这口井就能打成。"

大多数人都停下来收手不干的事情，只有富有忍耐力的人才会继续坚持；人人都感到绝望而放弃的信仰，只有富有忍耐力的人在继续为自己的意见辩护。所以，一个商人只要具有这种卓越品质，最终总能获得很大的收益。

世界上有无数人，尽管失去了拥有的全部资产，然而他们并不是失败者，他们依旧有着不可屈服的意志，有着坚忍不拔的精神，凭借这种精神，他们依旧能成功。

看看“美国名人榜”上名人的生平就知道，这些功业彪炳史册的名人，都受过一连串的无情打击。只是因为他们都坚持到底，才终于取得辉煌成果。

犹太人威廉·詹姆斯是一位非常有名的管理顾问，你一走进他的办公室，马上就会觉得自己“高高在上”似的。办公室内各种豪华的摆设、考究的地毯、忙进忙出的人潮以及知名的顾客名单都在告诉你，他的公司的确成就非凡。但是，就在这家鼎鼎有名的公司背后，藏着无数的辛酸血泪。

威廉·詹姆斯在创业之初的头六个月就把自己10年的积蓄用得一干二净，并且一连几个月都以办公室为家，因为他付不起房租。他也婉拒过无数的好工作，因为他坚持实现自己的理想。他也被拒绝过上百次，拒绝他的和欢迎他的顾客几乎一样多。就在整整7年的艰苦挣扎中，谁也没有听他说过一句怨言，他反而说：“我还在学习啊。这是一种无形的、捉摸不定的生意，竞争很激烈，实在不好做。但不管怎样，我还是要继续学下去。”

威廉·詹姆斯真的做到了，而且做得轰轰烈烈。有一次朋友问他：“把你折磨得疲惫不堪了吧？”威廉·詹姆斯却说：“没有啊！我并不觉得那很辛苦，反而觉得是受用无穷的经验。”威廉·詹姆斯能在逆境中坚持到底，结果他成功了。

我们再来看一个相反的例子。这是一个挖地三尺见黄金的故事，发生在美国那个产生许多富翁的淘金时代。

青年农民鲁宾卖掉自己的全部家产，来到科罗拉多州追逐黄金梦。他围了一块地，用十字镐和铁锨进行挖掘。经过几十天的辛勤劳动，鲁宾终于看到了闪闪发光的金矿石。继续开采必须有机器，他只好悄悄地把金矿掩埋好，暗中回家凑钱买机器。

他费尽千辛万苦弄来了机器，继续进行挖掘。不久就遇到了一堆普通的石头，这时鲁宾认为：金矿枯竭了，原来所做的一切将一文不值。他难以维持每天的开支，更承受不住越来越重的精神压力，只好把机器当废铁卖给了收废品的人，卷着铺盖回家了。

收废品的人请来一位矿业工程师对现场进行勘察，得出的结论是：目前遇到的是“假脉”，如果再挖三英尺，就可能遇到金矿。收废品的人按照工程师的指点，在鲁宾的基础上不断地往下挖。正如工程师所言，他遇到了丰富的金矿脉，获得了数百万美元的利润。鲁宾从报纸上知道这个消息，气得顿足捶胸，追悔莫及。

人的一生当中会遇到许多意想不到的困难，坚强的人总是表现出极大的忍耐力。

耶路撒冷一个卖花的老太婆微笑着，又老又皱的脸上荡着喜悦，一个小伙子冲动之下挑了一朵花，“今天你看起来很高兴？”小伙子问。“为什么不呢？一切都这么美好。”老太婆穿得相当破旧，身体看上去很虚弱，她的回答令小伙子大吃一惊。

“耶稣在星期五被钉在十字架上的时候，那是全世界最糟糕的一天，可三天以后就又复活了。所以，当我遇到麻烦时，就学会了等待三天，一切就恢复正常了。”然后，她笑着道了声“再见”。

可见，忍耐是经商中必不可少的。当一切都已远离、一切宣告失败时，忍耐力总可以坚守阵地。依靠忍耐力，许多困难，甚至许多原本已经无望的事情都可能起死回生。

不怕失败，就怕不会总结它

犹太人经商智慧要诀

成功是在不断的探索和失败中发现的，善于从失败中吸取教训及不断改变的人，才是真正的聪明人。为了在你的生活中创造积极的东西，你需要就你做事的方式进行一些改变。

犹太人认为，每个人都不可能避免失败，不管是聪明的人还是蠢笨的人，而那些善于从失败中吸取教训的人，才是真正聪明的商人。

美国企业家保罗·道弥尔就是这样一个聪明的商人。他专门收购面临危机的企业，这类企业在他的手中经过整顿，个个起死回生，财源广进。

1948年，21岁的保罗·道弥尔离开了祖国匈牙利，来到美国。当时，他一无所有，最大的资本就是一副健康强壮的身体。

他在美国找一份工作勉强度日，并非难事，但是胸怀大志的道弥尔并不以能够维持生计为满足。在一年半时间里，他竟变换了15次工作。他之所以这样做，并非朝秦暮楚，好高骛远，而是为了更深更多地了解美国，尽快增长自己的能力，学会做自己不会做的事情。最后，道弥尔在一个制造日用杂品的工厂正式开始工作了。他总是不声不响地工作，主动帮助老板忙里忙外，干得极卖力，还做了许多分外的事。老板被他这种刻苦耐劳的、持之以恒的精神感动了。

一天，老板把道弥尔叫到办公室，对他说："我还有许多事情要做，我想把这个工厂交给你管理，你不会反对吧？"道弥尔非常高兴，他很自信地说："谢谢您对我的信任，我想我会把它管理得很好。"道弥尔做了工厂主管，每周的工资由30美元升到了195美元。这个数字在当时来说是不小的收入，但他追求的不是这个，他要向企业家的目标奋斗。在这个小工厂固然能学到一些管理经验，但毕竟有限。

道弥尔认为，要想做一个企业家，不仅要学会工厂管理，还必须熟悉市场，了解顾客的心理和需求，销售部门是一个企业最重要的部门，不懂销售就不能成为现代的企业家。因此，半年之后，他向老板递交了辞呈，决定做推销员。

他做推销员之后，广泛地同各种顾客打交道，丰富了销售产品的经验，锻炼了交际能力和技巧，学会了如何去洞察和分析顾客的心理，同时也更深地了解了当地的风俗民情，这对于一个来自异乡的青年人来说，无疑又积累了一大笔无形的财富。仅用两年时间，道弥尔便用自己的才智和心血编织了一个庞大的销售网，成为当地最富有的推销员。正在这时，道弥尔做了一个惊人的决定，他将一家濒临破产的工艺品制造厂以高价买了下来，同时拥有70%的股份。也就是说，这家工厂差不多成了他的独资企业，基本上可以按照自己的想法大胆地进行整顿和改革了。

道弥尔首先从生产和销售两个环节实行整顿。他认为，生产环节方面要提高效率、减少开支、降低成本。当时不少员工对工厂的前景已失去希望，他便借机大批裁员，而对留下的员工增加他们的工作量，提高他们的工资。销售环节方面，因为是工艺品，他废止推销办法，改为行销制度；提高产品价格，保持合理利润；加强销售服务，提高工厂信誉。

有人问弥尔：为什么总爱买下一些濒临倒闭的企业来经营？他回答得十分巧妙："别人经营失败了，接过来就容易找到它失败的原因，只要把造成失败的缺点和失误找出来，并加以纠正，就会得到转机，也就会重新赚钱。这比自己从头干起要省力得多。"因此，保罗·道弥尔被同行企业家们称为企业界"神奇的巫师"。

成功是在不断的探索和失败中发现的，善于从失败中吸取教训及不断改变的人，才是真正的聪明人。

保持警觉，适时变化，敢于撤退

犹太人经商智慧要诀

面临多变的时代，要想成功，一个商人需要在变化方面提高警惕，保持警觉，而且有效加以驾驭。成功没有秘诀，不想在激烈的竞争中被淘汰，便应在应变技巧上下功夫。一旦发生变动，可以反应敏捷，马上认清变动原因，采取有效的应变措施。一旦发现情况不利时，就要下决心勇于变化，敢于放弃，一旦迟了一步，就无法处置。

犹太人在经商过程中，能依据外部环境的变化，特别是市场和竞争对手的变化而随机应变调整自己的战略战术，这确实很高明。市场中没有变化，就没有机会。竞争环境中，有人会被淘汰，有人能找着机会。若能使自己的公司经常保持高度的警觉性，知道如何去变，能够驾驭变，这种公司则将永远立于不败之地。反之，一个商人不善变化，凡事拖延，必然倍感辛苦，而且效果甚微。

当然，无论是多么有远见的商人，都不可能把未来竞争的细节描写清楚。所以，制胜之法“不可先诘”；妙算之策，不是包打胜仗的保证。置身于商场竞争中，能随机应变，才是用谋取胜之本。

世界闻名的美国克莱斯勒汽车公司，是仅次于通用汽车公司和福特汽车公司的第三大汽车公司。在1979年的9个月中，却亏损了7亿美元。这个灾难之所以降临，可以说该公司不是失之于经济实力和技术力量薄弱，而是败于没有研究当时竞争的变化趋势，仍然抱残守缺。

1973年，全球性的石油危机，严重冲击了依赖能源的汽车工业。当时，美国所有的汽车公司都受到了冲击。石油价格上涨，令一贯用油挥霍无度的美国人，也不得不精打细算起来，改变那种阔少似的派头，开始逐步使用耗油最小的小型汽车。通用和福特两家汽车公司吸取教训，随机应变，针对美国人消费心理的变化，从生产豪华型的小汽车转到省油的小汽车上。而克莱斯勒公司不察商情，一意孤行，认为使用豪华型的小汽车是美国人的本色。结果，在1978年，世界石油危机再度出现的时候，豪华型小汽车的销售量大大下降，该公司存货堆积如山，每天损失200万美元，公司面临破产的危机，董事长不得不引咎辞职。后来聘请了福特汽车公司前总裁艾柯卡来力挽狂澜，并向美国政府申请15亿美元的贷款，才勉强渡过难关。

在犹太人看来，面临多变的时代，要想成功，一个商人需要在变的方面提高警惕，保持警觉，而且有效加以驾驭。成功没有秘诀，不想在激烈的竞争中被淘汰，便应在应变技巧上下功夫。一旦发生变动，可以反应敏捷，马上认清变动原因，采取有效的应变措施。在商场竞争中，市场状况瞬息万变，要时时掌握市场动态的变化，做到以变应变。只有寻求变化、洞察先机、善于驾驭的商人，才能在瞬息万变中抓住机会，获得成功。

1984年，33岁已经是3个孩子父亲的约尔马·奥利拉决定辞去花旗银行的优越职位，接受祖国的诺基亚公司的邀请，举家迁回芬兰。当时的诺基亚公司是一家名不见经传的传统制造业公司，其业务涉及造纸、化工、橡胶、电缆等10多个领域，当然也涉足计算机、电子消费品和电信产品等高科技业务范围，只是规模很小。当时诺基亚的产品，包括高新技术产品，缺乏市场竞争力，受到美国与日本的强大竞争对手的夹击，真可谓是内忧外患，情况很不乐观。可以说，诺基亚当时确实处于风雨飘摇之中，已经到了决定其命运的关键时刻。

奥利拉接手诺基亚后，便抓住时机，进行了大刀阔斧的改革。当时数字电话标准开始在欧洲流行，奥利拉认定数字化通信设备将在未来市场上大有作为，因此他果断地将公司长期发展重心转移到电信设备的生产上，合并、卖掉一些公司，将

造纸、轮胎、家用电器等业务压缩到最低限度，甚至忍痛砍掉了拥有欧洲最大电视机生产厂之一的电视机生产业务，集中精力与资源加强移动通信器材和多媒体技术的开发。

诺基亚集中电信方面的资源后，优势得到体现，使它在蓬勃发展的电信市场上如鱼得水。之后移动电话和通信基地设施两项业务成为诺基亚的左膀右臂，其销售额之和占公司总收入的百分比超过80%，远高于爱立信的65%和摩托罗拉的40%。芬兰国民银行所属蒙哥马利证券公司的马克·麦克彻尼称：“他们的经营几乎无懈可击。”这就是诺基亚从一个不知名的厂家迅速成长为国际三大电信巨头之一的首要秘诀。

商场是没有硝烟的战场，激烈的竞争此起彼伏，一旦发现情况不利时，就要下决心勇于变化，敢于放弃，一旦迟了一步，就无法处置。但有些人却往往不愿这样做，不愿意改变，造成不可挽回的局面。其实一个善于放弃而转头经营其他商品的人，才是真正的勇者，才是真正的商人。

把错误和偶然也变为财富

犹太人经商智慧要诀

愚者错过机会，弱者等待机会，智者把握机会，强者创造机会。机会常常改装打扮，以问题面目出现，对某一重要问题的解决本身就为成功创造财富提供了良机。乐观的聪明人，不仅能看到眼前的问题，还能发现问题后面的机会。

在犹太人看来，错误也是发展机会，错误也能变废为宝。事实上，利用错误创造机会的例子在犹太人的经商中比比皆是，并不鲜见。机会常常改装打扮，以问题面目出现，对某一重要问题的解决本身就为成功创造财富提供了良机。

《塔木德》上有两句经典的话："愚者错过机会，弱者等待机会，智者把握机会，强者创造机会。""悲观者只看见机会后面的问题，乐观者却看见问题后面的机会。"乐观的人，不仅能看到眼前的问题，还能发现问题后面的机会。当然，发现机会是以自身的才能和努力为前提的。

一家犹太工厂的工人在生产呢布的时候，由于工作中的不小心，生产出来的几匹呢布上染上了白点，这一下问题就大了，按规定，这样的呢布只能作废，不能出厂。

这时候，厂里有一位叫摩维西的工人发现这种呢布非常漂亮，就与厂主商量，打折买了下来。然后，他拿到市场上，以比正常呢布更贵的价格叫卖，并取了一个十分动听的名字——"雪花呢"。结果，这种新款的呢布引起了人们的注意，几分钟之内即被抢购一空。不久，"雪花呢"成为市场流行时尚的宠儿，摩维西从此专门生产这种"错误"呢布，结果足足赚了一大笔。

"碧绿液"是法国著名的矿泉水，畅销全国，还出口到美国和日本等国家。但是1989年发生的一件意外事情差点儿毁了生产这种矿泉水的法国碧绿液公司。

当年2月，美国食品卫生部门在抽样检查中发现，部分碧绿液矿泉水含有超过规定标准2倍的苯，长期饮用会有致癌的危险。消息传出后，碧绿液矿泉水的销量直线下降。怎么办？回收全部不合格产品，登报向广大消费者致歉？这样做对恢复碧绿液公司名声所起的作用不大。不如干脆来个变坏事为好事，利用这个机会重新提高和扩大公司的知名度。

于是，碧绿液公司马上举行记者招待会，在会上向来自各地的记者们宣布：把同一批销售到世界各地的1.6亿瓶矿泉水全部就地销毁，公司另外用新产品补偿。这个消息一出，记者们顿时哗然：为几十瓶不合格的矿泉水而销毁价值2亿多法郎的1.6亿瓶矿泉水，值得吗？

碧绿液公司却不这么认为。虽然毁掉1.6亿瓶矿泉水，公司的直接损失达2亿多法郎，但这样做却为公司赢得了信誉和名声。新闻媒介对碧绿液公司的奇特做法整版报道，大事渲染。消息很快在美国和全世界传开，碧绿液公司认真为顾客着想、对顾客负责的美名四海皆知，比上一次美国食品卫生部门宣布碧绿液矿泉水苯含量超标准的消息还要轰动。这样做虽然使碧绿液公司损失了2亿法郎，但是如果直接花2亿法郎来为“碧绿液”矿泉水做广告，肯定不会产生如此轰动的效应，不会具有这么大的感染力。

碧绿液公司在意外的打击面前并未一蹶不振，而是急中生智，采取良策克服困难，反而提高了知名度。可见，有时一招得当，便可挽救全局。

除了错误的机会外，犹太人还善于抓住偶然的机会发财。

美国《妇女家庭》杂志的编辑犹太人爱德华·包克，从小就沉迷在一种想法中：总有一天他要创办一种杂志。由于他树立了这个明确的目标，所以特别留心每一个机会。有一回，他看见一个人打开一包纸烟时，从中抽出一张字条，随即把它扔在地上。包克拾起这张字条，见那上面印着一个著名女演员的照片，下面有一行字：这是一套照片中的一幅。包克把纸片翻过来，发现它的背面竟是空白的。

包克立即感到这是个机会。他推断：如果把印有照片的纸片充分利用起来，在它的背面印上照片上人物的小传，价值就可大大提高。于是，他走到印刷这种纸烟附件的公司，向经理说明了他的想法。这位经理立即说道："如果你给我写100位美国名人小传，每篇100字，我将每篇付给你10美元，请你给我送来一张名人的名单，并分为总统、将帅、演员、作家等。"

这就是包克最早的写作任务。后来，小传的需要量与日俱增，以致他得请人帮忙，于是他聘请了自己的弟弟，付给每篇5美元的稿费。不久，包克又请了五名新闻记者。就这样，包克成了著名的编辑。

可见，偶然的机会，有时就是这样，只要把握住了，就能使一个愿望成为现实。

事情看似无望也要再试一次

犹太人经商智慧要诀

经商中，常常会遇到各种危难情景，却又无能为力，这时唯一的办法就是咬紧牙关，相信一切都会过去。遇事时要多进行一次尝试，凭毅力去追求所企望的目标，最终必然会得到自己所要的。因此，做任何事可千万别在中途便放弃希望。

《塔木德》上说："遇事绝望，这正是很多人失败的根源。成功更多依赖的是人的再一次的尝试而不是天赋与才华。"

为了说明这个道理，《塔木德》上讲述了这样一则寓言：

两只青蛙觅食中，不小心掉进了路边一个牛奶罐里，牛奶罐里还有为数不多的牛奶，但青蛙们已经感到了灭顶之灾。一只青蛙想：完了，完了，全完了，这么高的一只牛奶罐啊，我是永远也出不去了。于是，它很快就沉了下去。另一只青蛙在看见同伴沉没于牛奶中时，并没有任自己沮丧、放弃，而是不断告诫自己："上帝给了我坚强的意志和发达的肌肉，我一定能够跳出去。"于是，它每时每刻都在鼓起勇气，鼓足力量，一次又一次奋起、跳跃，生命的力量与美充分地展现在它每一次搏击与奋斗里。不知过了多久，它突然发现肢下黏稠的牛奶变得坚实起来。原来，它的反复践踏和跳动已经使液状的牛奶变成了一块奶酪！不懈地奋斗和挣扎终于换来了自由的那一刻。它从牛奶罐里轻盈地跳了出来，重新回到绿色的池塘里，而那一只沉没的青蛙就永远留在了那块奶酪里。

犹太人在经商中常常会遇到各种危难情景，却又无能为力，这时他们唯一的办法就是咬紧牙关，相信一切都会过去。

如果你好好审视历史上那些成大功、立大业的人物，就会发现他们都有一个共同的特点，不轻易被“危机、失败”所打败和退却，不达成他们的理想、目标、心愿，就绝不罢休。

肯德基炸鸡连锁店的创办人桑德斯上校，是在年龄高达65岁时才开始创业的。他展开挨家挨户的上门推销，把想法告诉每家餐馆：“我有一份上好的炸鸡秘方，如果你能采用，相信生意一定能够提升，而我希望从增加的营业额里抽成。”很多人都当面嘲笑他，这并没有让桑德斯上校打退堂鼓。他从不为前一家餐馆的拒绝而懊恼，反倒用心修正说辞，以更有效的方法去说服下一家餐馆。

在经历1009次被拒绝之后，桑德斯上校终于听到第一声“同意”。在过去两年时间里，他驾着自己那辆又旧又破的老爷车，足迹遍及美国每一个角落。困了就和衣睡在车里，醒来逢人便述说他那些点子。历经1009次的拒绝，整整两年的时间，有多少人还能够锲而不舍地继续下去呢？

做事要多进行一次尝试，凭毅力去追求所企望的目标，最终必然会得到自己所要的。因此，做任何事可千万别在中途便放弃希望。

PART 04 靠沟通技巧征服客户的心——掌握有效沟通的技巧

每时每刻都向外界推销自己

犹太人经商智慧要诀

每天都要做推销工作，推销自己的创意、计划、精力、服务、智慧。善于“推销自己”，是与人和睦相处的能力。注意关切周围的各种人，让他们也关心着自己、容纳自己，从这个阶梯开始，通向成功的目标。

《成功地推销自我》的作者，犹太人霍伊拉说：“如果你具有优异的才能，而没有把它表现在外，这就如同把货物藏于仓库的商人，顾客不知道你的货色，如何叫他掏腰包？各公司的董事长并没有像X光一样透视你大脑的眼睛。积极的方法是自我推销，如此才能吸引他们的注意，从而判断你的能力。”

当然，由于传统观念根深蒂固，一般人都有一种极其矛盾的心态和难以形容的自我否定、自我折磨的苦楚。在自尊心与自卑感冲撞之下，他们一方面具有强烈的表现欲，一方面又认为过分地出风头是卑贱的行为。可是时代不同了，想做大事业，就应该更新观念，大胆地推销自己。

犹太人认为，在一个人的一生中，每天都在做着推销的工作。向别人推销自己的说法，道出了犹太人经商的一招制胜法。它的核心是给人好感，用善意温和的态度与人交往，那么别人也会以礼相报，生意就容易做成了。

英国前首相撒切尔夫人，在访问阿曼、科威特等国时，大谈生意，为本国厂商带回大批订单；日本前首相中曾根，在走访五大洲的30多个国家时，也乐此不疲；至于各国的驻外使节，都在不同程度上充当本国产品的出口商。

犹太人认为，推销自我是指推销自己的创意、计划、精力、服务、智慧和时间。善于“推销自己”，是与人相处和睦的能力。心理学研究表明，人类的内心都有被人注目、受人重视、被人容纳的愿望。不管是欧洲人、美洲人、亚洲人、大洋洲或非洲人，只要是人类，都有这种愿望。

犹太人根据这种共同

规则，在一切生活中，包括做生意的一切过程中，注意关切周围的各种人，让他们也关心着自己、容纳自己，从这个阶梯开始，通向成功的目标。

犹太人这种处世原则是有其根据的。人类都有个基本愿望，概括地说，有保持自尊、自立的愿望。如要达到自己事业的成功或发财致富，就要尊重这个基本愿望。

犹太人本着这个基本愿望，运用了三条推销法则：

第一条法则：把自己的创意或建议变成对方的，这也称为“钓鱼法”。即把你的创意或建议变成钓饵，对方会自然而然地上钩。比如说，你想让对方接受你的意见，以“你这样想过吗”的说法，要比“我是这样想的”更能打动对方，“试一试看看如何”的说法比“我们非这样做不可”更能获得对方赞同。这就是让对方觉得你的意思就是他的本意，他的自尊得到接纳，那么你的创意或建议就容易被采纳。

第二条法则：让对方说出你的意见。西方人也很讲究面子，所以提出意见要注意这个问题。如果毫不客气地给对方提出你的意见，出于“面子”问题，对方往往会本能地不予接纳。相反，你采用和顺婉转的方式提出，对方的“面子”堤围可能会自然开闸。如果你以冷静而温和的方式提出你的意思，然后说“虽作如是说，但可能有许多不当之处，不知你对这方面考虑的意见怎样”，这么一说，对方可能会完全接纳你的意思，并可能会说“我也是这样考虑的，请你不必有多余的顾虑”。

第三条法则：以征求意见代替主张。根据心理学家的反复调查研究结果，一个人向对方表达同样的意见，如果以正面而断然的方法说出，较容易激起对方的逆反心理，如果以询问的方式向对方提出主张的话，对方会以为是自己的意思，不自觉地欣然接受了。可见，采取不同的方式方法，同样的意思会产生截然不同的效果。

学会赞美对方的优点

犹太人经商智慧要诀

如果你能以诚挚的敬意和真心实意的赞扬去满足一个人的自我，那么任何人都可能会变得令人愉快、更通情达理、更乐于协力合作。赞美是不会被人们拒绝的，一句恰当的赞美犹如在银盘上放一个金苹果，使人陶醉。

犹太人认为，每一个人都希望得到别人的赞美。这是人的本性，人生来都渴望他人的赞赏。的确，一句赞美的话会温暖对方的心，建立良好的人际关系，你的生活和事业也会更美好。

请看下面两个例子：

其一，犹太人巴密娜·邓安负责监督一名清洁工的工作，这位清洁工做得很不好，许多员工常常讥笑他，还故意把纸片或其他废物扔到走廊里，表明他的工作质量极差。这也给他造成心理压力，他实在没有信心做好工作。

巴密娜试过各种方法想让这名清洁工做好工作，但都失败了。不过她发现这名清洁工有时也能把一个地方打扫得很干净。于是她就抓住时机在众人面前大加赞扬，这种方法很有效，他的工作有了改进，不久他的工作做得很好，也赢得了其他人的高度赞扬。

巴密娜找到了激励人的良好方式，她也试着赞扬和鼓励其他人，效果也非常好。她真正体会到真诚的赞扬可以收到最佳效果，而批评和耻笑往往把事情弄糟。

其二，有一次，犹太人玛丽被邀请参加一个高层次的制造商年会，晚上，她还参加了他们的颁奖宴会。在会上，她发现好几个经销商穿着海军蓝的运动夹克衫，而且他们穿得很不合身，很显然，这些衣服做工太粗糙，没有考虑到穿衣人的身形。

玛丽觉得很纳闷，这么高层次的颁奖宴会，那几个经销商怎么穿那么不合身的衣服？于是她就问他们公司的一位主管："他们为什么要穿这种蓝夹克衫？"

"噢，他们是我们公司销售业绩最优的人。"对方回答说。

宴会上，从头到尾她都等着有人出来致辞，表扬那些穿蓝夹克衫的人。最后，有一位著名演员出来表演了一个节目，接着许多气球从天花板上纷纷飘下，她以为马上就要颁奖，结果，她又错了，晚宴到此结束了，客人们纷纷都走了。

玛丽惊讶不已，禁不住问那位主管："你们颁给那些经销商的奖品在哪里呢？"

"噢，他们早都收到，就是那些我们早已寄到他们家中的蓝夹克。"

玛丽觉得不可思议，她很难相信一个公司举行颁奖宴会却不公开表扬那些得奖人。在她的公司却不是这样，她从来都不会放过表扬员工的机会，玛丽的公司甚至有一份刊物《掌声》，专门表扬那些优秀的工作人员。这种表扬方式取得很好的效果，员工的积极性和创造性大大提高了。

当你赞美对方时，要掌握一定的技巧和原则。了解对方心理是赞美的前提条件。赞美是要满足对方的自我，不了解对方的心理，便难以获知他需要什么，乱赞一通，只会适得其反。因此，你要洞悉对方的喜好，让他听到自己渴望听到的评价。

★选择对方最喜欢或最欣赏的事和人加以赞美

打动人心的最佳方式是跟他谈论他最珍贵的事物，当你这么做时，不但会受到欢迎而且还会给人留下深刻的印象。切忌对无中生有的事加以赞美，这样会使人们感觉到你是在“溜须拍马”，从而心生厌恶感。

★赞美一定要显得自然

赞美必须是由衷的，虚情假意的恭维不仅收不到好效果，甚至会招惹麻烦。赞美是为了使对方感到高兴。因此，你赞美的话一定要显得自然，千万不要矫揉造作。如果你的用词没有把握好分寸，就达不到使对方舒适的效果。因此，直接赞美时最好不要使用那些过分的用语，要既准确又得体，尽量显得优雅大方。

★赞美对方时最重要的是要热诚

一副冷漠的面孔和一张缺乏热情的嘴是最令人失望的，因此，赞美对方时最重要的是要热诚。每个人都珍视真心诚意，它是人际交往中重要的尺度。英国专门研究社会关系的卡斯利博士曾说过：大多数人选择朋友都是以对方是否出于真诚而决定的。一两句敷衍的话，立刻会被人发觉你的虚伪，而且，毫无根据的赞美，也会让对方觉得你不怀好意，进而引起他对你的防范。

★赞美对方必须具体而恰如其分

因为赞美时越具体明确，其命中率就越高。我们赞扬对方时不一定非是一件大事不可，对方的一个很小的优点或长处，只要我们能给予恰如其分的赞美，同样能收到好的效果。

★赞美对方应具有独到之处

对方经常听到相同的赞美，已经麻木了，一般不会心动，有时甚至会感到说话的人只不过是已经形成习惯而已。所以，要想使赞美真正起作用，就应该尽量使自己的赞美新颖一些，与对方有可能经常听到的赞美有所不同。因为新鲜的东西更能引起人的重视。

★赞美对方要找准时机

要善于把握时机，该赞美时应及时赞美。不要在赞美对方时同时赞美其他人，除非是对方喜欢的人，即使你赞美他人也是给对方作铺垫，而且要适时适度。赞美要选准时机，否则，即使你再有诚意，也可能造成负面的效果。

真诚和友善是最管用的说服本领

犹太人经商智慧要诀

人与人的感情交流具有互动性。你如果要想与人成为知心朋友，就得敞开自己的胸怀，要讲真话、实话，切忌遮遮掩掩、吞吞吐吐、令人怀疑，以你的真诚去换取别人的真诚。

犹太法典上说：“温和与友善总是比愤怒和暴力更有

力。”因而，犹太人认为要说服他人，首先自己要有真诚和友善的态度。

真诚是为人的根本。那些取得巨大成功的人都有许多共同的特点，其中之一就是为人真诚。如果你是一个真诚的人，人们就会了解你、相信你，不论在什么情况下，人们都知道你不会掩饰、不会推托，都知道你说的是实话，都乐于同你接近，因此也就容易获得好人缘。

有这样一则寓言：有一次，太阳和风相遇，它们争吵起来，都认为自己比对方厉害，但是谁也不能说服谁。最后，风说："我来证明一下我的本领。你看到那个穿大衣的老头了吗？我打赌我能比你更快地让他脱下大衣。"

太阳躲到云后，风开始施展它的本领，它愈吹愈大，疯狂地奔向老人，但是老人紧紧地裹住大衣，蹒跚地前进。风一看这种情况，非常生气，立刻狂风大作，愈吹愈急，但还是无济于事。最后风灰心丧气地败下阵来。

风渐渐平息了，太阳从云后露出了笑脸，开始以温暖的微笑照着老人。不久老人开始擦汗，脱掉了大衣。

你看，风的狂怒根本没有解决问题，而太阳的友善赢得了胜利。可见，人们总是乐于接受温和友善的人。

还有这样一个故事：犹太工程师史德柏希望他的房东能够降低房租，但是他的房东很难缠，许多租客都做过这方面的努力，都以失败告终。大家得出一致结论：房东太难打交道，不近人情。

史德柏决定试一试，他给房东写了一封信，说合同一到期，他将搬出去。事实上他不想搬走，如果房租能降低的话，

他仍然想租下去。没过几天，房东就带着他的秘书来找史德柏。史德柏以友善的方式在门口欢迎他，非常热情。

史德柏并没有立即谈论房租太高，而先强调自己多么喜欢他的房子，称赞他管理有方，希望能再住一年，可是房租有点儿高。

房东从来没有遇见过一个如此热情而真诚的房客，他简直不知怎么办才好。他开始向史德柏诉苦，其中有一位房客给他写过14封信，有些信言辞极其粗鲁，太伤他的自尊心；还有一位房客威胁他，如果他不制止楼上那位打呼噜的房客，就要退租。

“有你这样满意的房客，我真是太轻松了。”他高兴地说。

房东在史德柏没有提出要求之前，就主动提出减收一点租金。史德柏希望再少一点，说出他能负担的数目，房东一句话也不说就同意了。“有没有需要装饰的地方？”他刚要离开时，转过身来问史德柏。

史德柏后来谈了这件事，他说：“如果我用其他房客的方式要求减低房租的话，我相信我一定也会遇到相同的阻碍，我之所以会成功恰恰就是因为我的友善、同情和赞扬。”

真诚无私的品质能使一个外表毫无魅力的人增添许多内在吸引力。人格魅力的基本点就是真诚。待人诚实、守信，能更多地获得他人的信赖、理解，能得到更多的支持、帮助和合作，从而获得更多的成功机遇，最后脱颖而出，点燃闪亮人生。

心理学研究指出，任何人的内心深处都有内隐闭锁的一面，同时又有开放的一面，希望获得他人的理解和信任。不过，开放是定向的，即只向自己信得过的人开放。以诚待人，能够获得人们的信任，发现一个开放的心灵，经过努力得到一位用全部身心帮助自己的朋友。这就是用真诚换来真诚。如果人们在发展人际关系，与人打交道时，去除防备、猜疑的心理，代之以真诚同别人交往，那么就能获得出乎意料的好结果。

己所不欲，勿施于人

犹太人经商智慧要诀

不要向别人要求自己也不愿做的事，注重和气是人人得益的道理。不可恶化与四邻的关系，否则必会受到排斥。不要播种仇恨，把人与人的关系处理好，是事业成功和发财致富的一种技巧。

犹太文化强调人与人之间要有健康而友善的关系。《塔木德》对犹太伦理讲得更具体，其中讲述了这样一个事例：

一次，有位拉比要召集6个人开会商量一件事，邀请他们第二天来。可是，到了第二天却来了7个人，其中肯定有一个人是不请自来的。但是拉比又不知道这第7个人究竟是哪一位。于是，拉比只好对大家说："如果有不请而来的人，请赶快回去吧！"

结果，7个人中最有名望、大家都知道一定会受到邀请的那人却站了起来，然后快步走了出去。

大家都很明白，这位有名望并已被邀请的人为他人背了黑锅。但这个人也明白，7个人中必定有一个人未受邀请，而这个人既已到这里了，却要他承认不够资格而回去，是件令人难堪之事。因此，这位有资格的人挺身而出，宁愿自己名义上受点影响，保护那个不请自来的人的自尊心。

那位有名望的人用心良苦，他能设身处地为他人着想并采取巧妙的行动，正体现了"不要向别人要求自己也不愿做的事"的精神。

但是，《塔木德》编选这个故事除了褒扬那种帮助别人的精神外，更深一层的意思是，这个有名望的人的举动表面上看来令他"背黑锅"，而实际上使他的声望更高了。《塔木德》编选这个故事，意在讲明帮助别人、注重和气是人人得益的道理。

犹太人在其民族文化的影响下，再加上长久的流离失所的状况，普遍形成一种"谦和"的耐性。犹太人善于利用自己的这一耐性，在经商的一切活动过程中充分发挥"和气"的作用。这种和气的仪表，在人际交往之间起到融合剂的作用，它很容易把对方吸引住。

按理说，像犹太人这样被人驱来赶去、朝不保夕的民族，应该在生意场上形成一种与此相应的"打一枪换一个地方"的短期策略和流寇战术。然而，犹太人不但绝少有这类劣迹，相反，他们信誉卓著，所经营的商品也都属质量上乘。究其原因，除犹太人的文化背景，如素以“上帝的选民”自居，不屑于做“一次性”买卖，有重信守约的习惯等之外，更有可能是从民族流动不定的生存状态与商业活动的规律之结合中，悟出了什么才是真正的经商之道。

犹太人是在四邻不太友好的眼光注视下演进到今日的，他们深知不可恶化与四邻的关系，否则必会受到排斥。历史上，犹太社群的精神领袖拉比就曾一再告诫同胞，不要播种仇恨。从这样一种生存大策略上，犹太人总结出了和善处世的秘诀。

不怕麻烦，不知道就询问

犹太人经商智慧要诀

对于不清楚的每一件事，不问出头绪，决不罢休。用在商务活动中，则体现为双方都应该尽可能彼此了解。养成一种对任何事都感兴趣并“打破砂锅问到底”的精神。

犹太人常说：“搞清楚后再做交易。”这是经商中铁的原则。经商中，遇到不懂的问题，犹太人一直要问到自己彻底弄清楚以后，才善罢甘休。犹太人这种问则问个水落石出的性格，在商业谈判中，也可以彻底地表现出来。

某公司总经理让助理就第一季度的工作写份工作总结，并且嘱咐说：“越详细越好。”助理把90天的工作事无巨细都写了出来，总经理看了洋洋万字的报告，只是摇了摇头。原来总经理的意思是上级要来检查工作，上季度工作面牵扯得比较多，包括产品质量、更新设备，甚至在福利待遇和环境卫生方面也做了许多工作，希望总结得详细一些。可是助理却连总经理开了几次会，副总经理出了几趟差，公司有几次请客吃饭都写得清清楚楚。

总经理面对这份报告，只能无可奈何地苦笑。批评助理吧，他的确是按照自己的意图来写的；不批评吧，报告的确不能用。没有办法，总经理只好自己重写了一遍。助理对于总经理的意图，实际上并没有心领神会，而只限于机械地执行。看来，心领神会并不容易。

为了领会对方的意图，当你接受对方的指示或吩咐的时候不妨问得再清楚些。当然不要流露出畏难情绪，而是以探讨式的带有商量的口吻，把对方的意图揣摩得更加清楚。不要对方说了什么，就想当然地认为完全理解了。

写一份报告、出一趟差、出席一次会议，对方都会有一定的意图和指示。你首先得明白这项工作在整体工作当中处于什么样的地位，也应该明白对方正处于什么样的需求和心理状态，同时应该根据对方一贯的思想意图和工作作风来加以完整地理解。能够做到这些的人才不愧是心领神会对方意图的高手。

在领会对方意图的时候，有时需要你进一步地询问和商量，有时需要你提点补充和修改意见，有时需要你提个醒，有时需要你提供一些信息和别人的经验教训供对方参考。这样一来，如果对方采纳了你的意见，而且又完善充实了自己的想法，那么你和对方之间的沟通就更为全面和完善，办起事来对对方的意图领会得肯定会更为透彻、更为全面。

一个犹太人给一位日本朋友打电话，要求借车旅行。这位日本人考虑到这位犹太朋友第一次来日本，对日本很陌生，便热情地说：

“你要到京都一带的名胜古迹去游览，我可以义务陪同。”

“谢谢你的好意，我已有足够的准备。”

犹太人借到车后，便带上地图和导游手册独自旅行去了。

几天以后，那个犹太人满面春风地回来了，把车还给那个日本人，并请日本人一块吃饭。

饭桌上，犹太人抓紧机会连珠炮似的向日本人提问：

“日本男人外出时不穿和服，为什么回到家中反而穿和服呢？”

“为什么和服的领子要选白色，白色不是最容易脏吗？”

“日本人为什么要用筷子吃饭？用勺子不是更方便吗？筷子是不是日本贫穷祖先的遗物？”

……

问！问！问！那个日本人被问得晕头转向，连饭也顾不得吃，由此可见犹太人喜欢追根究底的性格。

犹太人对于不清楚的每一件事，不问出头绪，决不罢休。用在商务活动中，则体现为双方都应该尽可能了解彼此。犹太人在尽可能了解对方方面，总是不遗余力的，大有一种“打破砂锅问到底”的气概。

比如，日本人出国旅行时，在导游的陪同下，参观了名胜古迹后，就都满足了。这多半是因为尚未从学生时代的修学旅行的习惯中脱离出来的缘故，也可以说是喜爱幼稚型旅行的表现。

这样，即使到欧美各国去旅行，日本人也一眼分辨不出谁是英国人、谁是法国人、谁是美国人和意大利人。连形象特征都分辨不清，那么要理解该国的国民生活，则更是难上加难。尽管如此，日本人仍然玩得很开心。

正如日本人分不清白皮肤人种一样，白种人要分清黄皮肤人，也是极其困难的。大部分白种人跟日本人一样，不愿下功夫去辨认。但是，犹太人却不同，他们对名胜古迹兴趣不浓，而对其他人种、其他国民的生活和心理、历史，则表现出超过专家的好奇心，甚至希望了解到这个民族未公开的东西。

犹太人每到一处旅游，之前必定下很大功夫去了解该国的历史、地理、风土人情、宗教习惯，乃至旅游中出现的各国人种都要分辨得清清楚楚。犹太民族由于2000多年的流散和惨遭迫害，迫使他们出于自卫的本能而不得不详细地研究各国的民族性，然后才能“对症下药”求得生存。正是这一历史的原因，使他们无形中养成了一种对任何事都感兴趣并“打破砂锅问到底”的精神。正是这种精神，才使犹太人掌握了渊博的知识，成为世界公认的第一商人。

和气生财

犹太人经商智慧要诀

坑蒙顾客就是播种仇恨，微笑带来的则是滚滚财源。待每一个人都满面春风。（《塔木德》）

不要认为做个成功的商人就应该是严肃的、冷酷的、不苟言笑的。其实不然，作为一个成功的商人要会“微笑”，微笑着面对生活、面对战场、面对你的敌人！笑也是一种走向成功的武器。

世界上以经商著名的犹太人对这一点深有体会。犹太人之所以成功，“笑”的作用可谓是功不可没。

与犹太人打交道，你会发现，与他们的谈判通常都是以微笑开始的。

谈判那天，犹太人会十分准时地到达谈判地点，绝不让你等候，哪怕是一分钟。双方见面后，犹太人非常地谦卑、客气地向你问候。特别是他们一直保持着微笑与你交流，那甜蜜的笑容让你觉得整个世界都是美好的。然而，一旦进入谈判，他们会把谈判的条件提得很高，距离双方的协议差距很远，而且为了合同上一个细小的地方会和你讨价还价。双方于是开始不停地争论，于是，第一天谈判，双方不欢而散。

但是，第二天，犹太人又会和你约定谈判的时间和地点，他们说话的神情十分地热情和真诚，态度还是那样的温和与客气，仿佛昨天的种种不愉快没有发生过一样。犹太人的态度变化如此之快，简直让人觉得不可思议，询问犹太人态度发生如此大幅度变化的原因，犹太人哈哈一笑："人的细胞代谢得很快，昨天吵架的细胞已经被今天的温和细胞代替，所以今天没有必要再记恨嘛！"

犹太文化强调人与人之间要有健康而友善的关系。犹太历史上最著名的拉比之一希拉尔，他曾对犹太文化的精髓做过界定，他有名的主张是"己所不欲，勿施于人"。希拉尔出身贫寒，他靠自己的勤奋掌握了渊博的知识，成为犹太教首席拉比，他是犹太教徒最尊重的人，他的言论一直被人们广泛引用。

作为公司的老板，对待自己的属下，也要讲究以"和"为贵。

卡耐基的侄女约瑟芬曾经担任过他的秘书。年仅19岁的她由于没有办事经验，经常在工作中出错。这个时候，卡耐基并不是对她采取言语上的取笑或是讽刺，或对其严厉地批评，而是采用一种温和得体的方式，让她改正错误，并在以后不要再犯。

一天，约瑟芬再次犯了错误，卡耐基正想批评她，但马上又对自己说："等一等，戴尔·卡耐基。你的年纪比约瑟芬大了一倍，你的生活经验几乎是她的一万倍。你怎么可能希望她有与你一样的观点，你的判断力，你的冲劲？虽然这些都是很平凡的。但是，你19岁时又在干什么呢？还记得你那些愚蠢的错误和举动吗？”

于是，在面对约瑟芬时，他这样说道：“约瑟芬，你犯了一个错误，但上帝知道，我所犯的许多错误比你更糟糕。你当然不能天生就万事精通。成功只有从经验中才能获得，而且你比我年轻时强多了。我自己曾做过那么多的愚蠢傻事，所以根本不想批评你或任何人。但难道你不认为，如果你这样做的话，不是比较聪明一点吗？”

初时，约瑟芬办事经验几乎等于零，但后来她成为了西半球最完美的秘书之一。其变化之大真是让人觉得不可思议。可见对于员工，一定要以“和”为主。这种做法是在对方做错事后给予正确的心理安慰，它的作用是深远的、持久的！

PART 05

善于和竞争对手比巧智——在智慧上巧胜对手

不断创新开辟新财源

犹太人经商智慧要诀

经商要想保持长盛不衰，就必须随时进行自我更新，用科学技术来改造产品，以适应不断变化的市场需求。否则，因循守旧、骄傲自满、固步自封，无论你过去的历史多么辉煌，最终也会被时代发展的大潮所淘汰。

犹太人说，什么行当都能致富，只要不断创新。

亨利·彼得森是一个贫穷的犹太人，幼年父母带他移居纽约。

16岁时，小亨利到一家珠宝店当学徒。这家珠宝店在当时纽约是小有名气的。特别是珠宝店的老板、犹太人卡辛是纽约最好的珠宝工匠之一，那些有钱的贵夫人、太太、小姐们，对卡辛的名字就像对好莱坞电影明星一样熟悉。

卡辛手艺超群，凡经过他手镶嵌的首饰都能卖很高的价钱，只是他像许多犹太大亨一样过于目中无人，言语刻薄，对其学徒更是极其严厉，有时简直到了暴虐的程度！小亨利跟着卡辛学琢石头和磨宝石，一学就是3年。也正是这3年，亨利在自己的性格、思想上得到了升华，他从一个少年走向了沉稳、成熟，也在磨炼中锻炼了自己的技艺。

1935年秋，是彼得森创业生涯中的一个重要转折点。一天上午，一个陌生人敲开了彼得森的门，来人很客气地做了自我介绍，说他名叫哈特·梅辛格。这个名字对于彼得森来说，简直是太熟悉了！

还在他当学徒时，就知道梅辛格是最精明的犹太首饰批发商，卡辛当时对他说过的话，还记忆犹新，不论多少贵重的首饰，不经梅辛格的手是很难卖出好价钱的。虽然彼得森没见过梅辛格，但彼得森对梅辛格的敬畏和崇拜已经是很久了。

梅辛格此次来找彼得森，是为他在纽约地区的销售网长期订货的，这正是彼得森梦寐企盼求之不得的。当梅辛格得知彼得森的手艺是跟卡辛学的，就更加信任，他授权彼得森按照自己的想法设计，按照自己的方式加工，不受别的条件的约束，为彼得森充分发挥自己的聪明才智提供了机会。

彼得森对梅辛格的订货从不马虎，每一件产品都必须亲自经过反复核对检查才敢出手，即使一点小小的纰漏，也必须多次返工，直到满意为止，他成为梅辛格的特约供应商。同时他的手艺得到上流社会的承认，名声大噪，找他的人越来越多，他一个人实在应付不了这些工作。

正在这时候，詹姆因为与合伙人发生纠纷而分手了，彼得森就把他请来一块儿干，即使两个人合伙，仍然无法应付，于是彼得森与詹姆商议，打算建立一个小型工厂。

“特色戒指公司”创立了，但订婚戒指的生产由来已久，要想在经营上生意兴隆，就必须有自己企业的经营特色。

怎样才能闯出自己的特色呢?

经过多方面的考察，彼得森在订婚戒指图案的表现手法上动脑筋。

象征着爱情的首饰大多以心形构图，这已为广大消费者所公认和接受，彼得森也不例外；可在构图的表现手法上，彼得森就表现出了自己的独特创意：

把宝石雕成两颗心互抱状，表示一对恋人心心相连；

用白金铸成两朵花将宝石托住，表示爱情的美好与纯洁；

两个白金花蕊中各有一个天使般的婴孩，一个是男婴，一个是女婴，手中牵着拴在宝石上的银丝线，以此祝福新郎新娘未来的美满幸福小家庭……

仅这一设计就能看出彼得森独具匠心了。

然而，彼得森的匠心独运之处，还不只这些。

他做的戒指表面看是一样的，其实没有相同的，文章就在男女婴所牵的银丝线上。

那银丝线上有许多类似多股绳搓在一起的皱纹，实际上是手工缕刻出来的，“皱纹”的数目可以随意增减，这样就为购买者留出做记号的余地，例如男女双方的生日、订婚日期、结婚年龄或其他私人秘密，都可以通过银丝的“丝纹”多少表示出来。

这一成功的艺术设计为彼得森的事业打下了良好的基础，生意渐渐兴隆起来，他从加工工业过渡到自产自销。

1948年，彼得森又发明了镶戒指的“内锁法”，那是因一次加工引起的。

一个有钱人慕名来找他，那人拿出一颗蓝宝石，求他镶一枚与众不同的戒指，准备送给一个女影星做生日礼物。

彼得森知道，再在图案上下工夫是不会有什么惊人之举的，唯有在那颗宝石上打主意。这只有改变传统镶嵌一条路可走。

经过一个星期的研究试验，他发明了新的连接方法——内锁法。用这种方法制造出的首饰，宝石的90%暴露在外，只有底部一点面积像果实与花蒂那样与金属相联接。

工夫不负有心人，这项发明很快获得了专利，珠宝商们争相购买，彼得森没花本钱就赚了大笔的技术转让费。

那个女影星实际上也成了他的义务广告员了。崇拜电影明星的妇女们得知这枚戒指出自彼得森之手，都不惜花大价钱请他做首饰，她们以拥有彼得森亲手制作的首饰为荣耀。

在荣誉面前，彼得森的进取心有增无减，他不断地观察和研究戒指的构造，终于在1955年，又发明了一种“联钻镶嵌法”。

采用这种方法把两块宝石合在一起做成的首饰，可使1克拉的钻石看起来像2克拉那样大，这对大多数消费者来说是极具有吸引力的。佩戴天然钻石首饰已成为可及的事了，花不太多的钱，一样可以取得光彩夺目的效果。

正是这些别出心裁的设计所起到的新奇效果，使得彼得森的事业取得长足的进步，生产规模不断扩大，人员大量增加。

在艰苦的奋斗中，彼得森也赢得了人们的尊重和敬仰。可以说“特色戒指公司”能在激烈的竞争中扶摇直上，不能不归功于彼得森的发明创造，不断更新。钻石人王就这样一步步走向事业的顶峰。

可见，你要想把企业做大做稳，就得不断创新。否则，你不会有发展，别人进步了，就意味着你落后了，意味着你将被社会淘汰。如果企业不创新、不前进、不长大，只有“死路一条”！

经营吃的生意永不赔本

犹太人经商智慧要诀

入口的东西要消化，都会化作废物排泄掉。如此不断地循环消耗，新的需求不断产生，商人可以从经营中不断赚到钱。做生意赚钱时，不应拘泥于世俗人情，而是应该彻底实施合理主义。

嘴巴是消耗的无底洞，地球上当今有70多亿个“无底洞”，其市场潜力非常地大。为此，犹太人设法经营凡是能够经过嘴巴的商品，如粮店、食品店、鱼店、肉店、水果店、蔬菜店、餐厅、咖啡馆、酒吧、俱乐部等，举不胜举。

犹太人坚信，经营吃的生意绝对赚钱，他们正是利用“嘴巴生意”在异国他乡站稳了脚跟。吃的生意说白了就是“经营餐饮的生意”。

美国一位靠经营土豆致富的犹太人辛普洛特，是当今世界上100位最有钱的富翁之一。

第二次世界大战爆发后，辛普洛特获知作战部队需要大量的脱水蔬菜。他认准了这是一个绝好的赚钱机会，于是买下了当时美国最大的一家蔬菜脱水工厂。他买到这家工厂后，专门加工脱水土豆供应军队，从这以后，辛普洛特走上了靠土豆发家的道路。

20世纪50年代初，一家公司的化学师第一个研制出了冻炸土豆条，那时许多人都轻视这种产品。有的人说："土豆水分占3/4还多，假如把它冷冻起来，就会变成软乎乎的东西。"可是辛普洛特却认准了这是一种很有潜力的新产品，即使冒点风险也值得，于是大量生产，果然不出所料，"冻炸土豆条"在市场上很畅销，成为他盈利的主要来源。

后来，辛普洛特发现，"炸土豆条"并没有把土豆的潜力彻底挖掘出来。因为，经过炸土豆条的精选工序——分类、去皮、切条和光传感器去掉斑点，每个土豆大概只有一半得到利用，余下的通常都被扔进河里。辛普洛特想，为什么不能把土豆的剩余部分再加以利用呢？不久，他把这些土豆的剩余部分掺入谷物用来做牲口饲料，单是用土豆皮就饲养了15万头牛。

1973年年底石油危机爆发了，用代用能源代替石油是形势的需要。辛普洛特瞄准这个难得的机会，用土豆来制造以酒精为主要成分的燃料添加剂。这种添加剂可以提高辛烷燃烧值，还能降低汽油的污染程度，颇受用户欢迎。为了做到物尽其用，辛普洛特又用土豆加工过程中产生的含糖量丰富的废水来灌溉农田，还把牛粪收集起来，作为沼气发电厂的用料。

辛普洛特利用土豆构筑了一个庞大的帝国。他每年销售15亿磅经过加工的土豆，其中有一半供应麦当劳快餐店做炸土豆条。他从土豆的综合利用中，每年取得12亿美元的高额利润。如今辛普洛特究竟拥有多少财富，难以计数。

辛普洛特在总结自己一生走过的创业历程时说："我一直遵循两条简单而又明确的准则，一是从大处着想，二是绝不浪费财物。"的确，这两条准则正是辛普洛特一生的写照。

女人是天生的消费者

犹太人经商智慧要诀

从男人身上赚钱，其难度比女人大十倍。这个世界上大部分是男人挣钱，女人用男人的钱养家，做生意一定要掌握这一点。只有打动女人的心，才能使生意成功。

犹太人千百年来的经商经验是，如果想赚钱，就必须先赚取女人手中所持有的钱。犹太人无论是经营钻石、戒指、女用礼服、别针，还是经营项链、耳环及女式高级日用皮包等商品，都会有相当高的利润。商人只要稍稍运用聪明的头脑，抓住有利的时机，以女人为对象来赚钱，就能不断地赚取大把大把的钞票。

犹太人沙克尔就是一个运用"女性生意经"的好手，他靠这种独特的经商法则成为了日本有名的富翁。

沙克尔在繁华的东京银座开了一家百货商店，百货商店的营业对象限定在女性身上。为了尽可能地吸引女性，他将自己的营业面积全部用上，分别针对家庭主妇和职场女性，把正常的营业时间一分为二，白天他摆设家庭主妇感兴趣的衣料、内裤、实用衣着、手工艺品、厨房用品等实用类商品。晚上则改变成一家时髦用品商店，将朝气蓬勃的气息带到商店，以便迎合那些年轻的职场女性。光是袜子就陈列许多种，内衣、迷你裙、迷你用品、香水等，陈列的都是年轻人喜欢的样式和花样。凡是年轻女性喜欢的、需要的、能够引起她们购买欲望的商品，他都尽量满足，把它们摆在柜台上。在这里，年轻女孩子喜欢的东西可以说是应有尽有。

沙克尔的新式经营方法，果然取得了很好的效果，来商店购买商品的人越来越多，而沙克尔不久就遇到了这样的问题：他的营业面积太小，如果完全模仿大的百货公司，做到各种花色品种都有的话，恐怕是不可能的。沙克尔面临了一次选择，要么还维持现状，要么向专业化方向发展，只经营一类商品。他经过思索，决定将其他商品换下来，只经营袜子和内衣。

开始的时候，常来的顾客对这种经营方式不理解，但沙克尔相信自己的选择是对的，不久这间专门经营袜子和内衣的商店的名声就传开了。许多购买袜子和内衣的女性都不约而同地到沙克尔的商店来。别的商店要卖250日元一双的袜子，沙克尔尽量廉价进货，然后用每双200日元的价格卖出，同时他大量增加袜子的种类。沙克尔的专业经营法果然获得了成功，两个月后，袜子的销售额增加了5倍，顾客也越来越多。

袜子的销售获得了成功，沙克尔如法炮制又打起了内衣的主意，他从美国进口了最流行的样式，进行巧妙的宣传。本来在内衣样式没有什么选择的当时，一旦出现新款式，马上就能流行起来。没过多久，沙克尔的商店有世界上最流行的内衣的消息不胫而走，许多女性立即赶来先购为快。

沙克尔完全站在女性的角度上，使他的商店成为女性常来光顾的地方。不久，沙克尔就赚了大钱，现在仅分销点就已经达到100多家。

做生意要善于投其所好

犹太人经商智慧要诀

当你与他人交往时，你要学会投其所好，尽量激起对方的急切欲望。如果你能做到这一点，你就可以不断地获得财富。

犹太人福克兰是美国鲍尔温交通公司的总裁，他的成功并没有显赫家室的支撑，而是一切靠自己白手起家。年轻时他只是鲍尔温交通公司的一位普通职员。

有一次，公司老板买了块地皮，这里的位置和各方面的条件都比较适合建造一座办公楼。可是这块土地上居住的一百多户居民让老板感到很头痛。在这里生活了几十年的老住户早已习惯了这里的一切，突然要他们搬走，他们从心理上不能接受。一位爱尔兰老妇人还主动去联合其他住户一起抵抗鲍尔温公司的决定。住户们团结一心，让鲍尔温交通公司的老板束手无策。

公司老板最后只好提出用法律来解决。年轻的福克兰想：法律固然能够解决这件事，但是公司必须支付大量的费用，况且一打官司，就会影响迁居的速度，最好能劝说住户主动搬迁。于是福克兰把工作重点放在了爱尔兰老妇人身上。

福克兰把自己的想法跟老板说了以后，老板虽有些怀疑他的能力，但还是决定让福克兰去试一试。

一天，福克兰看见爱尔兰老妇人正悠闲地坐在台阶上乘凉，便走过去。福克兰装作满腹心事地在老妇人面前走来走去。老妇人看见这个忧心忡忡的年轻人就主动问："小伙子，怎么这样烦恼啊？"

福克兰没有回答老妇人问话，而是把话题转移到了老妇人那里，他装作很可惜的样子说："您整天坐在这里无所事事，真是太可惜了。听说最近这里要拆迁，弄得大家人心惶惶的，是这样吧？你可以发挥自己的能力为邻居们找一个安乐的地方居住，一来可以打发无聊的时间，二来可以让邻居们更信赖你，佩服你。"

福克兰的话引起了老妇人欲获得尊重和赞赏的兴趣，也让她感到自己对于邻居是多么重要，于是她便四处奔波去找房子，让邻居们一家一家地有了安宁的住处。至此，鲍尔温公司的问题自然而然地解决了。不但提前解决了搬迁问题，还省了一半的花费。

还有一位犹太人卡塞尔更是这方面的高手。卡塞尔是位善于观察，善于思考，善于洞悉别人心理的大赢家。他把这些都用在做生意上。提到“霍氏耳朵”巧克力，想必大家一定不陌生吧。在超市食品橱窗里那种被咬破的耳朵形状的巧克力，就是卡塞尔设计的。1998年，在美国超级拳王泰森在和霍利菲尔德的一场拳击比赛上，咬掉了霍利菲尔德的半块耳朵，当场观众一片哗然。而后这件事被炒得沸沸扬扬，人尽皆知。卡塞尔便突发奇想，为他所属的特尔尼公司设计了耳朵巧克力，这种巧克力吸引了大量的消费者，也为特尔尼带来了大量的利润。

谁不想尝尝咬坏别人耳朵的滋味呢？尤其这种巧克力酷似霍利菲尔德的耳朵。卡塞尔这种超乎寻常的商业洞察力，给他赢来了3000万美元的年薪。

名牌产品高价出售

犹太人经商智慧要诀

商品可以薄利多销，也可以厚利少销，这是一门经商的艺术。如今，市场上的人们都喜欢与众不同的名牌产品，而这些名牌产品，是靠价格来培养的。名牌产品在营销中采用高额定价法，能够巩固名牌的高贵地位，保持特优的身价，维护其至高无上的优势，当然也能赚取超额利润。

在美国洛杉矶市，有个生产经营珠宝首饰的犹太人特尔曼开设的精品店，门面不大，生意也不怎么兴隆。为了改善现状，特尔曼专门聘请了高级设计师，精心设计出一款世界最新流行款式的首饰。特尔曼对这一产品寄托了很大的希望，企盼一举改变自己经营不景气的状况。为此，他投入了100万美元的资金，首批生产了1000件，成本为500美元。基于打开市场的需要，他采取了低额定价策略，把每件定为800美元，这在首饰定价中算是比较低的了。特尔曼心想，凭着新颖的款式和低廉的价格，今天一定会开门大吉。

特尔曼亲自出阵指挥，大张旗鼓地叫卖了半个月，购买者却寥寥无几。急昏了头的特尔曼铁下一条心来，每件下降50美元销售，又呼天喊地叫卖了半个月，购买者却仍不见多。向来不服输的特尔曼，这时也顾不得那么多了，干脆大甩卖吧，每件200美元，工本费都不要了，实行赔本清仓，但仍然没有几个人愿意光顾。

彻底绝望的特尔曼自认命该倒霉，索性也不再降价和叫卖了，他让人在店前挂出“本店销售世界最新款式首饰，每件500美元”的广告牌，至于能否销售出去，只好听天由命了。在繁华的闹市中，有这么便宜的东西，也可真少见。希望顾客们可怜一把。谁知，广告牌一挂出，陆陆续续来了不少购买者，兴致盎然地挑选起来。站在一旁的特尔曼这回可傻了，呆若木鸡地立在一旁。原来，他的店员一时粗心大意，在500后多加了个0，这样每件500美元就变成了5000美元了，价格一下子高出10倍，购买者反倒一拥而上，不一会儿的工夫，倒还真卖出了七八件，并且随后的销售状况是越来越好，生意空前地兴隆。一个月过去了，特尔曼的1000件首饰已经全部销售一空。差点血本全无的特尔曼，转瞬之间发了横财，高兴得他不亦乐乎。

特尔曼的世界最新款式的首饰精品，主要销售对象是那些爱赶时髦的年轻人。他们的购买心理特点是讲究商品的高档次、高质量和时髦新颖。对首饰的需求不仅讲求时新，而且讲求派头，以满足自己的虚荣心和爱美之心。虽然，特尔曼的首饰款式新颖，但因为开始定价太低，他们便误以为价低则质次，戴到身上有失体面。当后来价格抬高10倍时，他们便以为价高而货真，因而踊跃购买。

可见，经商时要多动脑筋，抓住客户的心理来运作是一条发财的捷经。

敢于争夺市场，又要善于开辟市场

犹太人经商智慧要诀

企业的经营，既要敢于争夺市场，又要善于开辟市场。在一个竞争对手集中的地方奋力搏杀，能够获取一席之地，实属不易。如果转换思路，避开激烈的较量，去一个新的地方开辟市场，也许会轻松便捷地取得成效。

犹太人认为，在众多的经商之路中，与众不同才是高明的成功者。善于抓住财富的人，就懂得往人少的地方去，如果某个地方只有你一个人，那岂不是意味着这里所有的财富都只属于你一个人吗？

哈默出身于一个普通犹太移民家庭，23岁时哈默决定去苏联经商。

哈默之所以做出这样的决定，是因为他从报刊上读到了有关新闻。他对正受到斑疹伤寒和饥荒侵袭的苏联人民深表同情，当时谁也不敢去苏联，但哈默兴高采烈地开始准备这次旅行。

他买下了一座第一次世界大战中留下的野战医院，装备了必需的医药品和器械，又买了一辆救护车，开始出发了。

他要去的这个国家早已与大多数西方人隔绝，因此在其他人看来，这次旅行简直像月球探险。这样，哈默以23岁的小小年纪，踏上了一条独特的人生道路，它不仅从根本上改变了他的生活，而且也对其他人的生活带来很大影响。

哈默到苏联的第一印象是：

“人们看来都是衣衫褴褛，几乎没有人穿袜子或鞋子，孩子们都光着脚；没有一个人脸上有笑容，一个个都显得既肮脏，又沮丧。”

火车缓缦地行驶了三天三夜，快到伏尔加河时，进入了干旱的不毛地带。这地方霍乱、斑疹伤寒及所有儿科传染病在儿童中肆虐流行。火车离开伏尔加区时，车上有1000人，但几天之后，车上只有不到200个身体原来最强壮的人还活着。

他很快又得知，饥荒正在迅速蔓延。成百个骨瘦如柴、饥肠辘辘的孩子敲打着从莫斯科开出的火车，乞讨食物；抬担架的人将难民车上的尸体源源不断地抬向一座公墓；从莫斯科来的代表团听到了人吃人的惨事；野狗在这些可怕的地方徘徊；吃死尸腐肉的鸟类则盘旋于头顶。

一昼夜后，视察车带着忧心如焚的乘客驶进了卡特灵堡附近的工矿区。使哈默大为吃惊的是：正如卡特灵堡成堆的皮毛一样，这里有成堆的白金、乌拉尔绿宝石和各种矿产品。

“为什么你们不出口这些东西去换回粮食呢？”他问一位苏联人。许多人的回答都相似：“这是不可能的。欧洲对我们的封锁刚解除，要组织起来出售这些货物和买回粮食，这得花很长时间。”

有人对这位美国人说，要使乌拉尔地区的人支持到下一收获季节，至少需要100万蒲式耳小麦。当时，美国的粮食却大丰收，价格跌到每蒲式耳1美元，农民宁可把粮食烧掉，也不愿以这种价格在市场上出售。

哈默于是说：

“我有100万美元，我可以办成这件事。”

他说话时的神态，仿佛是买卖老手似的。

“这里谁有权威来签合同？”

当地的政府急忙举行了一次会议，同意了此事。哈默给他的哥哥发了一份电报：要他购买100万蒲式耳的小麦，然后由轮船运回价值100万美元的毛皮和宝石，办理这笔交易后，双方都可以拿到一笔5%的佣金。

他后来写道，当时他的脑子里想的根本不是利润，他记得起来的是：成捆干柴似的尸体堆放在那里，等着被卷起来埋到壕沟一样的坟墓里；成千张儿童的面孔贴着专车的车窗，乞讨着。

这位年轻的美国人做好事的消息，比蜿蜒穿过乌拉尔的火车传得还快，列宁也得知了这一消息，对哈默和这笔交易大加赞许。

列车到达莫斯科后的次日，哈默就被召到列宁的办公室，于是，双方进行了友好的长谈。

列宁感谢他对苏联的援助，并希望他能够继续合作，然后关照下属为哈默一路开绿灯，而且亲自参加双方贸易合同的草拟。

以后，哈默在苏联开办了铅笔厂、制酒厂、养牛厂等，赚了一笔又一笔的财富。

由此可见，在市场上，致富的路子虽然比比皆是，但追求致富的人更是浩如繁星，可惜许多人虽然意识到了这一点，却还是不能善于开辟市场，结果不但没能得到财富的垂青，反而浪费了自己的大好青春。

利益面前巧变脸

犹太人经商智慧要诀

在探讨问题、辩论是非之时要认真对待，钉是钉，铆是铆。在商谈时的第一天即使是不欢而散，在争吵后的第二天，也要一改昨天的态度，依旧笑容可掬地前来晤谈。不过，商谈中还是以利益为重，不该让步时始终不要做出丝毫的让步。

犹太人会慷慨大方地把笑容“赠送”给他人。可是，一旦涉及到金钱时，犹太人会把眼睛擦得雪亮，紧紧地瞧着，你千万不要以为他们的笑能预示商谈的圆满顺利！

在商谈中商定有关价格问题时，对金钱非常热爱的犹太人，他们的态度是非常认真的。犹太人对每个有关价钱的问题，都会非常认真地考虑。对于利润的一分一厘及契约书的形式等，也相当仔细。在这些问题上，他们没半点含糊，即使谈得满嘴白沫也不罢休，发生激烈的争吵也在所难免。

犹太人在探讨问题、辩论是非之时是非常认真的，他们不问对方是何人，对的就是对，错的就是错，钉是钉，铆是铆，有时辩论演变成相互谩骂而纠缠不清。在商谈时的第一天很多时候都是不欢而散的，更不用说商谈出什么圆满的结果。犹太人在争吵后的第二天，一改昨天的态度，依旧笑容可掬地前来晤谈，这一点不能不令你感到惊讶。他们的态度转变之快，实在令人叹服。不过，商谈中他们还是以利益为重，始终不会做出丝毫的让步。

犹太人的“变脸术”，是值得我们学习的。

美国富翁霍华·休斯有一次为了大量采购飞机，与飞机制造商的代表进行谈判。休斯要求在条约上写明他所提出的34项要求，其中11项要求是没有退让余地的，但这对谈判对手是保密的。对方不同意，双方各不相让，谈判中冲突激烈，硝烟四起，竟发展到把休斯赶出了谈判会场。

后来，休斯派了他的私人代表出来继续同对方谈判。他告诉代理人说，只要争取到34项中的那11项没有退让余地的条款就心满意足

了。这位代理人经过了一番谈判之后，争取到其中包括休斯所说的那非得不可的11项在内的30项。

休斯惊奇地问这位代理人，怎样取得如此辉煌的胜利，代理人回答说："那简单得很，每当我同对方谈不到一块儿时，我就问对方：'你到底是希望同我解决这个问题，还是要留着这个问题等待霍华·休斯同你解决？'结果，对方每次都接受了我的要求。"显然，休斯的面孔及其私人代表的面孔分别看来并无奇异之处，合二为一则产生了奇特的妙用，这便是唱红白脸的奥妙所在。

不要以为对人笑脸相迎，给人面子，一团和气，就能赢得谈判。一味地唱红脸，会使人觉得你有求于他，有巴结之嫌。越是这样，对方会越强硬、傲慢，在谈判中占尽上风。在必要的时候，适当地给对方施加点颜色，用一些白脸手段刺激一下对方。当然，所谓刺激，并不是激怒或伤害对方，而是为了引起对方对某种事实的注意，更加重视自己，同时也提醒对方不要过分抬高自己的价码。

欲取之，先予之

犹太人经商智慧要诀

暂时地放弃一些利益，是为了得到更多的利益。（《塔木德》）

如果想赚钱的话，必须先让对方赚钱。只想自己赚钱的人，不仅不能赚大钱，而且还会被视为吝啬鬼。

“赔本赚吆喝”是犹太人的经商俗语，说的就是先“舍”后“得”的道理。这其实是一种表面上亏损的促销方法，但它在打开产品销路的方面却能够收到良好的效果。

有一位犹太人开发了一种保健饮料，其销售势头一直长盛不衰，这种饮料打开市场时用的就是一种赔本赚吆喝的生意经。

他们独出心裁想了一个新招。根据自己产品的特性，他们花钱登广告征寻1000个拿着医院体检单，已让儿科医生认可的厌食、瘦弱、体质差的孩子，免费供应这1000名儿童每天两瓶保健饮料。当然，这位犹太人最终目的是打开产品的销路，但这种赔本赚吆喝的买卖经，却不失为一种有益的尝试。

还有一些聪明的犹太人采用白送机器零件这样一种看似赔本的方法来促销自己公司的机器，并最终获得成功。

美国凯特皮纳勒公司，是世界性的生产推土机和铲车的大公司。它在广告中说：“凡是买了我们产品的人，不管在世界哪一个地方，需要更换零配件，我们保证在48小时内送到你们手中，如果送不到，我们的产品白送你们。”他们说到做到，有时为了一个价值只有50美元的零件送到边远地区，不惜动用一架直升机，费用竟达2000美元。有时无法按时在48小时内把零件送到用户手中，就真的按广告所说，把产品白送给用户。

现在，“欲取之，先予之”的推销方法，在世界各地已非常普遍。

曾有一段时间，中国香港男士服饰店大量批发绅士服。由于生意竞争激烈，有些商店就以“买一套绅士服赠送一条长裤”为口号，希望引发顾客的购买欲。其实，一套衣服，真的需要两条长裤吗？但由于人人都有“贪小便宜”的心理，既然是免费赠送，谁不喜欢呢？所以受赠品的吸引，前去购买的人很多。

又如，日本某家威士忌制造商，为了提高威士忌的销售量，以赠送精美的酒杯、酒盘和细致的小酒壶来吸引顾客。根据统计，前来购物的大多数人是受到赠品的吸引。所以，馈赠品的魅力还是很大的。由于这种馈赠促销的经营方法确实能增加销售额，所以历久不衰。

但也有人认为，与其赠送，不如降低价格更实际。然而，对于已经熟悉了大商场打折推销积压品的消费者来说，馈赠比降价更可信。譬如，价值1000元的商品，以700元的价格售出，消费者并不会觉得获得了300元的利益，他们反会以为，这商品本来就值700元而已。但是若以1000元价格出售，另外赠送300元的礼物，情形就不一样了。消费者会以为，自己以1000元买到1300元的商品。

换句话说，就人的心理满足程度而言，赠品确实比降低价格更吸引人。因为获得赠品的购买者，会有意外收获的感受——这东西来得太容易了。即使并无实际用处，他们在心理上也会觉得很快乐。

如前面提到的买威士忌附赠酒杯、酒盘、酒壶等精美酒具，如果另外花钱去买的话，会觉得不值，但有人愿意赠送，当然不要白不要。有经验的经销者，就是利用了人们这种心理弱点，大做文章。

PART 06 在朋友身上找财路——善用人缘开辟财源

只要有人缘就必定有财源

犹太人经商智慧要诀

人际关系网对一个人事业的成败及工作的好坏具有极大的影响，所以说成功在很大程度上取决于你拥有多大的影响力，与所有合适的人建立稳固关系网至关重要。

犹太人早就发现，那些令人羡慕的成功者，除了他们本身优越的条件外，还有一点，就是他们身边有一群非常要好的朋友。这些朋友为他们出谋划策，对他们提出高的要求，不让他们有丝毫的松懈和半点的放弃。为了成功，你也需要有这样一群良好的朋友，需要有这样一张良好的人缘网络。

赢得好人缘的前提，不是“别人能为我做什么”，而是“我能为别人做什么”。在回答对方的问题时，不妨补上一句：“我能为你做些什么？”

现在，让我们来看一下日本保险推销员、犹太人吉田是如何赢得好人缘并取得事业成功的。

犹太人吉田是日本一家保险公司的推销员。一天，吉田正要去车站搭车，可是一到月台，电车正好开走，而下一班车还得再等20分钟。吉田突然看到月台对面有一块医院招牌，于是吉田大步来到这家医院，刚走到门口，便凑巧撞上穿着白衣的医生。吉田一时头脑反应不过来，便劈头直说："我是保险公司的吉田，请你投保！"

遇上这么一位冒失的推销员，医生一时间哑口无言。可是当时正巧看诊到一个段落，这位医生对吉田的单刀直入产生了兴趣。

"这么简单就要人投保呀？有意思，进来聊聊吧。"

进了医院，吉田将平时学会的保险知识全盘托出，最后还加了一句："我正要从上贺茂开始，一直拜访到伏见。"（注：上贺茂位于京都北侧，伏见位于京都南侧）结果医生说："哇，我看再不快卷铺盖逃命，我的老命也不保了，哈哈哈哈……"

虽然医生幽默开玩笑说要逃命，其实他早已买了好几份保险，也知道吉田还是保险推销的新手。可是看在吉田态度认真的分上，说出了心里话："保险实在高深莫测，说实话，我已经保了五六张，每次都被保险推销员说得天花乱坠，可事后心里还是一塌糊涂，这里有我两张保单，就当是学习，给你拿回去，评估评估好了。"

拿了保单，吉田充当医生的家人，分别拜访了医生投保的公司，确认保单的内容，然后制作了一本图文并茂的解说笔记，又用笔画下重点，好让医生容易了解。

当医生把解说笔记交给他的会计师看时，会计师极力称赞这份评估报告，而且还当面建议医生要买保险就最好向吉田买，结果，医生就正式要求吉田为他重新组合设计他现有的那6张保单。

于是吉田根据医生的需求，将原本着重身后保障的死亡保险，转换为适合中老年人的养老保险与年寿保险。对吉田来说，这位医生客户不但为吉田带来一份高达8000万日元的定期给付养老保险契约的业绩，同时也给了她一次难得的比较各家保险公司保险商品的机会。

后来，这位医生又将吉田介绍给几位要好的医生朋友。这几位医生，也都请求吉田为他们评估现有的保单。而吉田也不厌其烦地为他们制作解说笔记，详细记录何时解约会得到多少解约金、不准时缴费的结果、残废后的税赋问题等。就这样，吉田获得了更多医师的认同和帮助，结交了更多的人。

随后，吉田不断运用由一个朋友到一批朋友的方法扩大现有的市场，同时努力建立良好的关系。因为关系极为良好，有些客户就会以“回馈一张保单”的方式，向吉田表达谢意，并且再为她介绍几位新客户，使她的业绩一直保持着最高纪录。吉田因此成了年轻的百万富翁。

可见，懂得搞好社会关系网的人，会不断地发展和建立新的关系网，以扩大本身的影响力。在人际交往中，多一份好人缘，就少一份烦恼。好的人缘就是一张广大而伸缩自如的关系网，用这张网你可以轻松自在地赚取财富。

微笑能给人一种良好的印象

犹太人经商智慧要诀

以一种愉快的态度对待每个人、对待每一件事。微笑能带来更多的收入，带来更多的钞票。试着把这种生活态度传达给周围的人。

《塔木德》上说："微笑是无价之宝。"的确，微笑是加强人际交往的黏合剂。一个以微笑面对他人的人，许多人都愿意与他交往，很容易和他成为朋友。

犹太人史坦哈是一位成功的股票经纪人，他十分老练，足迹遍及世界各地。做他这行的人很难赚到钱，每100个人当中就有99个人失败，而史坦哈在纽约场外证券交易市场买卖证券却大获成功，正是靠着微笑的法宝。

史坦哈在不知道微笑的作用前，他的生活很乏味，从早上匆匆起床到上班这段时间，他对妻子很少微笑，也很少说话，他可能是百老汇最苦闷的人。他觉得这样的生活太乏味了，决心改变这种生活，于是他就开始行动起来。

第二天，他早早起床，当他梳头的时候，他看见镜中自己的满面愁容，他对自己说："史坦哈，今天，你要把脸上的愁容一扫而尽，你要微笑起来，现在你就开始微笑。"他的愁容不见了，一张微笑的面孔出现在镜中。

他来到餐桌坐下来，他微笑地看着妻子，并以欢愉的语调跟她打招呼："早上好，亲爱的。"妻子被他的这一举动搞糊涂了，她惊讶不已，她从来没有想到丈夫也是一个快乐的人。史坦哈坚持了两个月，效果非常好，他和妻子的关系更密切了，家庭生活情趣更浓了。

史坦哈好像变了一个人，他不仅在家中表现得很高兴，而且对许多人都报之以微笑。他上班的时候，微笑地对大楼的电梯管理员打招呼；当他跟地铁的出纳小姐换钱的时候，他微笑着；当他站在交易所时，他对那些从来没见过他微笑的人微笑着。他很快发现，每个人都对他报以微笑，人与人的交往更加和谐了。

他以一种愉快的态度对待每个人、每一件事，他发觉微笑带来更多的收入，每天都带来更多的钞票。他也试着把这种生活态度传达给周围的人。他与另一位经纪人谈了自己最近所学到的做人处世哲学，这位经纪人开始改变对他的态度，他说当他和史坦哈共用一个办公室的时候，他认为史坦哈是个非常沉闷的人，没有活力，直到最近，他才改变了看法。

慢慢地，史坦哈的许多习惯也改掉了。他不再批评他人，而是真诚地赞赏他人；他学会倾听他人说话，并尝试从他人的角度和观点看事情。他彻底改变了人生，变成一个完全不同的人，一个更快乐的人，一个更幸福的人。而这一切都是微笑带来的。

或许有人认为微笑地面对每个人是很困难的，实际并非如此。只要你平时多对自己说："我喜欢微笑，我想做一个快乐的人。"你肯定能做到这一点。当你每天入睡时，你不妨学一学旅馆大王希尔顿，问自己："你今天微笑了吗？"

耐心倾听对方的意见

犹太人经商智慧要诀

每个人都喜欢谈论自己，谈论自己感兴趣的话题。成功交际的经验再简单不过了，倾听对方说话，这样无形中满足了对方的成就感。让别人谈论自己，表面上你失去了很多，实际上你获得了友情、亲情、金钱，甚至还多。

犹太人认为，成功的交际并没有什么神秘的，只要你能专心致志地注意对方就行了。但有些人不能识破其中道理，他们老以为自己了不起，一谈起话来，他们只是不停地谈论自己，所想到的只有自己。这样的人在经商中只会失败。

犹太人博洛莫是西方电气公司经理，在他事业成功的经验里有这样一条：耐心倾听别人的怨气。

这条经验的得来还有一个小经历。那时博洛莫还是西方电气公司的普通职员。有一天，公司收到一封客户的指责信，信上用极严厉的措辞倾诉了他对电话公司服务的不满。信中说如果电话公司不给他一个很好的交代，他会不断地向别人提起这些事。

公司派博洛莫去调解此事。博洛莫了解到那位客户的住处后就亲自登门道歉，当博洛莫向客户说是电话公司派来的人，只见那老头立刻绷紧了五官，不容博洛莫说一句话就大发牢骚。

博洛莫在老头破口大骂时，没有解释一句，没为电话公司反驳一句，只是恭敬地倾听，让那老头尽情发泄心中的怒火。

终于，老头把所有的埋怨的话都说尽了，停了下来，这时博洛莫方一脸诚恳地说："先生，我首先代表电话公司的全体职员向您道歉，由于我们工作的疏忽给您的生活带来了不便，是我们的错。希望您刚才已经把怒火发泄掉了，我们不希望让这件小事始终困扰您，无论如何请您原谅。"

博洛莫说完，老头终于露出了微笑，情绪也平静了下来，缓缓地说："年轻人，你这话倒是让我满意，不过还得请你原谅我刚才的粗鲁，我是针对那混蛋的电话公司的。"

博洛莫见老人家完全平息了怒火才敢提出一个小小的请求。他说："您给电话公司提的意见我们会虚心接受，不过我想知道现在您是否觉得问题已经得到圆满解决了，否则我是不能回去的。""好了，"老头说，"看在你的面子上，就让那件事见鬼去吧，我保证不再往电话公司写信了。"

从此，博洛莫便得到了"倾听他人诉怒，勇敢承认错误"这条宝贵经验。

犹太人非常喜欢苏格拉底说的这样一句话："我只知道一件事，就是我一无所知。"连这么聪明的人都如此说，我们普通人更不能认为自己是百分之百的正确，正所谓"智者千虑，必有一失"。不如退一步，听一听别人的意见，这或许会对自己有许多有益的启示。

交际需要圆融的批评技巧

犹太人经商智慧要诀

批评是一门艺术，有效的批评会使对方认识到自己的错误，并及时改正。但是切记不能当面指责别人，这样只会造成对方强烈的反抗，而巧妙地暗示对方注意自己的错误，则会赢得他人的好感。

交际专家犹太人美兰·杜莎认为，在别人面前批评一个人，是一个不可原谅的错误，这样不但打击员工的积极性，而且还是一种最残忍的态度。因此，她警告每个人不要在别人面前批评一个人，让他保住面子。

美兰·杜莎的公司是从事化妆品生产和销售的，对卫生要求极高，清洁是工作的第一要义。有一次，她召开了一次销售会议，参加会议的一名美容顾问所带的化妆箱实在太脏了，这位美容顾问刚刚加入公司，是一位新手。美兰·杜莎看到她的那脏兮兮的化妆箱就觉得不舒服，认为顾客一看到这样脏的化妆箱，根本就不会买化妆品了。美兰·杜莎仔细观察了这个新手，觉得她似乎很缺乏自信，如果贸然指出她的错误，她肯定接受不了，于是美兰·杜莎想找一个委婉的批评方式，指出对方的缺点。

美兰·杜莎把会议的主题定为“整洁是仅次于敬重上帝的美德”。她问与会者：“如果你参加一个美容展示会，主持会议的美容顾问带了一个脏兮兮的化妆箱，你会有什么感想？”与会的美容顾问肯定有很多想法，大家都会对此持否定态度。

美兰·杜莎接着说：“我们从事的是美容事业，无论何时，我们都要给人以整洁美观的印象。”美兰·杜莎演讲时，尽力不去看那位美容顾问，故意表示她的演说不是针对她说的。实际上，她也不用这么做，对方也会想：“我的化妆箱实在太脏了。”这种委婉的批评方式很有效，不但与会的美容顾问都学到了整洁的重要性，而且也在不知不觉中接受了批评。

还有一次，美兰·杜莎的一位美容顾问不知为什么改变了她的工作态度。以前她曾是优秀的经销代表之一，然而她逐渐地失去了工作的热情，最后她索性连销售会议都不参加了。美兰·杜莎百思不得其解，她不能贸然批评对方，必须寻找恰当的方式，重新激起她的工作兴趣和热情。

美兰·杜莎想出一个好办法，她打电话给那位美容顾问的负责人，问她是否可以让那个美容顾问在下次小组销售会议上发表一次演说，是有关订货方面的，因为那位美容顾问在这个方面做得很好，想让她试着教教其他人如何以最好的方式激起顾客们的兴趣。

美兰·杜莎的这个办法已经把批评巧妙地进行了转换，使对方毫无觉察。会议中，那位美容顾问侃侃而谈，她分析了以前运用的几个成功的原则和技巧，激起了其他美容顾问的工作兴趣和热情，使她们获得了有益的启示。最关键的是，那位美容顾问通过这次演讲，重新找到了自己，恢复了对工作的兴趣和自信。

美兰·杜莎的成功给后人留下了许多有益的启示，特别是她那巧妙的批评技巧，让每一个从事管理的人都赞叹不已。

大声喊出对方的名字

犹太人经商智慧要诀

人们对自己的名字很敏感，以自己的名字为骄傲，不惜任何代价想让自己的名字永存世间。因此，与人交往时，要大声喊出他的名字，让对方永远感激你。

人际关系学专家麦凯是一位犹太人，他一生结交了美国政界、新闻界、企业界、体育界的大量知名人物，可是你们能想到吗？他的工作是卖信封。

讲到成功的经验，麦凯想起他父亲的一句话："假如你想成功，从现在开始，你要关心你所见到的每一个人。"从那以后，他就记下见到的每一个人的名字，并且了解他们的详细情况。到了人家过生日，他就寄卡片祝贺。后来他设计了一个有66个空格问题的系统，包括姓名、年龄、生日、性别、星座、血型、嗜好，在哪儿上小学、中学、大学，在哪儿工作以及他家人的一系列相关材料。这个系统被称作"麦凯66档案"。

有一次，麦凯到一个大企业老板那儿推销信封，可是不管麦凯怎么推荐，老板都不肯买。麦凯就利用了他的"麦凯66档案"，研究了两年，并且没有停止与这个老板联系。有一天，他得知这位老板的儿子出了车祸，他打开资料一看，了解到老板的儿子11岁，崇拜篮球明星迈克尔·乔丹。麦凯正好与迈克尔·乔丹所在的公牛队的教练认识。于是他顺利地得到了一张有乔丹签名及其他队员签名的篮球。麦凯把这个篮球作为礼物送给了老板的儿子。孩子得到篮球后，高兴得又蹦又跳，这位老板问儿子这篮球是哪儿来的，孩子回答说："是麦凯叔叔送给我的。"老板忽然记起这位与他联系了两年，他都没买一个信封的麦凯。精诚所至，金石为开，第二天这位老板就订购了麦凯的一大批信封。

在总结经验时，麦凯毫无保留地说："真诚地对待每一个人，要记住他们的名字。"

捐资公益做善事，声名永存

犹太人经商智慧要诀

乐于做善事，实际上也是一种生意经。"没有社会的发展，就不可能有商业的繁荣。对于一个公司来说，参与社会发展比单纯追求经济利益更为重要。通过把自己和整个社会的利益和需要联系起来，从而扩大公司的影响和知名度，反过来促进本公司的产品销售。

《塔木德》上说："与众人为善，声名永存。"综观众多犹太巨商的成功历程，也许大家都会注意到，他们有一个共同的举措，即在发财致富中，注重慷慨解囊做各种善事和公益事业。当然，犹太人热心捐钱办公益事业，归根到底是一种营销策略，为企业提高知名度、扩大影响、博取消费者的好感起到重大作用，有利于企业巩固已占有市场及扩大今后市场占有率。

俄国犹太银行家金兹堡家族从1840年创立第一家银行起，经过几十年的经营，在俄国开设了多家分行，并与西欧金融界建立了广泛的业务关系，发展成为俄国最大的金融集团，其家族成员成为世界知名的大富豪。金兹堡家族像其他犹太富豪一样，在其发迹过程中做了大量的慈善工作。他们在获得俄国沙皇的同意下，在圣彼得堡建立了第二家犹太会堂；1863年，他们又出资建立俄国犹太人教育普及协会；用他们在俄国南部的庄园收入建立犹太农村定居点。金兹堡家族第二代继续把慈善工作做下去，曾把其拥有的在当时欧洲最大的图书馆捐赠给耶路撒冷犹太公共图书馆。

美国犹太人施特劳斯，他从商店记账员开始，步步升迁，最后成为美国最大的百货公司之一的总经理，20世纪30年代成为世界上首屈一指的巨富。在他发展事业的过程中，也做了大量的慈善活动。除了关心公司职工的福利外，他曾多次到纽约贫民窟察访，捐资兴建牛奶消毒站；并先后在美国36个城市给婴幼儿分发消毒牛奶；到1920年，他捐资在美国和国外建立了297个施奶站；他还资助建设公共卫生事业，1909年在美国新泽西州建立了第一个儿童结核病防治所；1911年，他到巴勒斯坦访问，决定将他1/3的资产用于该地兴建牛奶站、医院、学校、工厂，为犹太移民提供各项服务。

美国的菲利浦•莫里斯公司是一家热衷于慈善事业的有名

公司，这家公司是美国500家大公司之一，是生产“世界销量第一”的“万宝路”香烟和食品、饮料的跨国公司。总部设在纽约，生意遍及五大洲，年营业额超过百亿美元，其雇员多达114000人。

菲利浦•莫里斯公司长期以来把赞助作为一种有效的推销术，它每年都制订赞助计划，拨出大量财力和人力支持世界各国的一些文化事业活动。它所赞助的范围很广，包括美术、音乐、舞蹈、戏剧。

生产香烟和食品的公司每年花上千万美元的巨款去赞助与本公司经营的产品毫不相干的事情，眼光短浅的人认为这是白费钱或愚蠢之举，而菲利浦•莫里斯公司董事会主席兼首席执行官哈米什·马克斯韦尔却认为：“我们作为社会的一员，除了像其他公司一样生产产品、提供劳务和就业机会、向政府纳税、为股东增加利润外，我们还懂得社会的其他需要。为此，我们准备履行和我们公司的地位相适应的义务，为社会福利做出贡献。”他还进一步解释说：“没有社会的发展，就不可能有商业的繁荣。对于一个公司来说，参与社会发展比单纯追求经济利益更为重要。作为菲利浦•莫里斯公司的人，我们一直在探索创造性思想。我们想通过我们作为法人团体的努力使这种探索方式生动、活泼一些。这样使我们的雇员们意识到他们是在一个有促进力的环境里工作，可以使他们以及我们与之打交道的其他人都以和菲利浦•莫里斯公司合作为荣。”

该公司就是通过把自己和整个社会的利益和需要联系起来，通过赞助文化事业密切了公司与社会的关系，从而扩大公司的影响和知名度，反过来促进本公司的产品销售。事实证明确实起到了这两方面的作用。“万宝路”香烟在泰国市场原来是没有销路的，自从它赞助了“大都会环球歌剧使者”在泰国和东南亚巡回演出以后，逐渐就打开了该国的市场，起到了“抛砖引玉”的作用。

上述诸如此类的例子还有很多很多。犹太人如此乐于做善事，实际上也是一种生意经。他们大量的捐资为所在地兴办公益事业，会赢得当地政府的好感，对开展各种经营十分有利。有些犹太富商由于对所在国的公益事业有重大义举，获得了国王的封爵，如罗斯柴尔德家族有人被英王授予勋爵爵位。有些犹太人还获得当地政府给予优惠条件开发房地产、矿山，修建铁路等，赚钱的路子得到拓宽。

养成热情主动地帮助他人的习惯

犹太人经商智慧要诀

成功的人都把帮助别人当作一种习惯。因为，他乐于帮助别人，善于帮助别人，习惯于帮助别人，一旦他有需求的时候，别人也会主动来帮助他。

犹太人认为，热情地帮助别人，不仅能够影响别人，更能够改善双方之间的关系。

社会上的所有人都需要别人的帮助，然而，许多人不希望帮助别人，也不喜欢帮助别人。可是，成功的人都把帮助别人当作一种习惯。因为，他乐于帮助别人，善于帮助别人，习惯于帮助别人，一旦他有需求的时候，别人也会主动来帮助他。

乔伊斯在美国的律师事务所刚开业时，连一台复印机都买不起。移民潮一浪接一浪涌进美国时，他接了许多移民的案子，常常深更半夜被唤到移民局的拘留所领人。他开一辆破旧的车，在小镇间奔波。多年的媳妇终于熬成了婆，电话线换成了4条，扩大了业务，处处受到礼遇。

天有不测风云，一念之差，乔伊斯将资产投资股票而几乎亏尽，更不巧的是，岁末年初，移民法又再次修改，职业移民名额削减，他的事务所顿时门庭冷落，几乎要关门大吉。

正在此时，乔伊斯收到了一家公司总裁写来的信，信中说：愿意将公司30％的股权转让给他，并聘他为公司和其他两家分公司的终身法人代理。他不敢相信这是真的。

乔伊斯找上门去。“还记得我吗？”总裁是个40岁开外的波兰裔中年人。

乔伊斯摇摇头，总裁微微一笑，从硕大的办公桌抽屉里拿出一张皱巴巴的5美元汇票，上面夹着一张名片，印着乔伊斯律师的地址、电话。对于这件事，他实在想不起来了。

“10年前，在移民局……”总裁开口了，“我在排队办理工卡，人非常多，我们在那里拥挤和争吵。排到我时，移民局已经快关门了。当时，我不知道工卡的申请费用涨了5美元，移民局不收个人支票，我身上正好1美元都没有了，如果我再拿不到工卡，雇主就会另雇他人了。这时，老天在帮忙，你从身后递了5美元上来，我要你留下地址，好把钱还给你，你就给了我这张名片。”

乔伊斯也渐渐回忆起来了，但是仍将信将疑地问：“后来呢？”

总裁继续道：“后来我就在这家公司工作，很快我就发明了两项专利。我到公司上班后的第一天就想把这张汇票寄出，但是，一直没有。我单枪匹马来到美国闯天下，经历了许多冷遇和磨难，这5美元改变了我对人生的态度……”

乔伊斯做梦也没有想到，多年前的小小善举竟然获得了这样的善果，仅仅5美元改变了两个人的命运。

去热情地帮助别人吧！热情能够增强你的人格魅力，助人一定会得到好的回报。敞开心扉，走出狭隘自我，在帮助别人的过程中分享快乐。

控制好争强斗胜的个性

犹太人经商智慧要诀

争强好胜的个性如果控制得好的话，可以帮助一个人在人生的路上永葆充足的动力。如果你想赢得友谊，就必须学会控制冲动。首先控制你自己，然后你才能控制别人。控制冲动的简单技巧是：按理智判断行事，克服追求一时感情满足的本能愿望。

《塔木德》上说："如果你很有自己的个性和思想，不会轻易同意他人的观点，更不愿向别人屈服，喜欢与人辩论，总是在面红耳赤的争吵中赢得胜利，那么，最终的结局是朋友渐渐地都远离了你。"

犹太人认为，争强好胜的个性特点如果控制得好的话，可以帮助一个人在人生的路上永葆充足的动力。然而，任何事物都有它的两面性，争强好胜也不例外，如果不能对它加以有效地控制的话，它也很可能会成为影响我们踏上成功之路的一项弱点，成为我们得罪别人的罪恶之源。

正如明智的本杰明·富兰克林所说的："如果你老是抬

杠、反驳，也许偶尔能获胜，但那只是空洞的胜利，因为你永远得不到对方的好感。”因此，你需要衡量一下，你是宁愿要一种表面上的胜利，还是要别人对你的好感？

犹太人认为，争强好胜不可能消除误会，只有靠技巧、协调、宽容才能消除误会。在谈论中，你可能有理，但要想在争论中改变别人的主意，则一切都是徒劳。“靠争强好胜的辩论不可能使无知的人服气。”这是威尔逊总统任内的财政部长威廉·麦肯罗以多年政治生涯获得的经验。

拿破仑的家务总管康斯坦在《拿破仑私生活拾遗》中写道，他常和约瑟芬打台球，“虽然我的技术不错，但我总是让她赢，这样她就非常高兴”。我们可从康斯坦的话里得到一个经验：让我们的顾客、朋友、丈夫、妻子在琐碎的争论上赢过我们。

林肯有一次斥责一位和他人发生激烈争吵的青年军官，他说：“任何有所成就的人，绝不会在私人争执上耗时间，争执的后果，不是他所能承担得起的。而后果包括发脾气、失去自制。要在跟别人拥有相等权利的事物上，多让步一点；而那些显然是你对的事情，就让得少一点。与其跟狗争道，被它咬一口，不如让它先走。因为，就算宰了它，也治不好被咬的伤口。”

有位爱尔兰人名叫欧·哈里，听过卡耐基的课。他受过的教育不多，可是很爱抬杠。他当过汽车司机，后来因为推销卡车并不成功，来求助于卡耐基。

听了几个简单的问题，卡耐基发现他老是跟顾客争辩。如果对方挑剔他的车子，他立刻会涨红脸大声强辩。

欧·哈里承认，他在口头上赢得了不少的辩论，但并没能赢得顾客。他后来对卡耐基说：“在走出人家的办公室时我总是对自己说，我总算整了那混蛋一次。我的确整了他一次，可是我什么都没能卖给他。”

卡耐基的第一个难题不在于怎样教欧·哈里说话，而着手要做的是训练他如何自制，避免争强好胜。

欧·哈里后来成了纽约怀德汽车公司的明星推销员。他是怎么成功的？这是他的说法：

“如果我现在走进顾客的办公室，而对方说：‘什么？怀德卡车？不好！你要送我我都不要，我要的是何赛的卡车。’我会说：‘老兄，何赛的货色的确不错，买他们的卡车绝对错不了，何赛的车是优良产品。’这样他就无话可说了，没有抬杠的余地。如果他说何赛的车子最好，我说没错，他只有住嘴了。他总不能在我同意他的看法后，还说一下午的‘何赛车子最好’。我们接着不再谈何赛，而我开始

介绍怀德的优点。当年若是听到他那种话，我早就气得脸一阵红一阵白了，我就会挑何赛的错，而我越挑剔别的车子不好，对方就越说它好。争辩越激烈，对方就越喜欢我竞争对手的产品。现在回忆起来，真不知道过去是怎么干推销的！以往我花了不少时间在抬杠上，现在我守口如瓶了，果然有效。”

争强好胜的人大多容易冲动。如果你想赢得友谊，就必须学会控制冲动。首先控制你自己，然后你才能控制别人。控制自己的冲动不是件容易的事情，因为我们每个人心中永远存在着理智与感情的斗争。控制冲动的全部内容是：按理智判断行事，克服追求一时感情满足的本能愿望。一个真正具有控制冲动能力的人，即使在情绪非常激动时，也是能够做到这一点的。

PART 07

经商必须守住底线——诚实守信，灵活运用法律

人无信则不立

犹太人经商智慧要诀

鱼离开水就会死亡，人没有礼仪便无法生存，而不讲诚信则会受到炼狱的惩罚。（《塔木德》）

《塔木德》记载了这样一个故事：

一姑娘外出游玩，不小心掉进了井中，正巧遇到一个青年人路过，将她从井中救了出来。姑娘为了报答救命之恩，就与他私订终身。

订下婚约后，却没有证婚人。恰好见到一只黄鼠狼，于是黄鼠狼和那口水井就成了他们的证婚人。

青年继续他的行程，而姑娘则回到家中开始等候。

正当姑娘还在痴心地等待时，那个青年却在异地结了婚，并且生了两个小孩。

没多久，青年的两个小孩，一个被黄鼠狼咬死，另一个则在井边玩耍掉进了井里。

这个时候的青年，想起了他和姑娘的订婚以及证婚的黄鼠狼和井。他如梦初醒，和现在的妻子离了婚，回到了痴心等待他的姑娘身边。

这个故事就是用来告诫人们不要背信弃义。一旦你置契约于不顾，那么你就会受到上帝给予的严厉惩罚。

在犹太人看来，诚实是支撑世界的三大支柱之一，另外两个是和平与公正。

犹太人认为诚信经商是商人最大的善，所以在犹太人的生意场上最为看重诚信。对于不诚信的人，他们是无法原谅的。在犹太人的内部，他们之间极其重视诚信，极其重视契约，一旦签订了就必须遵守，绝对不可以有任何理由不履行契约。

下面这个真实的例子也说明了诚信的重要性：

"棕色浆果烤炉"公司是美国一家知名的面包公司。公司的经营原则很简单，只有四个字：诚实无欺。公司标榜凡出卖的面包都是最新鲜的，硬性规定绝不卖超过三天的面包，已过期的面包由公司回收。

有一年秋天，公司所在州的部分地区发大水，导致那里的面包畅销，但公司照样按规定把超过三天的面包收回来，哪知车行至半路，抢购的人一拥而上，把车子团团围住，一定要买过期面包。但押车的运货员怎么也不肯卖。他哭丧着脸解释："不是我不卖，实在是老板规定得太严了。如果有人明知面包过期还卖给顾客就一律开除。"大家以为运货员耍花招，就跟他激烈地争吵起来。

最后，一位在场的记者向运货员恳求：“现在是非常时期，总不能让人们看着满车的面包忍饥挨饿吧！”运货员听之有理，凑到记者耳边悄悄地说：“我是说什么也不卖的，但如果你们强买，我就没有责任了。你们把面包拿走，凭良心丢下几个钱，反正公司是不会可惜一车过期面包的。”这么一说，一车面包很快被强行买光了。运货员趁机特意让记者拍了一个他阻止大家强拿面包的场面，以证明这不是他的责任。

这个故事，后来经新闻记者在报上大肆渲染，“烤炉”的面包给消费者留下了深刻的印象，顿时，公司声名鹊起。

“烤炉”公司以其诚信为自己赢得市场。

在犹太人的经商历史中，他们尤其注重契约的履行。别看他们在谈生意时斤斤计较，为了一点点的利益可以和对方争论不休，不过一旦与他们达成了某种协议，不管是书面上的还是口头上的，犹太人都会竭尽全力地去完成。有的时候为了达成契约上的要求，即使吃亏也照样完成。这就是犹太人走遍世界各地都获得巨大财富的生命之源。

每一次生意都要保持警惕

犹太人经商智慧要诀

对每一次生意都重视有加，这样做起码有两大好处：其一是不会因为自己对对方的先入之见而掉以轻心，相反，可以防止对方可能做的一切手脚；其二是可以保证自己第一次辛辛苦苦争取到的盈利，不至于在第二次合作中为顾念前情而做出的让步所断送。

犹太人认为经商是以利益为先，因此不能感情用事。犹太人有不少经商法则初看之下毫不起眼，细细推敲下来，却足以发人深思。“重视每一次生意”，就是这样的一条重要法则，它包含了犹太人丰富的处世经验和智慧。

要说明这个道理，我们先看一下这个故事。

有一天，日本商人小泉三郎请犹太画家拉法德上银座的饭馆吃饭。宾主坐定之后，拉法德趁等菜之际，取出纸笔，给坐在边上谈笑风生的饭馆女主人画起速写来。

不一会儿，速写画好了。拉法德递给小泉三郎看，果然不错，画得形神皆具。小泉三郎连声赞叹道：“太棒了，太棒了。”

听到朋友的奉承，拉法德便转过身来，面对着他，又在纸上勾画起来，还不时向他伸出左手，竖起大拇指。通常，画家在估计人的各部位比例时，

都用这种简易方法。

小泉三郎一见拉法德的这副架势，知道这回是在给他画速写。虽然他们俩面对面坐着，看不见他画得如何，但还是一本正经摆好了姿势让他画。

小泉三郎一动不动地坐着，眼看着拉法德一会儿在纸上勾画，一会儿又向他竖起拇指，足足坐了10分钟。“好了，画完了。”拉法德停下笔来，说道。

听到这话，小泉三郎松了一口气，迫不及待地欠身过去，一看，不禁大吃一惊。原来拉法德画的根本不是小泉三郎，而是他自己左手大拇指的速写。

小泉三郎连羞带恼地说：“我特意摆好姿势，你……你却捉弄人。”

拉法德却笑着对他说：“我听说你做生意很精明，所以才故意考察你一下。你也不问别人画什么，就以为是在画自己，还摆好了姿势。单从这一点来看，你同犹太人相比，还差得远啦。”

到这时，小泉三郎才如梦方醒，明白自己错在什么地方：看见画家第一次画了女主人，第二次又面对着自己，就以为一定是在画自己了。

你看，正是基于对类似于这位日本商人所犯的错误，犹太人才对每一次生意都重视有加，这样做，起码有两大好处：

其一，不会像日本商人那样，因为自己对对方的先入之见而掉以轻心，相反，可以防止对方可能做的一切手脚。

其二，可以保证自己第一次辛辛苦苦争取到的盈利，不至于在第二次合作中为顾念前情而做出的让步所断送。生意毕竟是生意，容不得“温情脉脉”，否则第一次就没有必要斤斤计较。

这两条好处这么写白了放在面前，看上去实在平淡得很。但犹太人深知，由于它们作用的是人的潜意识层面，往往在人们的漫不经心中被忽略了，先入之见的厉害之处在于它会使人想不到去纠正它。直到事情结果出来了，大失所望甚至绝望之余，人们才不无懊悔地察觉自己的疏忽。

在今日社会上发生的诸多合同诈骗案中，有很多“善良的人们”就是因为单凭熟人甚至仅仅一面之缘的“熟人”的面子或者一次小小的“成功”而上了别人的圈套。这些人难道不应该把“重视每一次生意”作为自己经商活动中的座右铭吗？

订合同要防止存有漏洞

犹太人经商智慧要诀

对于订立合同要谨小慎微，思虑周密，绝不允许出现漏洞。商场如战场，在现实生活中，我们在和别人签一份即使很小的合同时，也一定要留神，否则很容易被对方钻空子。

犹太人认为，在一个法治国家里从事经营活动，如果缺乏法律意识，必然会在生意场上栽跟头。犹太人具有极强的法律意识。就拿商品贸易中签订合同来说，如果经营者缺乏法律意

识，就可能会在合同中造成一些漏洞，给对方以可乘之机，从而使自己受损失。

一则犹太人的故事说，有个贤明的富翁，他把儿子送到很远的耶路撒冷去学习。一天，他突然染上了重病，知道来不及同儿子见上最后一面，就留下了一份遗嘱，上面清楚地写着：家中所有的财产都让给奴隶，但要是儿子想要的话，只能选择其中一件。

这位富翁死后，奴隶很高兴地星夜赶往耶路撒冷，向死者的儿子报丧，并把遗嘱拿给他看。儿子看了遗嘱后非常伤心，也非常吃惊。

办完丧事后，儿子左思右想，觉得自己的父亲不应该将财产留给奴隶，于是就牢骚满腹地去找拉比。拉比看完遗嘱后，盛赞他父亲的聪明和对他的爱。

儿子却对父亲的做法非常生气，认为父亲对他“一点关怀的意思也没有”。

拉比要他好好动动脑筋，只要仔细分析遗嘱就可以知道，父亲把全部财产留给了自己。拉比告诉他，父亲知道，如果自己死了，儿子又不在，奴隶可能会带着财产逃走，连丧事也不报告他。因此，父亲才把全部财产都送给奴隶，这样奴隶不仅不会逃走，而且还会急着去见儿子，并把财产保管好。

可是这个儿子还是不明白父亲的用意。拉比只好给他挑明：

“你不知道奴隶就是主人的财产吗？你不知道奴隶的全部财产都属于主人吗？你父亲不是说给你留下了一件财产吗？你只要选奴隶就行了。这不是他充满爱心的聪明之举吗？”

从这则故事中可以看出，那个犹太人在遗嘱（也是一种合同）中实实在在地玩了个“圈套”，给奴隶吃了个“空心汤圆”。虽然遗嘱将所有财产都给了奴隶，但其儿子可以选择一件财产。这里暗含着一个前提未写出来，奴隶不会注意到，甚至连死者的儿子也没有注意到，那就是奴隶的全部财产都属于主人。这是一个惯例，其实也是一个无须说明的前提。那么只要前提一变，一切权利皆成泡影，这就是这个计谋的关键所在。后来，正是在拉比的指点下，年轻人才终于解开这个扣，既没有违背父亲的遗嘱，又没有违约，因为犹太人从不违约。这实际上就是我们现在所说的钻合同的空子。

这则故事充分揭示了这样一个事实：犹太人对于订立合同谨小慎微，思虑周密，绝不允许出现漏洞。商场如战场，在现实生活中，我们在和别人签一份即使很小的合同时，也一定要留神，否则很容易被对方钻空子。

国籍也是商品

犹太人经商智慧要诀

时间是商品，知识是商品，那么国籍当然也可以成为商品，而且是一种特殊的商品。（《塔木德》）

在今天这个商品世界里，时间是商品，知识也是商品，那么国籍当然也可以成为商品，而且是一种特殊的商品。在犹太人的眼中，时间可以用钱买，国籍更容易，只要有钱，便可以买到别国的国籍。他们买国籍的目的是为了赚取最大利润，为经商道路扫除障碍。

犹太裔人罗恩斯坦就是一个典型的靠国籍致富的人。罗恩斯坦的国籍是列支敦士登，但他并非生来就是列支敦士登的国民，他的国籍是用钱买来的。

列支敦士登是处于奥地利和瑞士交界处的一个极小的国家，人口只有1.9万人，面积157平方公里。这个小国与众不同的特点，就是税金特别低。这一特征对外国商人有极大的吸引力。为了赚钱，该国出售国籍。非本国国民获取该国国籍后，不分贫富，无论有多少收入，只要每年缴纳9万元税款就行了。因此，列支敦士登国便成为世界各国有钱人向往的理想国家。他们极想购买该国的国籍，然而，原来只有1.9万人的小国容纳不下太多的人，所以想买到该国国籍也并非易事。但是，这难不倒机灵的犹太人。

罗恩斯坦把总公司设在列支敦士登，办公室却设在纽约，在美国赚钱，却不用交纳美国名目繁多的税款，只要一年向列支敦士国交纳9万元就足够了。他因此获取了巨大利润。

对于一般人来讲，国籍是神圣的，会认为这种以国籍为资本做生意的行为是对国籍的亵渎。但是对于犹太人来说，国籍是不存在的，犹太人从不看重这个政治概念，在他们看来，如果以它为资本能够给自己带来巨大利润，为什么要选择放弃呢？所以，对于生意而言，国籍和政治不是最重要的，它们只是提醒人们做生意要采取不同的方式和方法而已。

罗恩斯坦经营的其实是一家“收据公司”，靠收据的买卖可赚取10%的利润。在他的办公室里，只有他和女打字员两人。打字员每天的工作是打好发给世界各地服饰用具厂商的申请书和收据。他的公司实质上是斯瓦罗斯基公司的代销公司，他本人也可以说是一个代销商。

提及斯瓦罗斯基公司，便不能不提罗恩斯坦致富的本

钱——美国国籍。下面是罗恩斯坦的一段真实的故事：

斯瓦罗斯基的公司实力雄厚。达尼尔·斯瓦罗斯基家族是奥地利的名门，他的祖先世世代代都生产玻璃假钻石的服饰用品。

第二次世界大战后，斯瓦罗斯基的公司因为在大战期间曾为德国制造军用的望远镜等军需品，所以将被法军接收。当时是美国人的罗恩斯坦，悉知上情后，立即与达尼尔·斯瓦罗斯基家族进行交涉："我可以和法军交涉，不接收你的公司。不过条件是交涉成功后，请将贵公司的代销权让给我，收取卖项的10%好处，直到我死为止。"

斯瓦罗斯基家族对于犹太人如此精明的条件十分反感，但经冷静考虑后，为了自身的利益，他只好委曲求全，以保住公司的大利益而全部接受了罗恩斯坦的条件。

对法国军方，罗恩斯坦充分利用美国是个强国的威力，镇住了法军。在斯瓦罗斯基家族接受他的条件后，他马上前往法军司令部，郑重提出申请：

"我是美国人罗恩斯坦。从今天起斯瓦罗斯基的公司已变成我的财产，请法军不要予以接收。"

法军哑然。因为罗恩斯坦已经是斯瓦罗斯基公司的主人，即此公司的财产属于美国人。法军无可奈何，不得不接受罗恩斯坦的申请，放弃了接收的念头。接收美国人的公司是毫无正当理由的，况且美国对于法国来说，是惹不得的。

就这样，罗恩斯坦未花一分钱，便设立了斯瓦罗斯基公司的代销公司，轻松自在地赚取销售额10%的利润。这就是犹太人。对于他们来说国籍也是能赚大钱的手段。

PART 08 学会把时机货币化——如果良机不在，就自创良机

与风险“亲密接触”

犹太人经商智慧要诀

当机会来临时，不敢冒险的人永远是平庸之辈。（《塔木德》）

要想做成任何一件事都有成功和失败两种可能。当失败的可能性大时，却偏要去做，那自然就成了冒险。问题是，许多事很难分清成败可能性的大小，那么这时候也是冒险。而商战的法则是冒险越大，赚钱越多。当机会来临时，不敢冒险的人，永远是平庸之人。而犹太人大多具有乐观的风险意识，并常能发大财。

犹太人相信“风险越大，回报越大”，“财富是风险的尾巴”。

确实，犹太人长期以来不仅是在做生意，而且也是在“管理风险”，就是他的生存本身也需要有很强的“风险管理”意识。所以在每次“山雨欲来风满楼”时，他们都能准确把握

“山雨”的来势和大小。这种事关生存的大技巧一旦形成，用到生意场上去就游刃有余了。有不少时候，犹太人正是靠准确地把握这种“风险”之机而得以发迹。

公元1600年前后，摩根家族的祖先从英国迁移到美洲来，到约瑟夫·摩根的时候，他卖掉了在马萨诸塞州的农场，到哈特福定居下来。

约瑟夫最初以经营一家小咖啡店为生，同时还卖些旅行用的篮子。这样苦心经营了一些时日，逐渐赚了些钱，就盖了一座很气派的大旅馆，还买了运河的股票，成为汽船业和地方铁路的股东。

1835年，约瑟夫投资参加了一家叫做“伊特纳火灾”的小型保险公司。所谓投资，也不要现金，出资者的信用就是一种资本，只要在股东名册上签上姓名即可。投资者在期票上署名后，就能收取投保者交纳的手续费。只要不发生火灾，这无本生意就稳赚不赔。

然而不久，纽约发生了一场大火灾。投资者聚集在约瑟夫的旅馆里，一个个面色苍白，急得像热锅上的蚂蚁。很显然，不少投资者没有经历过这样的事件。他们惊慌失措，愿意自动放弃自己的股份。

约瑟夫便把他们的股份统统买下。他说：“为了付清保险费用。我愿意把这旅馆卖了，不过得有个条件，以后必须大幅度提高手续费。”

这真是一场赌博，成败与否，全在此一举。

另有一位朋友也想和约瑟夫一起冒这个险。于是，两人凑了10万美元，派代理人去纽约处理赔偿事项，结果，代理人从纽约回来的时候带回了大笔的现款。这些现款是新投保的客户，出了比原先高一倍的手续费。与此同时，信用可靠的“伊特纳火灾保险”已经在纽约名声大振。这次火灾后，约瑟夫净赚了15万美元。

这个事例告诉我们，能够把握住关键时刻，通常可以把危机转化为赚大钱的机会。冒险是上帝对勇士的最高嘉奖。不敢冒险的人就没有福气接受上帝恩赐给人的财富。

犹太人是天生的冒险家。

犹太大亨们个个都经历过各种各样的风险，他们在风险的惊涛骇浪中勇敢前进，做了一场又一场风险的游戏。

任何一个企业要想做大，所面临的风险是长期的、巨大的和复杂的。企业由小到大的过程，是斗智斗勇的过程，是风险与机会共存的过程，随时都有可能触礁沉船。在企业的发展过程中常常会遇到许多的困难和风险，如财务风险、人事风险、决策风险、政策风险、创新风险等。要想成功，就要有“与风险亲密接触”的勇气。不冒风险，则与成功永远无缘。

风险总是与机遇、利益相伴，如影随形。如果一个商人整天只是想着要发财，要成功，要赚大钱，但是往往却因为怕担风险，对未来心存胆怯而裹足不前，那么他就很可能与成功失之交臂，只有事后叹息、后悔的份了。

一位很成功的企业家邱德根曾经这样说过：“我不信命运，我从风浪中拼出来，建立了自己的事业，即使到最后一刻也不会放弃，我的许多生意都是在风险中度过的。”

其实很多事在未真正完成之前，都是具有风险性的，常常会有一波未平一波又起的时候，也常常会有看似平静，但内部暗藏危机的时候。商业场上更是如此。但是一旦你勇于去开始，敢于去克服那些困难，那么在最后你将会有意想不到的收获。在那些看似难以捉摸的风险背后，往往隐藏着巨大财富！

只要值得就敢用血本去下赌注

犹太人经商智慧要诀

开创性的工作总是充满着风险，要敢于冒险，在风险面前毫不畏惧，勇于开拓，追求平常人不敢追求的目标，才能取得常人所永远无法取得的成就。当然，冒险不等于莽撞，在冒险中需有谨慎的态度。有了谨慎的态度，跌的跤必定会少一些。

犹太人认为，风险和利润的大小往往是成正比的，巨大的风险能带来巨大的利益。要想有卓越的结果，就要敢冒风险。

敢于冒险、敢作敢为，是成功商人的重要性格特征，也是成功者的性格特征。开创性的工作总是充满着风险，只有敢于冒险的人，才能在风险面前毫不畏惧，敢于开拓道路，敢于追求平常人不敢追求的目标，也才有可能取得常人所永远无法取得的成就。

美国但维尔市的

百货业巨子、犹太人约翰·甘布士就是一个敢于冒险、善于冒险，并最终获得巨大成就的勇士。

有一段时间，但维尔当地经济萧条，不少工厂和商店纷纷倒闭，被迫贱价抛售自己堆积如山的存货，价钱低到1美元可以买到100双袜子了。

那时，约翰·甘布士还是一家织造厂的小技师。他马上把自己积蓄的钱用于收购低价货物，人们见到他这股傻劲，都公然嘲笑他是个蠢才！

约翰·甘布士对别人的嘲笑漠然置之，依旧收购各工厂抛售的货物，并租了一个很大的货仓来贮货。

他妻子劝他，不要把这些别人廉价抛售的东西购入，因为他们历年积蓄下来的钱数量有限，而且是准备用作子女教养费的。如果此举血本无归，那么后果便不堪设想。

对于妻子忧心忡忡的劝告，甘布士笑过后又安慰她道："3个月以后，我们就可以靠这些廉价货物发大财。"然而，严峻的经济形势使得甘布士的话似乎兑现不了。过了10多天后，那些工厂贱价抛售也找不到买主了，便把所有存货用车运走烧掉，以此稳定市场上的物价。

太太看到别人已经在焚烧货物，不由得焦急万分，抱怨起甘布士。对于妻子的抱怨，甘布士则一言不发，只是忙于考察市场的状况变化。

终于，越来越严重恶化的经济状况迫使美国政府采取了紧急行动，设法开始稳定但维尔地方的物价，并且大力支持那里的厂商复业。这时，但维尔当地因焚烧的货物过多，存货欠缺，物价便一天天飞涨。约翰·甘布士便开始有计划地把自己库存的大量货物抛售出去，从而赚了一大笔钱。在他决定抛售货物时，他妻子又劝告他暂时不忙把货物出售，因为物价还在一天一天飞涨。

他平静地说："是抛售的时候了，再拖延一段时间，就会后悔莫及。"

果然，甘布士的存货刚刚售完，物价便跌了下来。他的妻子对他的远见钦佩不已。后来，甘布士用这笔赚来的钱开设了5家百货商店，由此走上了发达之路，终于成为全美举足轻重的商业巨子了。

可见，在风险面前胆怯的人，不敢去做前人未做过的事，不敢去攀登前人未曾攀登过的高峰，当然也不会体验到冒险的刺激与成功的喜悦，结果只能是永远也不会有什么作为，甚至被时代所抛弃。当然，冒险不等于莽撞，在冒险中需有谨慎的态度。有了谨慎的态度，跌的跤必定会少一些。但若是过分谨慎，在复杂多变的现代社会，就会吓得不敢行动，从而错失良机。

果断决策抓住瞬间的机会

犹太人经商智慧要诀

机会就是时间流动中最好的一刹那。成功之道就在于果断行事，如果犹豫不决，进退徘徊，机会就会从手中悄悄溜走。由于机会稍纵即逝，所以往往难以掌握，需要快速行动。

犹太人认为，机会之所以难以把握，就在于它稍纵即逝，当机会来临之时，犹犹豫豫、优柔寡断无疑是最致命的毛病，没有一点果断的风格，即便是机会接踵而至，也会被自己一一丧失殆尽。

在一百个把握机会失败的事例中至少有一半以上是因为做事不够果断导致的。而要想把握住难得的机会，就要求人们在机会面前果断决策、果断抓牢。

犹太报业巨子麦克斯韦尔就是这样走向成功之路的。麦克斯韦尔曾一度由“巨富”沦为“乞丐”，成为他人眼中的笑料。这使麦克斯韦尔意识到，如果自己继续这样混下去，情况只会越来越糟糕。1979年，麦克斯韦尔看准时机，毅然决定重新崛起，并果断地筹集资金收购了英国印刷公司，配合当时雷厉风行的撒切尔主义，在短短数年间转亏为盈。1984年，他又以1亿英镑的巨资收购了《镜报》集团，反败为胜。继而他横渡大西洋，到纽约抢夺《每日新闻报》，终于成立了麦克斯韦尔通信公司，实现了多年的梦想。

麦克斯韦尔的成功之道就在于他果断行事。如果他当时依然犹豫不决，进退徘徊，机会就会从他手中悄悄溜走。

犹太人认为当一个机会出现时，或许你还没有做好准备，面对这种情况，会有两种不同的选择，有的人尽可能地弥补准备不足的地方，但前提是一定要占有机会；而另外一种人则认为机会在等着自

己。然而，有的事情，你错过了一回，就错过了一辈子。或许这样的机会在你的一生中只有一次，而你错过了这一次，即便以后你做好了种种准备，也会变得毫无价值。

正所谓“机不可失，时不再来”，当已经意识到机会降临时，就应该勇于决断，才能把握住难得的机会。

经商要具备很强的投机意识

犹太人经商智慧要诀

经商与其说是做生意，倒不如说是投机。生存本身也需要有很强的投机意识。每一项投资行为所带来的利润与其风险是呈正比的，高利润的背后必然是高风险。所以说投机本身是一种智慧和胆量的经商行为。

犹太人认为，每一项投资行为所带来的利润与其风险是呈正比的，高利润的背后必然是高风险。所以说投机本身是一种智慧和胆量的经商行为。

犹太人历来就有投机家的名声。犹太人善于投机、敢于投机也与他们经商时的积极乐观态度有很大的关系。犹太

民族历经劫难，但在看待事物的发展趋势时，却常抱乐观的态度，并采取相应的行动。事实是，无论经商还是做其他事情，乐观者总要多点机会，投中的次数也更多些，很多犹太人确实是靠准确地投机而得以发迹。

旧上海犹太富商哈同就是这样一个典型的投机高手。

哈同是靠经营土地起家的。在旧上海，经营土地的利润非常之高，从1865年到1933年，平均上涨2570倍。不过，当时多的是上海外商做土地生意，像哈同这样一文不名的穷小子而成百万富翁的，即使在精明的上海犹太人中也仅此一个。这不能不归之于他的善于投机。

哈同从进到沙逊洋行供职，手头略有节余之时起，就放起高利贷来。后来职位高了，薪水也高了，加上高利贷利滚利，手头资金多了之后，便开始涉足房地产。1883年，中法战争全面爆发后，法国军队分海陆两路进攻中国。这种情况下，上海租界，特别是法国租界内的外国侨民，非常恐慌，纷纷外逃。

老沙逊洋行的老板，面对这样一片混乱状况，也慌了手脚，在外逃与滞留之间犹豫不决，一时不知如何是好。哈同这时已担任该洋行的地产部主管之职，见此便向老板献策。

哈同提出，紧张局势不会持续多长时间，上海的市面很快就会重新繁荣，现在人心不定，地价暴跌，反倒是低价购进地皮的大好机会，所以他劝老板大批购买地皮，多造房屋。

老板接受了哈同的意见，照此办理。中外

商人见到老沙逊洋行的这番举动，也渐渐定下心来。不久，中法战争结束，法国殖民势力进一步渗入中国领土，这不仅使原来迁出租界的人流返了回来，而且浙江、福建等地又有许多人移居上海，进入租界。这样一来，房地产价格连连猛涨，老沙逊洋行仅这段时间里的房地产获利就高达500万两银子。而哈同自己也通过这期间低价购进的地产价格猛涨，而一下子成了百万富翁。

哈同的这次投资，主要靠的是他灵敏的政治嗅觉。他知道在当时国际政治格局下，清王朝不可能有多大的作为，所以才敢于在别人看来不好的形势下，他坚持看好，并乘机低价购进，结果他成功了。

用智慧创造机会和财富

犹太人经商智慧要诀

有的人抓住了机遇，但是由于缺乏智慧，并未理解到这一机遇的全部内涵，因此他们也没能创造出巨大的财富。历来成就大事业、跻身超级富豪行列的人，无不具有非凡的智慧，并能够抓住不寻常的机会，勇于创新，成为财富的主人。

有的人一生中曾有过许多很好的机遇，但他们不懂得充分利用这些机遇，结果丧失了使自己的事业“更上一层楼”的机会。也有的人抓住了机遇，但是由于缺乏智慧，并未理解到这一机遇的全部内涵，因此他们也没能创造出巨大的财富。

历来成就大事业、跻身超级富豪行列的人，无不具有非凡的智慧，并能够抓住不寻常的机会，勇于创新，成为财富的主人。这样的例子可是数不胜数。旅馆大王、犹太人威尔逊就是这样一个既有智慧又善于经营自己智慧的人。威尔逊在创业时，全凭个人苦斗，才有了出头之日，一跃成为国际假日旅馆集团的老板。

威尔逊创办新型假日旅馆的想法，出自一次开车旅行。1951年，威尔逊带着母亲、妻子和5个孩子，开车到华盛顿旅行，一路所住的汽车旅馆，房间矮小，设施破烂不堪，有的甚至阴暗潮湿，又脏又乱。几天下来，威尔逊的老母亲抱怨说："这样的旅行度假，简直是花钱买罪受。"善于思考问题的威尔逊听到母亲的抱怨，又通过这次旅行的亲身体验，得到了启发。为什么不能建立一些方便汽车旅行者的旅馆呢？他经过反复琢磨，并暗自给汽车旅馆起了一个名字叫假日旅馆。

远见卓识、敢想敢干的威尔逊，冒着失败的风险，果断地将自己的住房和准备建旅馆的地皮作为抵押，向银行借了30万美元的贷款。1952年，也就是他旅行的第二年，终于在美国田纳西州孟菲斯市夏日大街旁的一片土地上，建起了第一座假日旅馆。

威尔逊颇有经营之道，为了招揽更多的顾客，在假日旅馆里，增设了很多设施和娱乐场所。为了节省旅客的费用，在大人的房间里，免费设置了婴儿床，深得顾客的欢迎。在假日旅馆内，设置了蒸汽浴、游泳池、高尔夫球、保龄球等服务项目。这些设施和活动场所，所需开支都计入总费用中去，当顾客一住进假日旅馆中，就可以自由利用这些器具、场所。连看病的诊视费（药费除外）也免了。这样就赢得了很多顾客，这就是威尔逊经营的绝招，也是他的挣钱之道。正如威尔逊所说：“人们一般都有一种心理，他不在乎花大钱，但却喜欢占小便宜。如果样样服务都跟他们算小账，不仅麻烦，也使旅客每次都觉得被敲了竹杠，自然非常反感。我们把这些可能提供的服务费预先计入总费用中，旅客使用时不再收费，他们会觉得占了点便宜，有一种优待的满足感。”这就是威尔逊的高明之处。

威尔逊精明的经营思想和独到的服务特色，使他的假日旅馆事业蓬勃发展。他的个人财产早已超过50亿美元，但他仍旧兢兢业业，一丝不苟。

威尔逊的成功是抓住机遇的典型事例，足以让我们明白抓住机遇的重要性。但是，有时候机会就摆在那儿，我们却由于众多原因，前怕狼后怕虎，犹豫不决，以致机会从手中溜走，这样的事例经常发生在我们身上，这正是由于我们往往不敢相信自己也能借机遇而一夜暴富，对自己缺乏足够的信心的表现。

而那些成功者似乎从没有这种忧虑，因为他们总是敏锐地抓住时代性、行业性的机遇，抓住了大机会，使自己的事业不断扩大。一句话，就是因为抓住了大机会，才使得那些成功者能够“运筹帷幄，决胜千里”。

第二篇

犹太人的处世智慧

PART 01

首先做一个生活的智者——会生活的人才能取得长久的成功

过有节制的生活

犹太人处世智慧要诀

财产越多，好梦越少；妻子越多，安宁越少；女仆越多，贞洁越少；男仆越多，治安越乱。（《塔木德》）

有一艘船在航行途中遇到了强烈的暴风雨，偏离了航向。

到次日早晨，风平浪静了，人们发现前面不远处有一个美丽的岛屿。船便驶进海湾，抛下锚，做短暂的休息。

从甲板上望去，岛上鲜花盛开，树上挂满了令人垂涎的果子，一大片美丽的绿荫，还可以听见小鸟动听的歌声。

于是，船上的旅客分成五组自由活动。

第一组旅客，因担心正好出现顺风而错过起航时机，便不管岛上如何美丽，静候在船上；

第二组旅客急急忙忙登上小岛，走马观花地浏览了一遍胜景，立刻回来；

第三组旅客也上岛游玩，但由于停留时间过长，在刚好吹起顺风时急忙赶回，丢三落四，好不容易占下座位；

第四组旅客一边游玩，一边观察船帆是否扬起，而且认为船长不会丢下他们把船开走，故而一直停留在岛上，直到起锚时才慌忙爬上船来，许多人为此而受了伤；

第五组旅客留恋于美丽的风光，留在岛上。结果，有的被猛兽吃掉，有的误食毒果生病而死。

犹太人认为，第一组一点也体会不到人生的快乐，人生缺少乐趣；第三组、第四组人由于过于贪恋和匆忙，吃了很大苦头；只有第二组人既享受了少许快乐，又没有忘记自己的使命，这是最贤明的一组。

正是出于这个道理，犹太人认为享受人生乐趣是人类的特权和义务。漂亮的衣物、漂亮的家、贤惠的妻子、聪明的儿子，这会使人心情愉快，工作中也是力量倍增。所以，拉比们把发誓不喝酒的人认为是“罪人”和“傻瓜”。

但是，在犹太人看来，世间除了快乐之外，还有罪恶跟在后面，因此人们应防止过度贪婪。

例如，当一个人习惯了高高兴兴地吃喝，一旦吃喝不了，他就会感到失望，他就会为了钱财奔波，只为了保有他已经用惯了的餐桌。这引发了狡诈和贪婪，随之而出的是伪誓和其他一切由之而来的罪恶……然而，如果他不受到快乐的引诱，他就不会堕入这些罪恶的深渊。

正如《塔木德》所示的一样：

“肉越多，蛆越多；财产越多，好梦越少；妻子越多，安宁越少；女仆越多，贞洁越少；男仆越多，治安越乱。”

一个人不过是一个使自己的感觉、精神和物质追求都服从自己的王子，他统治着它们……

他适合做领袖，因为他是国家的王子，他对待肉体和灵魂都一样公平。他征服激情，把它们控制起来，同时也给予它们应得的一份满足，对待食物、饮酒、清洁等都这样……

那时，如果他让每一部分都得到满足（给主要器官所需的休息和睡眠，让肢体苏醒、运动，从事世间的劳作），他召唤自己的集体就像一个受人尊敬的王子召唤自己纪律严明的军队，帮助他一起达到神圣之境。

犹太人这种把自我满足和自我约束结合起来的生活方式正是其伟大高明之处。

拥有自己的一份强过拥有别人的九份

犹太人处世智慧要诀

拥有一份自己的比拥有九份别人的能让人更高兴。(《塔木德》)

正如犹太传说中的先贤和智者阿卡玛雅·本·玛哈拉雷尔所说:

"人正如来自母亲的子宫,终究还要离开,和来的时候一样赤条条。"

一只狐狸,发现了一座葡萄园,到处围着篱笆,只有一个很小的洞口。

它试图进去,可是进不去。

它3天没有吃东西,变得瘦骨嶙峋,然后从洞里钻了过去。它在葡萄园里大吃起来,变胖了。

想离开的时候,它没法钻出那个洞。所以它又饿了3天,直到又变得瘦骨嶙峋。

然后它出去了。

走的时候,它回头看看这个地方,说:

"唉,葡萄园啊,葡萄园啊,你的一切都值得赞美。可是你给了我什么享受呢?谁进去了,都得离开。"

这个世界,也是这样,就像一个结婚礼堂。

一个男人走到华沙的小酒馆。晚上,他听到音乐和跳舞的声音从隔壁的房子里传来。

“他们一定是在庆祝婚礼。”他自己这样想着。

但是第二天晚上，他又听到了这样的声音。第三天晚上还是这样。

“一户人家怎么能有这么多的婚礼呢？”这个人问酒馆主人。

“那个房子是一个结婚礼堂，”酒馆主人说，“今天有人在那里举行婚礼，明天还会有别人。”

“这个世界也是这样，”一个哈西德派拉比说，“人们总是在享受，不过有时候是这些人，有时候是另外一些人。没有谁是永远快乐的。”

因为生活为一切存在，为世间的每一种经历而存在。

有颠覆之时，有建设之时；有哭泣之时，有欢笑之时；有哀号之时，有舞蹈之时；有拥抱之时，有分离之时；有收获之时，有失落之时；有保存之时，有丢弃之时；有生之时，有死之时；有播种之时，有收割之时；有杀戮之时，有救助之时；有撕裂之时，有缝合之时；有沉默之时，有言笑之时；有爱恋之时，有憎恨之时；有战争之时，有和平之时。

在生活中，每个人都莫因所获渺小而放弃，要知足常乐。

一条落入网中的小鱼对渔夫说：“我太小了，不值得你一吃。你把我放了，让我再长长，两年以后我一定来让你吃。到那时候，你就会在老地方找到我，发现我大多了，比从前胖了7倍。那时，如果你把我煮在水里，你全家一定像过节一样开心。”

渔夫回答说：“与其将一个巨兽让我的邻居们管制一年，还不如有条小鱼就抓在我自己的手中。”

每个人都能说出故事的含意：

别人手里一堆堆的希望也比不上你自己手中把握着的小小满足。

在篱笆上蹦蹦跳跳的两只鸟，还比不上关在笼子里面的一只鸟。

《塔木德》中有这样一句话：“抓住好东西，无论它多么微不足道；伸手把它捉住，不要让它溜掉。”

做一个会享受生活的人

犹太人处世智慧要诀

会享受生活的人才能够更好地去创造生活。（《塔木德》）

从前有一位学者站在一个百货商场门口，目不暇接地浏览着琳琅满目的商品。这时，他身边走来一个衣冠楚楚的商人，口里叼着雪茄。学者恭敬地走上前，对绅士礼貌地问：“您的雪茄很香，好像很贵吧？”

“两美元一支。”

“那您一天抽几支呢？”

“10支吧。”

“天哪！您抽烟多久了？”

“40年前就抽上了。”

“什么？您仔细算算，要是不抽烟的话，那些钱足够买这幢百货商场了。”

“那么说，您也抽烟了？”

“我不抽烟。”

“那么，您买下这幢百货商场了吗？”

“没有啊。”

“告诉您，这幢百货商场就是我的。”

只有大把地赚钱，大把地花钱，这才是富人的做法。犹太人认为生活要过得幸福和开心，日子一定要有滋润的感觉，不要怕花钱，相反要大把大把地花钱。犹太人喜欢在那些装饰考究、豪华的饭店吃晚餐，而且一吃就是两个小时，吃的极为丰盛。

这让想要拼命追上犹太人的日本人自愧不如，日本人花钱极其吝啬，他们一天到晚只是拼命地省钱和拼命地工作。“日本人崇尚早睡早起、快吃快拉，得利三分”，于是，他们的生活里就只有工作，为了工作，连吃饭的时间都要尽量缩短，甚至觉得人应该只干活，不要吃饭睡觉才好。

对于一个商人来说，赚钱的时候，有运筹帷幄的能力，花钱的时候，就大把大把地花。这样，才显示出商人的胸怀和自信、气定神闲、从容不迫，这样才算是一个真正的商人。

乔治·萧伯纳在他的《巴波拉市长》中这样说道：“最大的罪行和最坏的罪行是贫困。”

财富是进入社会的通行证，富有是社会安定的基础。为了人生的幸福，你万万不可贫穷。生活的富裕不但是一种抱负，更是人生的一种义务。拥有了财富，你才能得到别人的尊重，你的地位才能显示，否则，就不被大家所认可。

犹太富豪中有不少人充其量不过三代人的历史，犹太人没有靠攒小钱积累资本的传统。

一方面，犹太人集中于金融行业和投资回收较快的行业，他们把注意力集中在“钱生钱”而不是“人省钱”上面。靠辛辛苦苦攒小钱的人是不可能具备犹太人身上常见的那种冒险气质的。另一方面，犹太人在文化背景上没有受到禁欲主义束缚。犹太人在宗教节日期间有苦修的功课，但功课完毕之后，便是丰盛的宴席。所以，那种形同苦行僧般的生活方式，并不为犹太人所推崇。

这两个因素的结合，使犹太人的经营方式和生活方式形成了鲜明对照。在业务方面，犹太人精打细算到了无以复加的地步。但在生活上，类似于每天吸10支两美元一支的雪茄，并不是什么罕见的现象。像英国犹太银行家莫里茨·赫希男爵那样，在庄园里招待上流社会人物，光是狩猎游戏中宾主射杀的猎物就达1.1万头。即使节俭如冬天不生火炉的上海犹太人哈同，也舍得以70万两银子修造上海滩最大的私人花园爱俪园，并经常在花园中举行“豪门宴”。

一个犹太人见了另一个人就问对方：“你多大了？”

“我50岁了。”

“那你还可以享受10年呢！”

这个犹太人问一个老人他多大了，似乎很不礼貌。但是他的回答告诉了他的人生态度，他的生命还有10年，应该好好地享受这生命中的最后10年。犹太人始终认为活着就是为了享受，人活在世界上就应该尽情地享受。

“大手大脚地花钱，过舒适的生活，始终记住：不要按你的收入过日子！这样能使一个人变得自信。”好莱坞巨头之一的刘易斯·塞尔兹尼就这样教育他的儿子大卫，大卫后来成为电影《飘》的制片人，这句话后来成为风行好莱坞的经营原则。

勿盗窃时间

犹太人处世智慧要诀

今天就是最后一天，永远不要等待明天，因为没有人知道明天会是什么样子。（《塔木德》）

在犹太人看来，时间和商品一样，是赚钱的资本，因此盗窃了时间，就等于盗窃了商品，也就是盗窃了金钱。

犹太人把时间看得十分重要，在工作中也往往以秒来计算时间。一旦规定了工作的时间，就严格遵守。下班的铃声一响，打字员即使只有几个字就可以打完，他们也会立即搁下工作回家。因为，他们的理由是“我在工作时间没有随便浪费一秒钟，因此我也不能浪费属于我的时间”。

瞧！这就是犹太人的时间观念。

他们把时间和金钱看得一样重要，无缘无故地浪费时间和盗窃别人金柜里的金钱一样是罪恶的事情。一个犹太富商曾经这样计算过：他每天的工

资为8000美元，那么每分钟约合17美元，假如他被打扰而因此浪费了5分钟时间，这样就等于自己被盗窃现款85美元。

犹太人的思想观念里，时间是如此重要，千万不可以随便浪费。而作为一个商人，想要赚钱，首先也要考虑好如何合理地安排好时间。

正因为对时间有了这样一种认识，犹太人在做生意也好，工作也好，对时间的使用极为精打细算。

所以，犹太人在商业活动中非常注意时间安排。公司每天上班开始的一小时内，是所谓的“发布命令时间”，将昨天下班后至今天上午上班前所接到的一切业务往来的材料或事务处理好并做出具体安排。在这段时间里，不允许任何外人打扰。而外人即使是商业上的联系，也必须事先约定。“不速之客”在犹太人的商务活动中，几乎等于“不受欢迎的人”。因为“不速之客”会打乱原先的时间安排，也会浪费大家的时间。

日本某著名百货公司宣传部的一位年轻职员，曾经为了进行市场调查，来到纽约市。当他想到自己应该有效地运用自由时间，就直接跑到纽约某个著名犹太人的百货店，贸然叩开了该公司宣传部主任办公室的大门，向门房小姐说明来意。

门房小姐问：“请问先生您事先预

约好时间了吗？”这位青年微微一愣，但马上滔滔不绝地说：“我是日本某百货店的职员，这次来纽约考察，特意利用空闲时间来拜访贵公司的宣传部主任……”

“对不起，先生！”小姐打断了他的话说。

就这样，这位职员被拒之于冰冷的大门之外。

这位职员利用闲暇，主动地访问同行人，从某个角度看，应该值得表扬。但犹太人不假思索地拒绝了他，为什么呢？这仍然和“盗窃时间”的警言有关。对于贯彻“时间就是金钱”的犹太人来说，在工作时间里，放弃几分钟而跟一个根本没有把握的“不速之客”去谈判，是根本不可想象的。犹太人从来不做没有把握的生意，因此，“不速之客”在犹太人看来是妨碍他们工作的绊脚石。只有拒绝他，才能让自己的工作畅通无阻，直奔“时间就是金钱”的主题。

我们来看看犹太巨商摩根是如何有效利用时间的。

摩根的办公室和公司其他高管的办公室是连接在一起的。摩根这样做就是为了经理们有什么需要请示的事情，他直接就在现场告诉他们怎样处理。如果工厂出现了什么问题，也可以直接来找他解决问题，他不会让问题随便拖延哪怕一分钟。

摩根和人会面的时候，就是采用犹太人这种处理方式。他直接地问你有什么事情要处理，他一般简明扼要地交代三两句，就把来人打发了。他的经理们都知道他的这种作风，于是给他汇报工作的时候，都必须干净利落地说明问题，任何含糊和拖泥带水的行为都会遭到他严厉的批评。他也很少和人客套寒暄，除非是某个十分重要的人物来了，他才说几句客套的话。但是他有个原则，就是与任何人的聊天时间不超过5分钟，即使是总统来了，他也一样对待。

时间足可以使财富“无中生有”。

巴奈·巴纳特是一个旧服装商的儿子，出生于佩蒂扣特港，后来就读于一所专为穷人孩子建立的犹太免费学校。成年后，巴纳特带着40箱雪茄烟作为创业资本来到南非。他把这些雪茄抵押给探矿者，获得了一些钻石，从而开始了钻石买卖。巴纳特的赢利呈周期性变化，每个星期六是他获利最多的日子，因为这一天银行较早停止营业，巴纳特可以放心大胆地用支票购买钻石，然后赶在星期一银行重新开门之前将钻石售出，以所得款项支付货款。

说到底，巴纳特其实是钻了银行停止营业一天多的“时间”空子，然而只要他有能力在每星期一早上给自己的账号上存入足够兑付他星期六所开出的所有支票的钱，那他就永远没有开“空头支票”。所以，巴纳特的这种拖延付款，是在吃透了市场运行的时间表，没有侵犯任何人的合法权利的前提下进行的。

巴纳特靠打“时间差”的主意生财，真可谓精明到了极点。在此，时间成了商人手中的“王牌”，“一寸光阴一寸金”已不再是一个隐性的比喻，而成为了一种现实的陈说。

商业竞争就是时间的竞争。学会合理有效地安排时间，这是商人最大的智慧。

光明总在黑暗后

犹太人处世智慧要诀

人的眼睛是由黑白两部分组成的，但是为什么只让透过黑暗的部分看东西？因为人必须透过黑暗，才能看到光明。（《塔木德》）

有这样一个有趣的故事：

一个女儿对父亲抱怨她的生活，她不知该如何应付生活，想要自暴自弃了。

她的父亲把她带进厨房。父亲往第一只锅里放些胡萝卜，第二只锅里放入鸡蛋，最后一只锅里放入碾成粉状的咖啡豆，他将它们浸入开水中煮。

女儿不耐烦地等待着，纳闷父亲在做什么。大约20分钟后，父亲把火关了，把胡萝卜捞出来放入一个碗中，把鸡蛋捞出来放入另一个碗中，然后又把咖啡舀到一个杯子里。转过身问女儿："亲爱的，你看见什么？""胡萝卜、鸡蛋、咖啡。"她回答。

他让女儿靠近些并让她用手摸摸胡萝卜。她注意到它们变软了。父亲又让女儿拿起鸡蛋并打破它，将壳剥掉后，她看到的是只煮熟的鸡蛋。最后，他让她啜饮咖啡，她品尝到香浓的咖啡。女儿问道："父亲，这意味着什么？"

父亲解释说，这三样东西面临同样的逆境——煮沸的开水，但其反应各不相同。胡萝卜入锅之前是硬邦邦的，毫不示弱，但进入开水后，它变软了，变弱了。鸡蛋原来是易碎的，它薄薄的外壳保护着它呈液体的内脏，但是经开水一煮，它的内脏变硬了。而粉状咖啡豆则很独特，进入沸水后，它们倒改变了水。“哪个是你呢？”他问女儿，“当逆境找上门时，该如何反应，是选择做胡萝卜、鸡蛋，还是咖啡豆？”

这是一则耐人寻味的小故事。面对逆境，犹太人是如何反应的呢？

犹太教的信念告诉他们：“只要不断地保持希望的灯火，就不怕忍受黑暗。”人生是从苦难和黑暗开始，最后才到达幸福和光明的境地。不要害怕痛苦，因为一个人只有痛苦到了极点，才能品尝到甜美的果实。这些都是《塔木德》告诉他们的。

下面来看这样一个真实的故事：

德国纳粹占领东欧的时候，在一个小镇上，有个犹太家庭，全家五口躲在一间仓库的小阁楼上。

每当纳粹巡逻队或

不怀好意的市民走进仓库，他们全家人都得屏声敛气，一点声音都不敢弄出来。时间一长，他们学会了比手画脚，完全以动作来交换思想。

为了生存，父母和叔叔要轮流外出寻找食物和水。三个月后的一天，母亲外出觅食未归，关心他们的市民说："你们的母亲被德国兵抓住了。"过了两个月，父亲又一去不返。半年后，叔叔刚出门不久，两个孩子就听到一声枪响。

三个大人相继死后，寻找食物的重担就落在了姐姐的肩上。每当仓库附近有风吹草动的声音，姐姐就掩住弟弟的嘴巴。姐弟俩相依为命。一个多月后姐姐又没有回来。从此以后，凡听到异样声响，弟弟只有自己掩住嘴巴。最后，弟弟终于幸存了下来。

彩虹是希望的象征，每经历一场暴风雨后，天空便架起美丽的彩虹。黑暗过后必是光明——这是犹太人存活下来的信念，也是如今世界上仍有许多犹太人留存下来的真正原因。他们永不绝望，只要一息尚存，就要为希望而忍耐。

"世上无难事，只怕有心人。"忍耐是成功的信心表现。成功之途是曲折的。成功者的特长之一，是善于处理前进中的障碍，具有坚忍的忍耐性。"成功者是踏着失败而前进的"。

犹太人也告诫人们，挫折是在所难免的，重要的不是绝对避免挫折，而是要在挫折面前采取积极进取的态度。挫折乃至失败并不可怕。可怕的是因为挫折、失败而失望，放弃追求。这时必须采取积极的态度，以应付遇到的意料之中或意想不到的挫折，但绝不能因此而放弃对幸福的追求。聪明的做法应当是，审视自己所受的挫折甚至失败，使挫折成为成功的阶梯。

忍耐是逆商的基本体现，逆境是成功的一种回响。爱迪生成功发明电灯泡，其发明过程失败了起码三千多次。后来记者访问他失败了三千多次有何感想。他回答说："我一次也没有失败过，因发明电灯泡总共需要三千多个步骤。同时我成功地发现了三千多个没有效果的方法。"

爱迪生和许许多多的发明家为什么有超乎常人的忍耐力？因为对于每一次失败的经验，他们都看成是一种"响应"，这种"响应"告诉他们应该怎样尝试不同的方法。在他们的信念系统里，他们坚信通过这样的回馈机制，他们总有一天会成功。

笑是风力，哭是水力

犹太人处世智慧要诀

思考时请感情离开，因为你需要的是理智。（《塔木德》）

"笑是风力，哭是水力。"犹太人的父母这样批评他哭泣的孩子。

一个犹太孩子和他的姐姐争夺玩具，他的姐姐不给他，于是他哭了。旁边的父母这样笑话他："笑是风力，哭是水力。"这句话是什么意思呢？就是说笑就像风刮过去一样消失了，而哭就像水流过去一样没有了痕迹。在他们的父母看来，小孩的哭泣是他自己一种不愉快的感情的宣泄。而小孩子任意宣泄自己的感情只是他不肯动脑筋想办法的一种没有能力的表现而已。犹太人是很不喜欢这样单纯的感情需求的，他们需要的是事情的圆满解决，而事情的解决只能依靠自己动脑筋，想办法。

笑也是一样。没有根据的笑和不解决问题的哭都是一种短暂的感情宣泄，都是没有多大意义的。犹太人始终认为，在任何时候运用理性的思考，想办法去解决摆在面前的问题，才是真正有用的。遇到问题感情用事，是一件很没有意义、让人觉得可笑的事情。

犹太人从来不喜欢感情用事，他们认为感情用事只是犯愚蠢错误的开始。而理性思考的人才是真正明智的人。那么，犹太人是不是就不需要感情，不再要热情，只是一味的理性呢？

犹太人把人的热情分为两种：一种是感情所煽起的热情，另一种则是理智所支持的热情。

犹太人认为，感情所煽起的热情是很危险的，因为感情不能持久，理智则可贯彻终生。

人的热情要靠理性来支持。比如，爱因斯坦对“相对论”研究充满着热情，并以理智为基础，理智促进热情，使热情向困难挑战，终于建造了伟大的理论金字塔。

同时，在犹太人心中，凡是经不起时间折磨，过了一段时间就会失去价值的东西，都不珍贵，感情便是这种不堪时间折磨的东西。

犹太人认为同情是一种感情煽动起来的热情。

犹太人称同情为“雷赫姆”，“雷赫姆”是“母亲的子宫”之意。

拉比说母亲怀胎十月时，不管肚子里的孩子是男是女，她都一定会流露出深切的母爱，“同情”的语源就是这么来的。

《圣经》上说：神本来打算让这个世界成为只有正义才可以统治的地方，但是没有成功。在不得已的情况下，他把“同情”给了人，使人能继续生存于世上。

犹太拉比告诫人们：绝不可因过度的热情而引火焚身，毁灭自己。因为这种热情会使人生的齿轮狂转，恋爱就是其中的一项。犹太人很少有热烈的热恋，他们认为，恋爱只不过是为建立家庭做准备而已。

虽然如此，但并不是所有的犹太人都不重视感情。

《塔木德》中有一句很美的话：“心满了的时候，就会从眼睛溢出来。”可见《塔木德》是肯定感情的存在的。

作为商人，应该是一个纯粹的理性主义者，需要用理性的态度对待商务上发生的一切事情，而不应该感情用事。

众所周知，犹太人是最注重遵守契约的人，如果有谁违反了这个契约，那他就会被认为是犯了一个绝不可以饶恕的错误，这个错误是所有错误里面最严重的。但是一旦发生这样的事情，犹太人会怎么做呢？

一次有个印度人和犹太人洽谈好了一笔生意，结果最后印度人不能履行合同了。这个印度人和犹太人打过交道，知道犹太人最注重的就是遵守契约。他忐忑不安地去见犹太人，找出了种种的理由，试图说明不能履行合同的原因，同时他心里还在想对方是不是已经发怒了。可是犹太人简单地听了几句之后，就立即打断他，平静地对他说：“哦，你违反了我们的合同，按照协议，你应该赔偿我损失，这个损失是这样计算的……”印度人听了，觉得简直不可思议，犹太人居然没有动怒。

其实，犹太人是很聪明的。即便是你再计较契约的严肃性，愤怒地谴责他，也是没有任何意义的。事情已经发生了，现在只有尽快地弥补自己的损失才是最重要的。生意人应该是彻底的理性主义者。因为金钱和利润是可见的、现实的，而感情是无形的、很快消逝的。

犹太人在经营自己的企业和公司时也是一样，如果自己的公司连续三个月都没有赢利，而且可以判断出三个月后仍然没有获利的可能，便会毫不犹豫地舍弃这个公司。很多人在为当年开创公司时所流的血汗而感到难过，对自己对公司投入的深厚的感情感到难以割舍的时候，犹太人会轻松地一笑：“伙计，公司又不是自己的老婆和情人，有什么好留恋的！”

总之，在处世智慧中，犹太民族是比较偏重理性的。

PART 02

重视知识和教育——知识是永远的财富

读书自有妙用

犹太人处世智慧要诀

与一切有知识的人交朋友，也可以从朋友那里学习知识。（《塔木德》）

犹太民族是“书的民族”。犹太人对书的崇拜，对知识的渴望和追求，已经不能用一般的求知好学来概括了。

用他们的话来说，书就是他们一切智慧的根源，也是获取一切财富的根本。他们对书的喜爱达到了嗜书如命的地步。

据联合国教科文组织的调查表明，在人均拥有图书的比例上，以色列为世界之最，超过了世界上任何一个国家。

除教科书外，以色列每年出版的图书品种达几千种以上。13岁以上的犹太人平均每月读一本书。

以色列全国公共图书馆和大学图书馆共有几百所，平均几千人就有一所公共图书馆。国内办出的借书证有上百万张，相当于以色列全国500多万人口的1/5。

以色列的最佳城市风景是咖啡馆和大大小小的书店。以色列人的每一天往往是从一张报纸、一杯咖啡开始的，而大学生则愿意在幽静的书店中度过周末。

以色列每年都要在耶路撒冷举办国际图书博览会。博览会期间，很多世界各地的图书爱好者或商人前来洽谈、参观，选购者都能得到自己想要的书。

当地每年还要举办“希伯来图书周”，这是以色列人自己的图书节。不少犹太人很早就准备一部分钱，像盼望盛会一样等待图书节的来临。

在每一个犹太家庭里都有着这样一个世代相传的规定：书橱及学习用具只可放在床头，不可放在床尾。这样的规定就是告诫本民族的人：书是神圣的、不可侵犯的，不能对书本有所不敬。

如果一个人在旅途中发现了他们未曾见过的书，那么这个犹太人一定会买下这本书，带回去与家乡人共同分享。因为他们认为外来的书籍和知识是别人智慧的结晶，应充分地学习和利用，为自己的未来打下深厚的基础。

犹太人认为，人与人之间可以有各种恩怨，然而知识却是没有界限的，它是属于全人类的，不能因为存在偏见而影响智慧和真理的存在及传播。因此，不论在什么情况下，都不能抛弃书本。

有一则这样的故事：

有一个富翁的儿子对学习毫无兴趣，最后，他的父亲放弃了所有努力，只教他读《创世记》一书。

后来，侵略者攻打他们居住的城市时，俘虏了这个男孩，并把他囚禁在一个很远的监狱里。

几年过去了，国王来到了这个城市，视察男孩被囚的那座监狱。在视察时，国王要看一看监狱中的藏书，结果他发现了《创世记》这本书。

“这可能是一本犹太人的书，”国王说，“这里有人会读这种书吗？”

“有！”典狱官答道，“我这就带一个人来见你。”

男孩被典狱官从监狱里提出来，说：“如果这次你不能读这本书，国王就会把你的脑袋砍掉。”

“父亲只教我读过这一本书。”男孩答道。

他被带到国王面前。

国王把那本书拿给他。男孩就开始大声朗读，从“起初，上帝创造天地”一直朗读到“这就是天国的历史”。

这显然是《创世记》的第一章和第二章其中的一部分。

国王听完说：“这显然是上帝让我打开囚禁他的监狱，把这孩子送回到他父亲身边。”

于是，国王送给男孩一些金银，安排两名士兵护送他回到父亲身边。

这个普通的故事已经在犹太民族中流传很久了。它教给犹太人这样的道理：虽然这孩子的父亲只教会他读一本书，赐福的上帝就奖赏他了。那么，如果一个父亲能不辞辛苦地教他的孩子读会《圣经》《密西拿》和《圣徒传记》，那他该得到上帝多大的赐福呀！

由此可见，读书自有妙用。

知识是永远的财富

犹太人处世智慧要诀

生活困苦之余，不得不变卖物品以度日，你应该先卖金子、宝石、房子和土地，到最后一刻，仍然不可以出售任何书本。（《塔木德》）

犹太民族是一个非常重视知识的民族。虽然他们在很长的一段时期里连最基本的生活来源都无法保证，但是只要有一段时间的安定生活，他们也能创造出惊人的财富。因为他们其实是富有的，这种富有就是他们本身所拥有的丰富知识。

犹太小孩最早期得到的关于书本的教育就是：书是甜的。

在每一个犹太人家里，当小孩稍微懂事时，母亲就会翻开《圣经》，点一滴蜂蜜在上面，然后叫小孩子去吻《圣经》上的蜂蜜。这个仪式的用意不言而喻，书本是甜的。让孩子从小就养成与书接触的习惯。慢慢地，孩子们开始喜欢看书。小时候是因为蜂蜜，长大了则是从书的内容中体会到书是“甜”的。

犹太人把知识视为财富，认为“知识可以不被抢夺且可以随身带走，知识就是力量”。

在每个犹太人小的时候，他们的母亲就会经常问他：“假如有一天，你的房子被火烧了，你的财产也被抢光了，你会带着什么逃跑呢？”

如果孩子们回答是“钱”或者是“钻石”的话，他们的母亲就会进一步地问：“有一种东西比钻石更重要，它没有形状、没有颜色、没有气味，你们知道是什么东西吗？”

如果孩子回答不上来，母亲就会说：“孩子，你带走的东西，不应该是钱，不应该是钻石，而应该是知识。因为知识是任何人也抢不走的，只要你还活着，知识就永远跟着你。”

在这个世界上，财富是可以随着境遇的改变而消失和增加的，而知识却是永恒的，它是不会随着时间和条件的变化而改变的。

所有的犹太人都知道这个道理，因此，犹太人就特别重视学习。为了让自己的后代注意引导他们的孩子学习，在他们小的时候，就引导他们认识犹太教。犹太教的托拉是这样说的：“愈学《塔木德》，生命愈久长……精通《塔木德》的人便在来世获得了永生。”还说：“研习《塔木德》的人值得尊敬。他会被称为一个朋友、一个可敬的人、一个崇敬上帝的人；他将变得温顺谦恭，变得公正、虔诚、正直、富有信仰。他将能远离罪恶、接近美德。通过他，世界就有了智慧、忠告、理性和力量。”这些教义就是鼓励犹太人从小要喜欢学习。把钻研和学习提升到信仰的高度来看待，这在世界上的各种宗教中是绝无仅有的。

犹太人热爱知识，因为在他们的眼里，知识是唯一永远夺不走的财富。在这个世界上，世俗的权威不重要，财富和金钱不重要，只有知识才是最重要的。权威没有了人们的拥戴和支持就不能形成，财富和金钱也会随着时间发生变化，而知识是你生存和发展的可靠保证。

犹太人在历史上不断地遭人驱逐，被迫四处流浪，他们的财富可以被任意地剥夺，然而只要他们拥有了知识，他们就可以凭借自己良好的教育、杰出的智慧、经商的经验，很快再次变得富有。他们的经典著作，如《圣经》

《塔木德》等，是他们保证自己是犹太人的根本，也是他们再度富有的知识和理论的根源。

犹太人在经济运营、商业运作上的非凡成就，与他们孜孜不倦、不断探索的求索精神分不开。

犹太人求知精神的基点在于他们对知识有着深刻的、相当实际的认识——知识就是财富，由此便产生了对知识这种财富近似贪婪的欲望。犹太人四处流浪，没有家园，居无定所，没有生存和发展的权利保障。他们所到之处，唯一的支撑点就是自己头脑中的知识，靠知识创造财富，从而由财富为自己争得一条生路和一个生存发展的空间。物质财富随时都可能被偷走，但知识永远在身边，智慧永远相伴，而有智慧有知识，就不怕没有财富。这正是犹太人流浪数千年依然生生不息的原因所在。

正基于此，犹太人才会认为没有知识的商人不算真正的商人。犹太人绝大部分学识渊博，头脑灵敏。在他们眼里，知识和金钱是成正比的。只有丰富的阅历和广博的知识，在生意场上才能少走弯路少犯错误，这是商人的基本素质。

犹太人具有令人叹服的经商头脑，正是他们的民族尊重知识、酷爱学习、重视教育的必然结果。以知识武装起来的犹太人，纵横捭阖，处变不惊，这就是“第一商人”的魅力所在！

以色列是一个小国，资源贫乏，既缺水，又缺能源，且沙漠广布。但是，这里却有大量的人才。数十年来，世界各地的犹太人纷纷移民到这里，他们带来了资金，也带来了知识、技术和特长，他们将这些知识用于国家建设，使以色列迅速崛起。这个国家独创了举世闻名的农业技术，靠贫瘠的土地养活了自己，还大量出口农产品。另外，这个国家拥有世界上一流的工业技术。创造出这些奇迹，靠的就是知识。

在世界上任何地方，犹太人凭借着自己拥有的“可以随身带走”的知识，跻身于知识要求高、流动性强的各种行业。在美国前400名巨富中，犹太人占了近三成。我们不得不感叹犹太民族神秘的知识力量。

教师是民族的精神领袖

犹太人处世智慧要诀

教师是学生生活中地位最高的人，他比父母享有更高的荣誉。（《塔木德》）

在犹太人看来，教师的职业是一种神圣的职业。因此，“每一个人要像尊重上帝那样尊重教师”。

《密西拿》中把教师（犹太人习惯上把有名望的法学家也称为教师）叫作“塔尔米德哈卡姆”，意思为“圣贤的门徒”。犹太人对待获得“塔尔米德哈卡姆”身份的人非常尊重。犹太教义规定：凡是侮辱了“塔尔米德哈卡姆”的人都要罚以重金，情节如果很严重者就会被逐出犹太区。能与“塔尔米德哈卡姆”的女儿结婚被犹太人视作一种高尚且值得夸耀的行为。

犹太教中把精通经典律法的学者称为拉比，负责执行教规、律法并主持宗教仪式。拉比是希伯来语，有“教师”之意。在犹太人心中，拉比是至高无上的圣者，是上帝的代表和使者，是他们的精神领袖。

其实，在犹太社会中，拉比身兼数职，传道、教学、咨询、评判等都是他们的职责，是享有崇高地位的精神领袖。

在罗马人统治犹太人时期，为了毁灭犹太民族，他们想尽了各种办法，如封锁学校、禁止做礼拜、焚烧书籍、禁止犹太人的各项庆典、禁止培育拉比等。

罗马统治者发出布告，如果有人参加拉比的任命仪式，不管是任命的一方还是被任命的一方，都将被判处死刑。举行这种仪式的城市、村庄，也将遭到毁灭。

这是罗马统治者采取的各种压迫手段中最极端最残忍的一种。这种手段在一段时间内确实起到了恐吓的作用。

但是，犹太人并没有就此屈服。对犹太人而言，没有拉比，就等于社会宣告瓦解。拉比是犹太民族的领导者，代表犹太社会中的一切权威。如果没有了精神领袖，犹太民族必会陷入诚惶诚恐的慌乱中。

有位德高望重的拉比看破了罗马统治者的险恶阴谋，于是率领他最可靠的5个弟子溜出城市，来到荒无人烟的两座大山之间。因为在这样的地方，可以避开罗马人的视线，万一被罗马人捉住也只有自己受到刑罚，不会导致整座城市被毁。

在这个距离城镇很远的地方，这位杰出的拉比任命了他的5个弟子为新拉比。

但是，他们的活动还是被罗马人知道了，于是派军队来抓他们。老拉比说："我活了这么大的年纪，死而无憾。你们必须尽快逃走，因为有好多事业等着你们去继承并发扬光大！"

5位新拉比听从老拉比的话，都安全地逃走了，最后只有年迈的老拉比被罗马人抓住了，恼怒的罗马人把老拉比凌迟处死。

老拉比死了，但是5个年轻的新拉比继承了他的事业。老拉比虽死，但是犹太人的精神生活却复活了。

在犹太人的观念里，拉比是整个社会最有智慧的人，所有人都应该听从这位智慧和学识都很高的教师的教导。一个犹太人在为自己的女儿选择夫婿的时候，他会选择一个受过良好教育的青年，而不会选择一个世俗的有钱青年。

犹太人就是这样的民族，尊重知识，追求真理。犹太人认为知识是最伟大的，在它的面前，世俗的一切统治都要让位。

犹太人的杰出就是因为拥有了智慧的拉比们。犹太精神不灭，与拉比们的功劳分不开。犹太人的心灵不死，是拉比精神指引的结果。犹太教最后成为世界性的宗教，正是犹太拉比用上帝之言广为传播的结果。

PART 03

把握自我是成功的起点——世界上你唯一能把握的只有自己

做自己命运的主人

犹太人处世智慧要诀

上帝夺取了我们的一切，剩下的只有我们。（《塔木德》）

从前，一头驴子不小心掉到一口枯井里，它哀怜地叫喊呼救，期待主人把它救出去。驴子的主人召集了数位亲邻出谋划策，却想不出好办法。大家倒是认定反正驴子已经老了，“人道毁灭”也不为过，况且这口枯井迟早也会被填上。

于是，人们拿起铲子开始填井。当第一铲泥土落到枯井中时，驴子叫得更恐怖了，它显然明白了主人的意图。又一铲泥土落到枯井中，驴子出乎意料地安静了。人们发现，此后每一铲泥土打在它背上的时候，驴子都在做一件令人惊奇的事情：它努力抖落背上的泥土，踩在脚下，把自己垫高一点。

人们不断把泥土往枯井里铲，驴子也就不停地抖落那些打在背上的泥土，使自己再升高一点。就这样，驴子慢慢地升到了枯井口，在人们惊奇的目光中走出枯井。

这则故事给我们三个启示：其一，假若你现在就身处枯井中，求救的哀鸣也许换来的只是埋葬你的泥土。那么，驴子教会我们走出绝境的秘诀，便是拼命抖落背上的泥土，变本来用来埋葬你的泥土为拯救自己的泥土，即将不利因素转化为有利因素。其二，无论绝望与死亡如何惊天动地，有时候走出“枯井”原来就这么简单。其三，驴子走出枯井时，表现得从从容容，这应该说是从生活或从困境中走出来的人，面向未来，充满活力的一种值得推崇的态度。

《塔木德》一书教导人们：“要救赎自己”，这种救赎不能靠别人，必须由自己来完成，看看犹太人是如何救赎自己的。

因为犹太人会精心设计自己的人生，所以在发现自己真正想要从事的职业之前，他们会不断地变换工作。美国犹太人朗司·布拉文就属这一类人。

布拉文是37岁才开始经商的。他的父亲在洛杉矶经营一所拥有100名员工的会计师事务所，他在大学学的是会计学，毕业以后他马上进了父亲的事务所工作。周围人都认为他会顺其自然地成为事务所的第二代继承人继续经营会计师事务所，但是，他总是觉得事务所的工作不适合自己，最后辞职了，开始自己尝试着经商。

他进入商界也就十几年的时间，但年交易额已达35亿日元。他主要向日本出口高尔夫用品等与体育有关的用品、服装及辅助设备等。经销地点除了公司本部的拉斯维加斯外，还有日本及瑞士。他设想有朝一日能够建立世界规模的公司。

幸亏布拉文转换了工作，才发现更适合自己发展的道路。但是，当初做出从父亲的事务所辞职的决定肯定是很难的。虽说犹太社会父子关系是各自独立的，但是就这么眼睁睁地放弃非常成功的家族事业，自己出去独立发展是需要很大决心的。但是，遇到该选择父亲还是该选择自己的情况，犹太人会毫不犹豫地选择自己。

看看下面这则很有寓意的故事吧，看完之后你会有所感悟。

有三个人将被关进监狱三年，监狱长说可以让他们三个人每人提一个要求。

美国人爱抽雪茄，要了三箱雪茄。

法国人最浪漫，要一个美丽的女子相伴。

而犹太人说，他要一部与外界沟通的电脑。

三年过后，第一个冲出来的是美国人，嘴里鼻孔里塞满了雪茄，大喊道："给我火，给我火！”原来他忘了要火了。

接着出来的是法国人。只见他手里抱着一个小孩子，美丽女子手里牵着一个小孩子，肚子里还怀着第三个。

最后出来的是犹太人。他紧紧握住监狱长的手说：“这三年来我每天与外界联系，我的生意不但没有停顿，反而增长了200%。为了表示感谢，我送你一辆劳斯莱斯！”

这个故事告诉我们：什么样的选择决定今后过什么样的生活。今天的生活是由我们三年前的选择决定的，而今天的抉择将决定我们若干年后的生活。

犹太人就是这样，什么事情都是靠自己来争取。不能因为环境改变了，就要放弃自己的计划。中国有句俗语：三句话不离本行。犹太人素来以经商为主，不管他在哪里，他都会牢牢记住自己的理想，不会放弃。因为一旦放弃了，就等于放弃了自己。在他们的意识里，生活只能靠自己去选择，去创造。

唯我可信

犹太人处世智慧要诀

最值得信赖的朋友在镜子里，那就是你自己。（《塔木德》）

犹太民族在长时间的流浪生涯中，有一个深刻的体会就是“唯我可信”。他们不相信任何人，他们坚信自己的生活只能靠自己来创造。

在孩提时代，犹太人就被灌输独立自强的意识，以期待在将来未知的坎坷人生路上应付自如。父母们对他们的孩子这样教育道，“只相信自己，不相信别人，任何人都不可靠。”

这种只相信自己的思想，是孩子们独立意识形成的基础，它使犹太小孩从小便有独立生计的意识存在。他们相信，只有自己才能养活自己，靠别人来过活绝对是天真的幻想。因此，他们在任何条件下，都能顽强地生存下去。他们凭靠的是自己的能力。

这种“唯我可信”的做法，也使他们在处理所有事务时，小心谨慎，认真思考后再做出抉择，所以他们很少上当受骗。

这种培养孩子独立意识的做法，在我们看来虽有些残酷，但绝对理智！它正是犹太民族长期流浪而不散不亡的一个重要原因。在长期的流浪生涯和被人排挤中顽强生存下来的犹太民族自然会对他人疑窦丛生。而商业经营者作为独立掌握自己命运的市场经济一分子，首先应具备的便是这种理智的独立意识与生存意识。这种意识还构成了犹太人自我保护的防护膜，使他们从不陷入别人的商业陷阱。

反之，轻信别人，就很容易落入别人设的商业陷阱。

19世纪初，德国人梅里特兄弟移居美国并定居密沙比。他们无意中发现密沙比是一片含铁丰富的矿区。于是，他们秘密地大量购进土地，并成立了铁矿公司。洛克菲勒后来也知道了，但由于晚到了一步，只好等待时机。

1837年，机会终于来了。由于美国发生了经济危机，市面银根告紧，梅里特兄弟陷入了窘境。

一天，矿上来了一位令人尊敬的本地牧师，梅里特兄弟赶紧把他迎进家中，待作上宾。聊天中，梅里特兄弟的话题不免谈到了自己的困境，牧师连忙接过话题，热情地说：

“你们怎么不早告诉我呢？我可以助你们一臂之力啊！”

梅里特兄弟大喜过望，忙问：“你有什么办法？”

牧师说：“我的一位朋友是个大财主。看在我的情面上，他肯定会答应借给你们一笔款。你们需要多少？”

“有42万就行。你真的有把握吗？”

“放心吧，一切由我来办。”

梅里特兄弟问：“利息多少？”

梅里特兄弟原本认为肯定是高息，但他们也准备认了。

谁知牧师道：“我怎么能要你们的利息呢？”

“不，利息还是要的，你能帮我们借到钱，我们已经非常感谢了，哪能不付利息呢？”

“那好吧，就算低息，比银行的利率低2厘，怎么样？”

两兄弟以为是在梦中，一时呆住了。

于是，牧师让他们拿出笔墨，立了一个借据：

“今有梅里特兄弟借到考尔贷款42万元整，利息3厘，空口无凭，特立此据为证。”

梅里特兄弟又把字据念了一遍，觉得一切无误，就在字据上签了名。

事过半年，牧师再次来到了梅里特兄弟的家里。他对梅里特兄弟说：“我的那个朋友是洛克菲勒，今天早上他来了一封电报，要求马上索回那笔借款。”

梅里特兄弟一时间毫无还债的能力，于是被洛克菲勒无可奈何地送上了法庭。

法庭上，洛克菲勒的律师说：“借据上写得非常清楚，被告借的是考尔贷款。考尔贷款是一种贷款人随时可以索回的贷款，所以它的利息低于一般贷款利息。按照美国的法律，一旦贷款人要求还款，借款人要么立即还款，要么宣布破产。”

于是，梅里特兄弟只好选择宣布破产，将矿产卖给洛克菲勒，作价52万元。

几年之后，美国经济复苏。洛克菲勒以1941万元的价格把密沙比矿卖给了摩根。而摩根还觉得做了一笔便宜生意。

“切忌轻信”实是犹太人从亲身经历的商业活动中得出的高级生意经，其适用范围竟然已经到达潜意识层次。只有一个发明了精神分析学的民族的商人，才会在这种极其细微、极不容易觉察的地方，有如此清晰的认识，并且驾轻就熟、游刃有余。这真是一条保持内心平衡、不被他人策动的生意经。

所以，犹太人在经商时，也往往视商场为战场，视他人为假想敌，心里高度警惕，永不放弃戒备心。纵然是自己的妻子或者丈夫，也把他当外人看待，从不轻易信任，这也是犹太人防范交易风险的智慧之举。

超越自我

犹太人处世智慧要诀

超越别人的人，不能算真正的超越；超越从前的自己，才是真正的超越。（《塔木德》）

《塔木德》上记载：超越别人，不能算真正的超越；超越从前的自己，才是真正的超越。在犹太人看来，人有两个生命，一是父母给的，二是自己赋予自己生命的实质。赋予自己生命的实质，只能依靠创造力，而旧有习性却束缚创造力。要获取创造力只能自己凭意志和毅力超越这种旧习性。

犹太人有一则故事教导人们要去超越自己。

有一对父子，两人都是拉比。父亲性格温和，考虑周到；而儿子却孤僻、傲慢，所以他一直没有成功。

有一天，儿子对父亲抱怨。老拉比说：

“我的孩子，作为拉比，我们之间的区别是：当有人向我请教律法上的问题时，我给他回答。他提的问题以及我的回答，我的提问人和我都满意。但是若有人问你问题，则双方都不满意。你的提问人不满意是因为你说他的问题不是问题；你不满意是因为你不能给他一个答案。所以，你不能怪别人，而必须放下架子鼓励自己，才能成功。”

“父亲，你是说我必须超越自己？”

“是的，”父亲回答，“超越从前的自己，才是真正成功的人。”

道理很简单，如果勤劳自勉，借以超越自己，那么总有一天，就会自然而然地超越别人。人一定要把握住自己的内在动力，超越自己，才能不断地鞭策自己前进。

若想超越自我，就要打破现有的状态，敢于向未知的领域挺进，具有冒险精神。正如犹太科学家爱因斯坦所说：“人必经常思考新事物，否则和机器没什么两样。”

犹太人认为，超越自己的事情一天都不能放松，尽量地学不同的事物，将它们组合起来，才会有新的智慧和洞察力，这些不同的事物相互影响之后，往往会产生许多新的创见。每个人都有与生俱来的创造力，只是有些人通过坚持不懈地学习，把它发挥了出来，更多的人则因为懈怠让这种才能荒废掉了。

美国著名影星保罗·纽曼是一位犹太人。因为善于适应环境，活用自己身上的天赋，不断超越自我，在演员和商人两重身份间转换自如，从而“财”“艺”双收。

保罗·纽曼有杰出的演艺才能和先天的强健体魄，在银幕上成为男性美的化身。他拍摄了许多影片，如1956年的《上帝喜欢我》、1958年的《漫长炎热的夏季》《热锌皮屋顶上的猫》、1960年的《阳台上》《成功》等。其中有不少影片获得好评，他曾先后5次被提名为奥斯卡金像奖最佳男主角。在他60岁那年第六次被提名时，终于摘取了奥斯卡金像奖最佳男主角的桂冠。保罗·纽曼除了有高超的演技外，还是一名出色的导演，他曾导演拍摄过5部电影，也执导过电视剧。他导演的《雷切尔》获得了很大的成功。

这位出生于美国俄亥俄州克利夫兰的犹太人，父亲是一家体育用品商店的小老板，小时候喜欢运动，故长得一副好身材。他的母亲是位音乐戏剧爱好者，小保罗受母亲的影响，也喜欢音乐戏剧。当他上大学时，常参加学生的娱乐活动，有时还登台演出自编自演的小剧目。这样，无形中练就了他的表演技能。

1982年，保罗·纽曼向一位作家朋友提出自己想开发一种拌面条用的酱汁，这种酱汁是保罗自己在厨房做菜时调配的。

两人一谈即合，同意各出资50万美元开发这种产品，取名为“保罗·纽曼面汁”，生产这种面汁的企业亦取名为“保罗·纽曼公司”。公司创办之初，使用最便宜的家具和工具，但他们却使用最好的原料和最佳的配方，以确保面汁质量。产品推向市场后，各地超级市场不断要求补充货源，他们不得不雇请工人扩大生产，仅仅经营了一个月，就纯赚4万美元。

第一炮打响以后，“保罗·纽曼面汁”的销量开始月月增加，合伙投资的100万美元本金，在开业的几个月就收回了。到开业一周年时，公司的纯利润达1200万美元，到第六年，该公司已发展成为一个大企业，被喻为“食品王国”。

保罗·纽曼无论在台前演戏，还是在幕后经商，都显示出了超凡的能力。不断超越自己使他在演艺界和商界齐头并进，成为了一个名利双收的富豪明星。

保罗·纽曼从商人到演员直到天皇巨星，再从天皇巨星到企业家，再到食品大王，他的人生之路告诉人们，只有不断超越自我，不断让自己在新的生活和环境中去迎接挑战，才能保持住不灭的创造力，才能最大限度地发掘自己的潜力。

善待自己

犹太人处世智慧要诀

每时每刻都要善待自己。（《塔木德》）

要享受自己的生活，这样才是有意义的人生。

犹太人不赞成过分节俭。《塔木德》中记载着这样一句话：“当富人没有机会买东西的时候，他会自认为是个贫穷的人。”如果自己拥有了金钱，却守着它们不松动，把它们紧紧地攥在自己的手里，是愚蠢的。

犹太人认为，即使追求神圣的精神生活也不应该让自己贫困。信仰上帝和追求享受是可以相提并论的。他们认为自己追求精神的崇高，也应该追求世俗生活的幸福。一味追求精神生活而忽略物质上的舒适是不可取的。

因此，犹太人对自己的生活要求有一种很高的品位。他们喜欢豪华的居所、精美的食物和名贵的车辆，因为这样才配得上自己所赚取的财富和自己高贵的地位。犹太人的节俭精神与他们享受生活并不矛盾。犹太人认识到赚取财富是为了更好地生活。他们在日常生活中，也买自己喜欢的东西，并愿意为这些昂贵的物品付出代价。在纽约这样的大城市，经常可以在晚上看到在装饰豪华的中国餐馆和意大利餐厅，坐着颇有绅士风度的犹太人，他们和家人、朋友一边吃着精美的食品，一边亲密地交谈，那惬意的神态让人羡慕不已。他们毫不吝啬地把白天赚来的钱花出去，通常可以为了一顿精美的晚餐而一掷千金。为了享受他们是愿意花钱的。

犹太人有个习惯，就是不在餐桌上谈论工作。

犹太人的工作简直就和打仗一样充满了战斗的气息，

即使是一分钟也要尽量抓紧。

犹太人就是这样拼命赚钱的，在这种紧张的工作气氛下，倘若忙活了一整天，到了晚上好好地吃顿可口的晚餐，那将是多么享受啊！而这顿喷香的饭菜就是对自己努力工作最好的奖赏。

犹太人说，人生就是为了吃饭而活着，要好好地享受吃饭的乐趣。他们还说，精美可口的饭菜是上帝赐给自己的礼物，一定要好好享受。他们把吃饭当作是一种高级的享受。

尤其是晚上的那顿饭，在豪华的饭店里享用精美的食物，犹太人就和朋友们一起开始海阔天空地聊天。

犹太人享用晚餐的时间长达两个小时。在尽情享用美食的同时，他们还会聊很多话题，如娱乐、名胜古迹、花卉、动物等，但他们绝不会谈到战争、宗教和工作。战争和宗教的话题，常常会勾起他们被迫害的痛苦回忆，破坏融洽的气氛；谈工作，则会影响就餐的情绪。总之，犹太人在吃饭时，一定是放松心情，慢慢地吃，把人生和工作的烦恼统统抛诸脑后。这是他们一天最为幸福的时候，他们把白天赚来的钱大把大把地花出去，这样让他们觉得自己的人生很有意义。

犹太人的这种生活方式，令同为当今世界著名的日本商人叹为观止。其他不说，光犹太人不管工作如何忙，对一日三餐从不马虎，总留出专门的进餐时间，还要吃得像模像样，而且进餐时忌讳谈工作，就让日本商人感慨万分。

岂止吃饭这点时间不谈工作，虔诚的犹太人每周同样要过那整整24小时不谈工作的安息日！因为犹太人是世界上最谙熟“平常心即智慧心”的民族。

每周星期五晚上一直到星期六的傍晚，是犹太人禁烟、禁酒、禁欲的时间。他们将一切杂念都抛到九霄云外，一心一意地休息和祈祷。事实上，他们正是在运用这段时间养精蓄锐，准备投入下一场生意的搏斗。星期六的晚上，犹太人则开始尽情享受，过一个开心的周末，以一种动态的休息方式来排遣工作压力。这种动静兼顾的适度休息，保证了犹太人在下一周有充沛的体能和精力去投入新一轮的商业拼杀。

有人这样问一个犹太富翁：

“你们工作一小时可赚钱50美元以上，如果每天休息一小时，一月就少赚1500美元，一年少赚1.8万美元以上，这值得吗？”

犹太人算得更快：

“假如一天工作8小时不休息，一天可赚400美元，那我的寿命将减少5年，按每年收入12万元计算，5年我将减少60万美元收入，假如我每天休息1小时，那我虽然损失每天1小时50美元，但将得到5年每天7小时工作所赚的钱，现在我60岁，假设我按时休息可活10年，那么我将损失15万美元，15万和60万谁大呢？”

犹太人确实是很精明的！

不会休息的人是愚蠢的人。连视钱如命的犹太人也愿意放弃钱来休息，而那些为钱所束缚的人们为什么不保护一下自己的生命，在工作之余找点时间休息？

犹太人从周六日落到周日日落的时间是休息日，这是《圣经》上规定的休息日。《圣经·创世记》上说，神造物用了6天时间，所以到了第七天就要停止一切工作。神赐福给第七日，意为圣日，在这一天，绝对不能从事工作，因为神停止了他的一切的工作，就安息了。

所以，这一天是放假的日子。这一天不可谈论有关工作的事，不可思考有关工作的问题，不可阅读有关工作的书。当然，也不可从事有关工作的计算。

犹太人还认为，活着就是为了享受，应该在条件允许的情况下尽量善待自己。

一位住在芝加哥的犹太人已经70岁了，却要买一套很豪华的公寓，有人觉得很奇怪，问他："你年纪这么大，估计也就只有几年的寿命了，还要这么大的房子干什么？"

这位犹太人反问道："难道只有几年就不可以享受了吗？"

来看看洛克菲勒的教训吧：

洛克菲勒在33岁时第一次赚到了100万美元。43岁时，他建立了世界上前所未有的最大垄断企业——标准石油公司。但他在53岁时又怎么样呢？烦恼和高度紧张的生活已经破坏了他的健康，他的头发全部掉光，甚至连眼睫毛也一样，看起来像个木乃伊。

根据医生们的说法，他患上了"脱毛症"。这种病通常是由于精神过度紧张引起的。他的头部光秃秃的，模样很古怪，使他不得不戴上帽子。后来，他定制了一些假发，每顶500美元。从此他就一直戴着这些假发。

做不完的工作、无穷的烦恼、长期的不良生活习惯、经常失眠以及缺乏运动和休息，已夺去他的健康，使他挺不起腰来。

洛克菲勒早在23岁的时候就全心全意追求他的目标。当他做成一笔生意，赚到一大笔钱时，他就高兴得把帽子摔在地上，痛痛快快地跳起舞来。但如果失败了，那他也随之病倒。

缺乏幽默感和安全感，这是洛克菲勒一生的特征。他说：“每天晚上，我一定要先提醒自己，我的成功也许只是暂时性的，然后才躺下来睡觉。”

他手上已有数百万美元可以任意支配，但他仍然担心失去一切财富。他没有时间游玩或娱乐，从未上过戏院，从没玩过纸牌，从来不参加宴会。诚如马克·汉纳所说：“在别的事务上他很正常，独独为金钱而疯狂。”

这些就是洛克菲勒前半生生活的真实写照。他为了金钱，为了事业，将自己彻底地搞垮了。美国一个著名企业家福特说过：“只知工作而不知休息的人，就像没有刹车的汽车，极其危险。”

53岁以前他一直沉溺于不择手段地赚钱，使得他的身体每况愈下。最终洛克菲勒选择了从事业上退休。他学习打高尔夫球、整理庭院、和邻居聊天、打牌、唱歌。总之，他选择了彻底地休息，开始善待自己。甚至于后来洛克菲勒在吃饭的时候从不谈工作，只是尽情地享用他的美食。

这种良好的习惯，让他在90高龄的时候还能精力充沛地工作。洛克菲勒是当时世界上最为富有的人，也是所有商业大亨中最为高寿的一位。

以上我们不难看出犹太民族是一个很会享受的民族。在日常的生活中，他们注重吃喝的享受，吃得好，身体自然就健康。健康是犹太人最大的本钱。犹太人曾经浪迹天涯，处处遭人歧视和迫害，但是犹太人并没有因此而灭绝，不能不归功于他们养身有术——注重健康。和饮食一样对健康有相同功效的就是充分的休息，犹太人也非常注重。

善待自己，就要善待自己的身体。

只拿属于自己的

犹太人处世智慧要诀

我们行事为人凭着信心信念，不是凭着眼见。（《塔木德》）

犹太人虽然爱钱，但他们却只赚属于自己的钱。他们在金钱的面前，总能保持足够的定力。他们绝不让金钱腐蚀自己的灵魂。犹太人追求财富，靠的是自己的头脑和双手光明正大地赚。在犹太人的眼中，拿不义之财就会受到神的惩罚。

有个犹太妇女去百货公司购买东西，当她回到家里从袋中取出东西时，忽然发现里面有一枚戒指。她并没有买这枚戒指。于是，她把此事告诉了小儿子，并带着孩子一并去找拉比，请教怎样处理此事。

拉比给他们讲了《塔木德》中的一则故事：

有位拉比平日靠砍柴为生，每天要把砍的柴从山里背到城里去卖。拉比为了节省走路的时间，决定买一头驴来代替。

拉比向阿拉伯人买了一头驴牵回家来。徒弟们看到拉比买了头驴回来，非常高兴，就把驴牵到河边去洗澡，结果驴脖子上掉下来一颗光彩夺目的钻石。徒弟们高兴得欢呼雀跃，认为从此可以脱离贫穷的樵夫生活，可是拉比领他们赶快去街上把钻石还给阿拉伯人。拉比说："我买的只是驴子，而没有买钻石。我只能拥有我所买的东西，这才是正当行为。"

阿拉伯人非常惊奇："你买了这头驴，钻石在驴身上，你实在没有必要拿来还我。你为什么要这样做呢？"

拉比回答："这是犹太人的传统。我们只能拿支付过金钱的东西，所以钻石必须归还给你。"

阿拉伯人听后肃然起敬，说："你们的神必定是宇宙中最伟大的神。"

听完这则故事，妇人立即决定回去把戒指还给百货公司。拉比告诉她："如果对方问到你退还戒指的原因时，你只需说一句话就行：'因为我们是犹太人。'请带着孩子一块儿去，让他亲眼目睹这件事。他一定会对自己母亲的正直永记不忘。"

从此故事可以得到启示：犹太人对待金钱是很有原则的。正所谓"君子爱财，取之有道"。

如果民族的灵魂变肮脏了，民族就彻底完了。犹太人的生存经历是一面明镜，值得人类学习和借鉴。灵魂的纯洁是最大的美德。经商者应当牢记，抓住属于自己的钱，而不去抓不属于自己的钱！

犹太人从来只拿属于自己的东西，这里所指的属于自己的

东西就是已经付过钱的。他们把这种观念当成一种传统，是不可以破坏的。

犹太人最重道义，对于金钱，他们坚持取之有道，从不用手段去骗钱。从意识层面来说，对利益的追求应该受到一定的制约，有所节制。

以义制利是给私利的追求提出的一个标准。对私利的追求，凡符合义的要求才是正当的，凡不符合义的要求就是不正当的，这就是所谓的“取之有道”。在对利的追求上，问题不在于是不是追求私利，而在于对私利的追求是否合理。只要符合义的要求，即使如舜从尧那里接受天下，也是合理的；相反，如果所求不符合义的要求，那就是不合理的，即使是一碗饭、一分钱，也是不能接受的。

既然对利益的追求要服从和符合义的要求，那么在有利可图时，就要先想一想是否合乎道义，再决定取舍。符合道义的就取，不符合道义的就不取，这就是“见利思义”，从反面讲就是不取不义之财。

犹太小伙子罗斯曼大学毕业后在一家外贸公司工作，由于工作出色，很快被公司提升为负责和法国外贸的主管。一次，罗斯曼和法国一家大公司有个合作项目，经过艰苦的谈判，双方都求得了自己要求的利益，达成了一致协议。为了表示对这个项目的重视，法国公司的市场部主管亲自来以色列签约。签约之后，双方很快进行了交易。可事后，公司的财务部给罗斯曼传来信息，说公司账上多了5000万法郎，要求查清楚。罗斯曼非常重视，他很快就发现是和法国公司合作中，对方由于某种原因造成的一个失误。罗斯曼当时就打电话联系法国公司，随后亲自携带款项到法国，处理这个问题。法国公司对罗斯曼这一举动非常感动，也看出了罗斯曼不取不义之财，他们公司是值得好好合作的一个伙伴。为表示感谢，法国公司主动把合约条款改宽很多，给罗斯曼公司每年增加200万美元的收入。

罗斯曼不取不义之财之举换来的是公司的长期财富。

PART 04

经商本领出自磨炼——在逆境中打磨自己的心志

爱人如爱己

犹太人处世智慧要诀

谁是最强大的人？化敌为友的人。（《塔木德》）

为什么神在开始的时候，不一下子造出许多人，却只造出一个人来，让全人类自一个人而繁衍成许多人呢？

拉比的答案是：“这是神为了告诉我们，谁夺取了一个人的生命，就等于杀害全人类。”相对地，如果谁能救一个人的生命，那么他就等于拯救了全世界人的生命；同样地，爱一个人时，也就等于爱整个世界的人。

因为人类都是一个祖先繁衍下来的，所以同源同根。因此，犹太人认为人要去爱整个人类。

《塔木德》一书中的解释是：

“神在开始时，为什么仅仅创造一个人呢？这是为了防止任何人说他自己的血统优于别人的血统。如果当初只造出一个人，那么溯源而上，每个人都会发觉大家都是来自同一个祖先，也就不会有这一个民族比那一个民族更优越的说法了，实际上，大家都是从同一个亚当繁衍下来的。”其中，亚当的头，是出自乐园的泥土；他的身体，是来自巴比伦的泥土；至于他的双腿，则是网罗了全世界的泥土所造成的。

“亚当”这两个字，在犹太人心中，代表着人的存在是世界性的，即四海之内皆兄弟。

因为有这样一个大人类的观念，在历史的长河中，尽管犹太人受尽迫害，历尽坎坷，但是，一旦犹太人有能力主宰异族命运的时候，他们却并不会迫害侮辱其他民族。相反，他们能够以平常心对待其他人，甚至用爱心去帮助他们。

为此，犹太民族中有句名言：“谁是最强大的人？化敌为友的人。”

犹太人认为，谅解和接受曾经伤害过你的人，才是最好的待人之道，这样就能得到希望中的回报。为此，犹太拉比高度赞美那些“受到侮辱却不侮辱别人，听到诽谤却不反击”的人。

在犹太人看来，对他人的爱源于家庭之内的爱，即对兄弟姐妹的爱。

有两个农民兄弟，一个和妻儿一起住在山的一边，另一个还没结婚，住在山的另一边的一个小草屋里。

有一年兄弟俩收成都特别好。已经结婚的哥哥想：

“上帝对我真好。我有妻子和孩子，庄稼多得超出我的需要。我比我的兄弟好多了，他一个人孤零零地过。今天晚上，趁我兄弟睡着的时候，我要把我的庄稼背几捆放到他的地里。当他明天早上发现的时候，怎么也想不到是我放的。”

在山的另一边，没有结婚的弟弟看着自己的收获想：

“上帝对我很仁慈。但是我哥哥的需要比我大多了，他必须养活妻子和孩子，可是我的果实和谷物与他一样多。今天晚上，当哥哥一家睡着的时候，我要背一些粮食放到我哥哥的地里。明天，他怎么也不会知道我的少了，他的多了。”

所以兄弟俩都耐心地等到了半夜，然后各自肩上背着粮食，向山顶走去。正好在午夜的时候，兄弟俩在山顶相遇了，意识到他们都想到了帮助对方，兄弟俩拥抱在一起，高兴地哭了。

犹太人历来主张把罪恶本身与犯罪之人加以区分。

从前，有几个拉比碰上了一伙十恶

不赦的坏人。其中有一个拉比在忍无可忍的情况下，诅咒他们都死了算了。

可是，他们中有一个伟大的拉比却说：

“不，身为犹太人不应该这么想。虽然有人认为这些人还是死了比较好，但不能祈祷这样的事发生。与其祈求坏人灭亡，不如祈求坏人改邪归正。”

《塔木德》的结论是：处罚坏人对谁都没有什么益处。不能使他们改悔，那才是人类的一种损失。

因此，犹太人对罪人没有那种深恶痛绝、必欲置之死地而后快的过激情绪。相反，他们认为，犹太人犯了罪，一旦悔改，就不许再把他们看作罪人。

第二次世界大战期间，有两万左右的犹太人避难于上海。在此期间，有不少人曾受到占领上海的日本当局的虐待。有些人直到战后很久，还念念不忘日本人的暴行。但拉比却给他们讲了一个《塔木德》上记载的故事：

有一只狮子的喉咙被骨头哽住了。狮子便向百兽百鸟宣布，谁能把它喉咙里的骨头拿出来，就给它优厚的奖品。

于是，来了一只白鹤，它让狮子张开嘴，把自己的头伸进去，用长长的尖喙，把骨头衔了出来。

白鹤做完后，便向狮子说：“狮子先生，你要赏我什么礼物啊？”

狮子一听，恼怒地说：

“把头伸到我的嘴里而能够活着出来，这还不算奖品吗？你经历了这样的危险都活着回来了，没有比这更好的奖赏了。”

拉比的结论是：既然现在还能诉苦，就说明至今还活着，而至今还活着，就没有必要诉苦。不要为曾经经历过的不幸而抱怨。当然，更没有必要憎恨了。

这个故事在犹太人中广为流传，这充分说明，犹太民族一直在尽力避免“憎恨”。

无论人们对犹太人的这种做法是怎么看的，犹太人自己的历史则无疑证明了，这种反躬自责而不是一味憎恨的心态对民族生存具有重大的价值。

今天的犹太人是十分团结的，东欧一些国家的犹太社团成员为了消除相互之间存在或可能存在的隔阂，在赎罪日前夕做礼拜时，往往真诚地向相遇者打招呼，说声“请宽恕我”。这个时候，那个人肯定会全神贯注地听完他的话，然后立即回答：“我宽恕你。”他也要向对方寻求宽恕。这种方式成为犹太人中一条不成文的法律，即使是社团的首领和德高望重的长者也不例外。

如果两个犹太人误会太深，见了面都视而不见，那么，与他们都相熟的老人就会主动上前，使其中一方首先开口，这样做，至少会使他们平息怒气，甚至握手言和。

这是犹太民族的伟大和高尚之处。

不要嫌贫爱富

犹太人处世智慧要诀

不要鄙视任何人——任何人都有自己的位置，都可以在有钱和有时间的条件下创造奇迹。（《塔木德》）

有这样一则犹太故事：

拉比约书亚是一个博学而朴实的学者。

一天，罗马皇帝哈德良的女儿对约书亚说道："在你这么丑陋的人的脑袋里，怎么可能有了不起的智慧呢？"

约书亚非但没有恼怒，反而笑容满面地问道："在你父亲的宫殿里，葡萄酒装在什么样的容器里？"

公主答道："装在陶罐里。"

"陶罐！普通老百姓才把葡萄酒装在陶罐中。"约书亚说，"你应该把葡萄酒放在金银器皿里。"

于是，公主便令用人把葡萄酒装到了金罐和银罐中。不久，所有的葡萄酒都变得淡而无味。

于是，公主怒气冲冲地去找约书亚算账："你为什么让我这样做？"

约书亚温和地说："我只想让你明白，珍贵的东西有时候必须装在简陋而普通的容器中才能保存其价值。"

"难道没有既出身好又博学的人吗？"

"有，"约书亚回答道，"但如果出身艰苦一些的话，他们的学问会更大！"

犹太人中的穷人遇到富家子弟时不会自卑，更不会觉得有什么可怕，因为出身富贵之家的人并不一定有学问。但是遇到有知识的人时，无论是穷人还是富人都对他非常敬重。这是因为犹太人只重视个人的才华，而不会看重他的家庭和出身。

事实上，有很多著名的犹太拉比，出身都很卑微，其中最具代表性的希雷尔是木匠，雅基巴是牧羊人。他们之所以能够

成为犹太人中的杰出人物，就是因为他们自身的能力所致。

正是因为犹太人重个人才华而不重门第出身，才使犹太民族产生了许多杰出的人物。犹太民族在日常生活中很少有门第观念，在人与人交往中，犹太人少有趋炎附势之举，出身好的人也难以依靠出身攫取社会地位或者取得什么其他优势，人们都是依靠勤劳和智慧获得个人地位。

个人才华重于门第出身是犹太人处世的重要观念，它激励了许多出身不好的人去积极进取，也体现了社会公平的原则。

在一些犹太人居住区里，每一个镇上或村子里，都会有几个乞丐，他们被称为“修诺雷尔”。

犹太人并不歧视这些乞丐，按照犹太人的宗教习惯，乞丐也是一种正当职业，是获得了神的允许的，他们是人们施舍的对象。

在犹太民族中，一些“修诺雷尔”是非常喜欢读书的，其中还有不少人通晓《塔木德》，他们也是犹太教堂中的常客，经常以素人的身份参加《塔木德》的讨论。犹太民族中流传着这样两句话：“不要看不起穷人，因为有很多穷人是非常有学问的。”“不要轻视穷人，他们的衬衫里面埋藏着智慧的珍珠。”

犹太人素有尊学、重学的传统，对于贫穷而有智慧的犹太人，他们也同样表现出尊重。

犹太人有一个这样的民间故事，教导人们不要看不起穷人：

一个虔诚的人继承了一笔财富。在安息日前夜，他就开始为安息日日落前的食物做准备。

由于急着办事，他在安息日前暂时离开家一段时间。在回家的路上，一个穷人向他乞讨买安息日所需食物的钱。

这位虔诚的人生气地斥责穷人：“你怎么能一直等到最后一刻才买你的安息日食物呢？你肯定是企图骗钱！”

他回到家后，给妻子讲了遇到穷人的事。

“我得告诉你，是你错了，”他的妻子说，“在你的一生中，你从未体会到贫穷的滋味。我在穷苦人家长大。我经常回忆过去，那时天几乎全黑了，而我的父亲仍然为家人四处寻找哪怕一点点的面包。你对那个穷人有罪！”

虔诚的人听到这一席话，赶紧到街上寻找那个乞丐。乞丐仍然在寻找安息日食物。于是，这位富人给了穷人安息日所需的面包、鱼、肉，并请他宽恕自己。

在犹太社会里，尽管穷人和富人的差距十分大，但是，一直以来，犹太人是尊重穷人的。他们认为富人并不一定快乐，穷人也并不一定是必然绝望。

这就是犹太人对于穷人的态度。不嫌贫爱富，并且把尊重穷人、对穷人进行施舍作为自己的义务，这是犹太人团结友爱的处世智慧之一。

借钱，就是为自己树敌

犹太人处世智慧要诀

借钱给朋友，将以失去友情作为利息。（《塔木德》）

莎士比亚有句名言：“不要把钱借给别人，借出去会使你人财两空；也不要向别人借钱，借进来会使你忘了勤俭。”这句话有一定道理。

你可以用其他友善的方式接济你的朋友，但不要借钱给他。借钱给他人就是掏钱为自己买了一个敌人。

犹太人朋友之间很少涉及金钱，他们之间朋友是朋友，金钱是金钱，分得十分清楚。他们一般不把友情掺入金钱。

作为犹太人的朋友，大家彼此相处得很不错，经常在一起吃饭喝酒。这样就表示你是他喜欢的朋友，他愿意和你经常来往。但是你要是借钱，他们很少答应。

这并不是因为大家彼此之间不信任，而是他们处事的一种精明。

犹太人是十分自尊的，他们一般不肯向人求助。即使遇到了困难，他们也是依靠自己的力量来解决，很少向别人请求帮助。假如一个人向自己的朋友去借钱，说明这个人已经处于生活比较困难的时候了。有人借钱给他，他总是感到忐忑不安，心里总是想着把钱尽快还给自己的朋友，见了朋友会感觉很不好意思。虽然朋友浑然不觉借钱人的尴尬。而借钱人为了避免这种愧疚的心理，一般会回避自己的朋友，希望自己尽快地还钱，那样自己才觉得在朋友面前会坦然。有了这种心理，这样的朋友就会因为金钱变得很不自在。

而朋友呢，如果自己恰好也需要这笔资金，但是已经将钱借给别人，而且为了让别人放心，自己一般不会说还钱的时间。朋友什么时间有了钱，就什么时间来还，而自己许多事情却急切需要资金办理，但是话已经说出口，就很不好意思去要钱。所以，犹太人之间就心照不宣地达成默契：不借钱给自己的朋友。

犹太人喜欢通过放高利贷收取利息，这是他们几百年的传统了。如果他们有闲置的资金，就会把这些钱放出去收取利息，而有人需要钱自然就可以去借贷了。所以，犹太人没有钱的时候，喜欢去借贷来渡过难关。

有个故事是这样说的：

雅可夫借给亚瑟500美元，明天就要到期了，但是亚瑟根本没有钱可以还。雅可夫三天前就已经提醒亚瑟，还有三天就该还钱了。“到明天雅可夫一定会来要钱的。”想到这里，亚瑟坐卧不宁，烦躁地在房子里走来走去。“你为什么还不睡觉？”他的妻子问他。“我向雅可夫借了钱，明天早上非还他不可。”“你现在有钱还吗？”“我连一个子儿也没有呢！”

“既然这样，你就睡觉吧。着急的应该是雅可夫而不是你。”

亚瑟妻子的话代表了我们处理债务的一般态度，既然没有钱就干脆放心休息，反正着急也没用。事实上，雅可夫也确实没有办法，如果逼朋友还钱，那与朋友长久培养起来的感情就会因此而崩溃了。打官司更是浪费自己的钱财，对朋友的感情也更是致命的打击。

还有一个故事是这样说的：

梅西克向罗扬借了1200马克，但是梅西克一直没有钱还。每当遇到罗扬，梅西克都会避而不见。可罗扬又束手无策。

这时，他的另一个朋友对他说：“你不妨写信给梅西克，叫他尽快归还1800马克的债，瞧瞧他的反应。”

罗扬也十分需要这笔钱，于是就给梅西克去了一封信。

两天后，梅西克就回信了，信中说：“罗扬，我记得很清楚我借了你1200马克，你怎么说我欠了你1800马克，随信附上1200马克。如果你要打官司的话，你准输。”

罗扬虽然成功地要回了自己的钱，但通过这次事件，两人的关系就可想而知了。

因此，洞悉人情的犹太人说：借钱，即是掏钱给自己买了个敌人。

无朋友，毋宁死

犹太人处世智慧要诀

两个人总比一个人好。

人应交友以便能跟他一起读《圣经》，一起研习《密西拿》，一块儿吃饭，一同饮酒，并向他吐露心曲。（《塔木德》）

犹太人认为，人需要有朋友一起吃饭，一起喝酒，一起学习《圣经》，一起学习《塔木德》……给自己找个朋友，对他倾诉心底所有的秘密——关于《圣经》和世俗生活的秘密。

《塔木德》里有这样一个故事：画圈者豪厄生活于公元前5世纪的罗马帝国早期。他不但是位著名的学者，还被认为是魔法师，尤其擅长求雨。他的绰号“画圈者”大概来自他求雨时最壮观的技艺表演：他在地上画一个圈，和他的祈祷者一起站进去，雨不多不少正好满足庄稼的需要。当雨下够了，他就再祈祷，雨就停了。

有一天，画圈者豪厄看到有个老人在栽豆荚树。他问那人需要多长时间这棵树才能结果子，那人回答说要70年。

豪厄坐下来吃东西，觉得昏昏欲睡，他躺下睡着了。他周围的石头升起把他遮在里面，他一口气睡了70年。

醒来的时候，他看见有个人正在摘树上的果子。

“你是栽这棵树的人吗？”豪厄问。

“不，我是他的孙子。”那人说。

“那么我睡了70年！”豪厄惊讶地叫起来。

豪厄回到原本自己生活的地方。

“画圈者豪厄的儿子还活着吗？”他问那个地方的人。

“他的儿子不在了，”人们说，“不过他的孙子还活着呢！”

“我是画圈者豪厄。”他说，但是没人相信他。

豪厄不得不离开家，来到他学习的地方，他看到很多学者正在一起学习。

“法律对于我们就像在画圈者豪厄的时代一样清楚，”他听见学者说，“因为不论什么时候豪厄来到学习的地方，他总能澄清学者们阅读文本时遇到的问题。”

“我是豪厄。”他兴奋地对他们大声说。但是学者们不相信他。

豪厄受到深深的伤害，他祈求死去。他的祈祷得到回应，他死了。

于是便有了谚语：“要么结成伙伴，要么死去。”从这个悲剧可知，友谊犹如生命的阳光，缺少友谊，不如死去。犹太先贤对此认为，要么和朋友在一起，要么去死。

《塔木德》中还记载了这样一则故事：

有个富翁生了10个儿子，他计划自己去世的时候给他们每人100第纳。

可是，随着时光流逝，他只剩下950第纳，所以他给前9个儿子每人100第纳，对最小的儿子说：

“我只剩下50第纳了，我还得留出30第纳作丧葬费，我只能给你20第纳。不过，我有10个朋友，准备都给你，他们比100第纳好多了。”

他把最小的儿子介绍给朋友们，不久就死去了。

那9个儿子各自谋生，最小的儿子也慢慢地花父亲留给他的那点钱。当他只剩下最后一个第纳的时候，他决定用它请父亲的10个朋友美餐一顿。

他们一起吃啊喝啊，纷纷说：“在这么多兄弟中他是唯一还记得我们的人。让我们报答他对我们的好意。”

于是，他们每个人给了他一头怀了牛犊的母牛和一些钱。母牛产下小牛，他卖了牛犊，开始用换回来的钱做生意。最后他比自己的父亲还富有。

他说：“我父亲说朋友比世上所有的钱都珍贵，这话一点都不假。”

朋友的可贵之处在于，他总在你最需要帮助的时候出现，救你于水火。中国有句俗语说“患难见真情”，就是这个道理。

但是，犹太人对于交友又是非常慎重的。每当他们遇到一个人时，他们都会思索一个问题：应该花多少时间接触那个人？又该沾上多少他的习性呢？

但是，犹太人又认为没有朋友的人就如同失去手臂一样。因此，他们把朋友分成三种：第一种是像面包的朋友，这种朋友是经常需要的；第二种是像菜的朋友，这种朋友是偶尔需要的；最后一种是像病的朋友，这种朋友应尽量避开。

没有一个人能独自成长或独自堕落。所以，在犹太人看来，寻求一个适合自己的朋友是人生中一件很重要的事。

正如犹太格言所说：“走进香水店，就是什么都不买，也会沾上芳香的气味。”

PART 05 善待婚姻和家庭——幸福的家庭是人生成就的重要部分

尊重女性

犹太人处世智慧要诀

尊敬你的妻子，因为这样你才能丰富自己。男人要时刻注意给妻子应得的尊敬，因为家中的一切幸福都有赖于妻子。（《塔木德》）

犹太人认为男女是平等的。在犹太人的历史中，解救以色列人，使之脱离埃及的米里亚姆是女性，古代犹太的独立英雄德菠拉也是女性。

《塔木德》中教导人们说：

“像爱你自己一样爱你的妻子，好好保护她，不要让她哭泣，因为神将一滴一滴地计算着她的眼泪。”

“假如有男女两个孤儿，你应该先救那个女孩，因为男孩可以去做乞丐，但是我们却不能准许女孩子如此。”

在犹太社会中，殴打妻子是可耻的行为。这一点完全区别于中世纪的天主教会。天主教会立法规定：“必要时可以殴打妻子。”到15世纪末，英国仍然立法奖励殴打妻子。19世纪时，竟然还允许出售妻子。

犹太人自古以来便没有对女性的偏见。犹太律法规定严罚殴妻者，当妻子被殴而提出诉讼后，常常可以获得离婚的判决，而且可以要求丈夫支付一笔赡养费。

《圣经》记载：神使亚当沉睡，并取走了他的一条肋骨，造成一个女人夏娃；女人是男人的骨中骨、肉中肉。因此，人要离开父母，与妻子合二为一，结合一体。恋爱中，男人追求女人，是因为男人一心想取回自己失去的那根肋骨，而女人也渴望回到她所诞生的地方去。这两种神奇力量相互吸引，便有了男女的结合。

女人不必违反自己的本意，而受男人意志的强制。在犹太人中，女人没有欲望时，丈夫若强行施暴，便要判强奸罪。犹太社会中，离婚率非常低，因为犹太男人都知道爱护自己的女人，而且同房时，要多为妻子着想，不可以自顾自地首先达到高潮。

1475年，罗马的犹太社会里，就有专门为女性而设立的学校，让女孩们在此研读犹太法典和犹太教规。与旧时代其他民族相比，犹太女性的受教育程度明显要高出许多。

犹太人认为，女性应该帮助成就丈夫的学业和事业。

《塔木德》中还记载：

“敬你的妻子，因为这样你才能丰富自己。男人要时刻注意给妻子应得的尊敬，因为家中的一切幸福都有赖于妻子。”

《圣经》上说：

“有才德的妇人，是男子的冠冕；贻羞的妇人，如同朽烂在她丈夫的骨中。”

由于犹太法律赋予丈夫在家庭中绝对的法律和财产权利，先贤特意提醒男人们幸福婚姻的基础是爱和仁慈，而不是威严。同时，他们意识到尽管妇女在法律方面受到限制，她们在婚姻和家庭生活中却有重大的影响。因此，犹太人认为，婚姻幸福的基础是爱护自己的妻子。

如果你的妻子矮小，你要俯首聆听她的话。

如果一个男人像爱自己那样爱妻子，比赞美自己更多赞美妻子，引导儿女走正当的路，在他们长大后安排他们结婚，那么这个男人的“帐篷充满安宁”。

一个人应该时时注意不要冤枉妻子，因为她爱哭，她容易受伤害；一个人必须留心他对妻子的敬意，因为上帝降福给家庭全都为了她。

从前，有个人的妻子有一只手畸形，但是直到她去世时他才发现。

拉比说：“这个女人多么谦卑啊，她丈夫竟然从来没有发现她的残疾。”

拉比希亚对他说：“她把手藏起来是很正常的，但是这个男人多么谦卑啊，因为他从来没有检查过妻子的肢体。”

犹太人认为，好的妻子造就快乐的丈夫，她使他的生命延长一倍。

犹太人尊重女性的传统源远流长，这样就使得犹太人家庭的质量很高。这里不光是指犹太家庭比较富有，更主要是指犹太人的家庭幸福，充满了祥和的气氛。

有了稳定的大后方，犹太人干起事业来就精神百倍。为了这个温馨的家庭要努力工作，这样才是人生的真正幸福。

孝敬父母是天职

犹太人处世智慧要诀

你必须对父亲和母亲献上相同分量的孝心。（《塔木德》）

孝敬父母是一项宗教义务，《塔木德》将其置于至关重要的地位，《圣经》则将敬奉父母与敬奉无所不在的上帝放在同等地位。

人有三个伴：上帝、父亲、母亲。一个人应该尊敬父母，不仅仅因为他们把他带到这个世界上来，更因为他们给了他道德教训。每一个人都要尊敬父母。

在那些说自己的父母“我从来没有见过他们”的人中，找不出一个真正的人。

另一方面，犹太人认为要尊敬父母，重要的不是你做了什么，而是你怎么做。

一个人可能给父亲吃肥鸡而下地狱，一个人可能让他的父亲在磨坊里做工而去天堂。

为什么这样呢？

有一个人常常给父亲吃肥鸡。有一次父亲对他说：“孩子，你从哪里得到的这些鸡？”他回答说：“老东西，别出声，吃吧，就像狗那样吃东西的时候不出声。”这样的人虽然给父亲吃肥鸡，但要下地狱。

有个人在磨坊里工作。国王下令每一户出一个男人给自己干活。这个人对他的父亲说：“父亲，你待在这里，替我在磨坊工作，我要去给国王干活了。因为如果工人要受辱，我宁愿自己承受，不愿你承受。如果有责罚，希望挨打的是我而不是你。”

这样的人让父亲在磨坊里工作，但还能去天堂。

对父母不仅要实实在在地孝敬，而且孝敬的行为必须出于正确的心态。

一个人不能在言辞中对父亲表示不敬。比如，如果父亲年纪大了，早晨想早点吃饭，他要求儿子早点弄吃的，儿子说：“太阳还没升起来呢，你就起床要吃的。”

或者父亲说：“孩子，你给我买这件衣服，买这些吃的花了多少钱啊？”儿子说：“不关你的事，不要问了！”

或者儿子心里想着：“这个老家伙什么时候死？那时候我就解脱了。”

如果父亲不小心违反了《律法书》，孩子不能斥责他说：“父亲，你犯法了。”他也不能说：“父亲，《律法书》是那样规定的吗？”因为这两种说法都是对父亲的侮辱。

他应该这样说：“父亲，《律法书》是这样规定的。”然后他引用原文，让他的父亲自己得出结论——自己错了。

犹太人认为，人最亲近的伙伴是上帝和父母。犹太人拉比说，当人尊敬父母的时候，也等于在尊重上帝。所以犹太人非常孝敬父母。

犹太人认为赡养父母是对父母养育之恩的回报，只要对造物主的敬重还没有消失，赡养双亲的律例将永无止境。

《圣经》上说：“尊敬你的父亲和母亲。”

《塔木德》中这样告诫人们：“不管你是十恶不赦的罪犯，还是遵纪守法的臣民，都得把孝敬父母看成是自己的天职，哪怕你是落魄天涯、衣食无着的人。”

培养孩子的财商

犹太人处世智慧要诀

一个人的能力不是天生的，但却是要从小培养的。（《塔木德》）

犹太人从小就注重财富的教育，尤其是对于投资的教育是世界闻名的：他们会给刚满周岁的小孩送股票，这成为他们民族的惯例。

小孩3岁的时候，他们的父母就开始教他们辨认硬币和纸币；4岁的时候学会由家长陪伴，用钱购买简单的用品；5岁的时候，让他们知道钱币可以购买任何他们想要的东西，并且告诉他们钱是怎样来的；6岁的时候，能数较大数目的钱，学用储钱工具，培养自己的金钱意识；7岁的时候能看懂价格的标签，以培养他们“钱能换物”的理财观念；8岁的时候，知道可以通过做额外的工作赚钱，知道把钱储存在银行的储蓄账户里；10岁的时候，懂得每周节俭一点钱，以备大笔开支使用；11岁至

12岁的时候知道从电视广告里发现事实，制订并执行两周以上的开销计划，懂得正确使用银行业务的术语。

一位犹太人曾这样述说他如何对小孩灌输金钱教育，他说："我给约翰他们姐弟的零用钱不是固定的，是依他们做事的种类及多寡而定。例如，我和他们约好，早晨起床后帮忙割院子里的草给10元，去买一份报纸给2元，帮忙做早餐给3元等。我对他们不分年龄大小，一律采取同工同酬制度。"不少犹太家庭对子女的金钱教育，都是采用以上所说的方法。在他们看来，金钱并非铜臭，也不会玷污童稚之心。相反，让孩子早早接触金钱，对其财商的培养是不无裨益的。

犹太人还通常会给孩子这样的一种清单：

"吉米拖地15美分，收拾好自己的床铺10美分，清除花园的杂草20美分。"

"玛丽插花10美分，洗碗10美分，收拾房间30美分。"

他们平时不给孩子们零用钱，如果他们想要得到零用钱就必须自己通过劳动去获得。在家里干的活越多，他们所获得的零用钱就会相应地越多。

从这一个简单的事例中很明显就可以看出犹太家长的用意，他们要孩子们知道天上不会掉下免费的馅饼，世间没有不劳而获的成功。

著名的石油大王洛克菲勒从小就接受了财富的教育。

洛克菲勒出身于一个典型的犹太家庭。他的父亲经常用犹太人的教育方式教育他的几个孩子。他的父亲从他四五岁的时候就让他帮助妈妈提水、拿咖啡杯，然后给他一些零花钱。他们还把各种劳动都标上了价格。等他再大点的时候，父亲就告诉他如果想花钱，就自己挣！

于是他到了父亲的农场帮父亲干活，帮父亲挤牛奶，跑运输，包括拿牛奶桶，都算好账。他把自己给父亲干的活都记录在自己的记账本上，到了一定的时候，就和父亲结算。每到这个时候，父子两个就对账本上的每一个工作任务开始讨价还价，他们经常会为一项细微的工作而争吵。

洛克菲勒6岁的时候，他看到有一只火鸡在不停地走动，也没有人来找。于是他捉住了那只火鸡，把它卖给了附近的邻居。他的母亲是一位虔诚的教徒，认为这样是亵渎了神灵，而他父亲认为他有做商人的独特本领，对他大加赞赏。

有了这次的经商经历，洛克菲勒的胆子大了起来，不久他就把从父亲那里赚来的50美元贷给了附近的农民，他们说好利息和归还的日期之后，到了约定的时间他就毫不含糊地收回53.75美元的本息。这令当地的农民觉得不可思议：这样的一个小孩居然有这么强的商业意识。

洛克菲勒成名之后，他也把这套办法教给他的子女。

确实，要想成为富有的人，最早的人生财富教育是不可缺少。犹太民族自古就有经商传统，具有了丰富的商业经验，这是犹太人成为世界商人的重要原因。

第三篇

犹太人的教育智慧

PART 01

生存教育
——没了生命，一切免谈

迦太基博物馆的魔鬼下棋图——品，才能懂得苦难的甜

犹太人教育智慧要诀

在犹太人看来，苦难可以转化为生命的财富，人类正是在同魔鬼的战斗中锻炼了自己。

对于苦难，每个人都会有一种不由自主想要逃避的心理，殊不知，经历了苦难之后的生活才能更甜。所以，教给孩子“品”的本领，他才能够明白究竟什么才是真的甜。

在所有的成就面前，犹太人的苦难也是值得骄傲的。生活的磨难，身体的疾病，生存的险恶，到处被排挤，流离失所，人格歧视……这些苦难早已变成一种力量，随着历史的脚步，从容不迫地传递给每个犹太人。

曾经有这么一则关于“苦难教育”的小故事：

一个研究《塔木德》的犹太学者，刚刚结束他的学习生涯，就到艾黎扎拉比那里，请求给他写封推荐信。

“我的孩子，”拉比对他说，“你必须面对严酷的现实。如果你想写作充满知识的书，你就必须像小贩那样，带着坛坛罐罐，挨门挨户地兜售，忍饥挨饿直到40岁。”

“那我到40岁以后会怎么样？”年轻的学者满怀希望地问。

艾黎扎拉比鼓励地笑了：“到了40岁以后，你就会很习惯这一切了。”

犹太人的“苦难教育”由来已久，“逾越节”就是其中一个最重要的节日。

“逾越节”是为了纪念摩西带领犹太人出逃埃及而设立的，通过讲祖先的艰难历程和吃特殊的食品，进行忆苦思甜，认识生命的艰难。在“逾越节”的时候，每家桌上都会摆着三块无酵饼、一盘食品五种食物和四杯酒，当然，这些食物都具有各自的寓意。

先说三块无酵饼。当年犹太人逃离埃及时，来不及准备路上的干粮，只能吃不发酵的饼，三块的说法是为了纪念犹太人的三位祖先。

再来说说一盘食品五种食物。五种食物是：烤羊腿、烤鸡蛋、哈罗塞斯、一碟苦菜、一碟盐渍芹菜。烤羊腿是“逾越节”的祭品，犹太人失去圣殿后，无处献祭，于是就在宴席上用烤羊腿（或烤肉）代替。烤鸡蛋，逾越节的鸡蛋是烤的，烤的蛋很坚韧，很难咬碎，犹太民族就像烤的蛋，受苦难的时间越长越坚强，就像烤蛋烤得越久越坚硬一样。哈罗塞斯，这是一种水果、香料和酒混合的食品，呈泥状。犹太人在逃离埃及前，法老为难他们，命他们做砖，又不给草料，借此责打他们，哈罗塞斯让人想起做砖的泥。一碟苦菜，是纪念犹太人在埃及受的苦。犹太人出埃及时，喝过红海苦涩的海水。一碟盐渍芹菜，意思是要犹太人永远记住苦难。

最后说说四杯酒，逾越节家宴的程序由四杯酒串联，中间会讲一些有关犹太人逃离埃及的故事，这些故事不仅说明了逾越节上所有食品的含意，还讲述了犹太人在埃及所受的主要苦难和逃离埃及的艰辛旅程。

著名哲学家斯宾诺莎从小就受到这样的教育，父亲讲述犹太人苦难的历史，这在斯宾诺莎幼小的心灵中留下了深刻的印象。童年的斯宾诺莎常常一个人站在犹太怀疑论先驱阿古斯塔的坟墓前冥想，一种为真理而献身的热望也因此伴随了他一生。

事实上，几乎每个犹太人的成功都离不开苦难。比如，为了逃避迫害，门德尔松被迫迁居柏林，基辛格一家被迫移居美国……

“苦难教育”对一个人的一生影响深远。很多人总是逃避苦难，不愿意去品尝，但要知道，只有经历苦难，才能从苦难中汲取动力和能量，只有真正懂得苦难的含义，才能品出苦难赋予它的甜。

然而，现在的很多家庭，家长不舍得孩子吃苦，他们动辄“宝贝宝贝”地叫着，恨不得为孩子做一切。在这样的教育下，孩子好吃懒做、娇气任性，还缺乏责任心。站在孩子的角度想一想：很多事情没有经历过，不知道生活还有不如意的一面，很多东西从来都是像天上掉下来的一样容易，不需要费一点心力，这个时候，他怎么有机会、有能力去承担生活给他的各种考验呢？给他苦难教育，才能让他真正强大。

世界是不公平的——要懂得自救

犹太人教育智慧要诀

世界是不公平的，对此，每个犹太人都有着强烈的体验，可贵的是他们能够坦然地面对，并积极地寻求办法自救。他们深深地懂得自救的道理，这也是犹太人生生不息的秘密，也为犹太民族的壮大和奋起提供了保证。

如果犹太人总是哀怨地说：“世界太不公平了，我太不幸了！”那么，显然犹太人不会创造出今天的诸多奇迹。命运再不公，如果不接受就意味着放弃，而自救，忍一时之气，却可以为崛起提供可能。换一种方式，换一种心态，等待你的将会是成功！

有人讥笑刺猬和乌龟胆小，遇到一点事就缩头缩脑。不知道这样的人是否羡慕螃蟹，总是横冲直撞，一副要与人决一死战的模样？

单看结果就知道了，刺猬和乌龟躲过危机，而螃蟹落了个入锅的下场。

生活中难免会遇到各种各样的不幸，很多不幸是自己无

法把握的，比如贫穷的命运、突如其来的灾难、不被尊重和认同、工作发展受挫、别人总是用有色眼镜看自己……这时是像螃蟹一样冲上去与人一争高下，还是像刺猬和乌龟一样忍一时之气，通过努力来想办法拯救自己呢？

钢铁大王安德鲁·卡内基出身贫困。他的父亲威尔·卡内基以手工纺织亚麻格子布为生，母亲玛琪则以缝鞋为副业。1848年，由于父亲失业，卡内基全家迁往美国，居住在匹兹堡附近。为了养家糊口，父亲不得不挨家挨户去推销自己织的桌布；而母亲则为一家鞋店辛苦地刷洗缝补鞋子，每天要工作16～18小时。卡内基则白天做童工，晚上读夜校。据卡内基回忆，那时，他只有一件衬衫，因此，每天晚上，他的母亲总是要等到他睡下之后，赶紧把它洗净、晾干、熨平，以便第二天他能接着穿。

比起那些一出生就富有的人来说，命运对他很不公平，但卡内基没有抱怨，没有沉沦。相反，他奋发进取，想通过自己的努力来为自己争取幸福的生活。他曾说过：“我从小就力求上进与发奋，决心到长大之后要亲手击败穷困。”

世界不公平，但卡内基懂得曲线自救，忍了一时的贫穷，通过努力，得到了大成功。到19世纪末20世纪初，卡内基钢铁公司已成为世界上最大的钢铁企业，它拥有2万多名员工以及世界上最先进的设备，它的年产量超过了英国全国的钢铁产量，它的年收益额达4000万美元。

比尔·盖茨曾告诫年轻人：社会确实不公平，这种不公平遍布每个人发展的每一个阶段。在这一现实面前，任何急躁、抱怨都毫无益处，只有坦然地接受这一现实并忍受眼前的痛苦，才能扭转这种不公平，使自己的事业有进一步发展的可能。

世界是不公平的，对此，每个犹太人都有着强烈的体验，可贵的是他们能够坦然地面对，并积极地寻求办法自救。他们深深地懂得曲线自救的道理，这也是犹太人生生不息的秘密，也为犹太民族的壮大和奋起提供了保证。

此外，韩信受胯下之辱，越王勾践卧薪尝胆，不都是“自救”吗？

这也就提醒我们，在教育孩子的时候，不妨学习犹太人，告诉孩子“世界是不公平的”，一个愿意接受这种事实的人要比与世界奋力抗争的人明智得多，因为只有接受了世界的不公平，才能将更多的精力集中在如何改变自己的境遇上，才能为成功提供可能。

❋ 洛克菲勒：我不是你永远的船长，要靠自己的双脚走路

犹太人教育智慧要诀

整个犹太群体都非常推崇个人的独立精神，在他们看来，独立精神是一个人拥有一切优秀品质的基础。

“你希望我能永远同你一起出航，这听起来很不错，但我不是你永远的船长，上帝为我们创造双脚，是要让我们靠自己的双脚走路。”洛克菲勒这样告诉儿子。

洛克菲勒家族从发迹至今已经绵延六代，仍未出现颓废或没落的迹象。洛克菲勒家族的节俭是出了名的，除此之外，还有很重要的一点，那就是洛克菲勒家族非常重视对子女独立精神的教育。

洛克菲勒家族告诉孩子不要过分依附别人，甚至包括父母。洛克菲勒家族教育孩子不要希望得到别人的保护，还会有意让他们亲身去经历、发现和体验生活中的困难和挫折，尝试可能涉及的危险。

不仅是洛克菲勒，整个犹太群体都非常推崇个人的独立精神，在他们看来，独立精神是一个人拥有一切优秀品质的基础。所以，在犹太人的家庭教育中，培养孩子的独立精神是重中之重。

巴拉尼年幼时患了一种骨结核病。因为家庭贫困，没有医治好，他的膝关节永久性僵硬了。一般情况下，父母会格外地疼爱这样的孩子，可是巴拉尼的父母却很“冷酷”。凡是巴

拉尼自己可以做的事情，父母绝对是“袖手旁观”，偶尔表扬他一两句。18岁时，巴拉尼的父母就不再给巴拉尼经济上的支持。后来，巴拉尼的人生充满了坎坷，父母也从来都只是在背后默默地支持。巴拉尼立志学医，在遭遇了无数次失败后，终于在1914年获得了诺贝尔生理学或医学奖。

也许很多人觉得巴拉尼父母的做法过于残酷，但客观地说，这样的做法是理智的，就像在巴拉尼15岁生日那天，他父亲说的：“孩子，我们从不把你当成一个残疾的孩子看待，我们不会给你特殊的呵护，因为我们知道没有人能呵护你一辈子，除了你自己。只有当你养成自理的习惯，你才有自立的能力，才能在未来掌握自己的命运。孩子，我们希望你能明白，我们也是爱你的。”正是“残酷”的教育，让巴拉尼独立自强，走上了自己的成功之路。

像巴拉尼这样的例子，在犹太人中不在少数。

犹太人的做法值得我们借鉴，给孩子万贯财富，不如培养他的独立精神，财富可以流失，而独立精神是永存的财富！

“第一商人”的抗8级地震式管理模式——根植危机意识

犹太人教育智慧要诀

人们曾这样评价犹太人的危机感及忧患意识：“每当幸运来临的时候，犹太人总是最后感知；而每到灾难来临的时候，犹太人总是最先感知。”

犹太人的危机意识像是深深地嵌在了生命里，比起动辄喊着“天下太平”的人来说，他们更懂得这个社会的生存法则：社会看起来明亮耀眼，但实际上危机暗藏，任何时候都不要以为是安全的，生活随时会给你这样那样的“意外惊喜”，为了避免措手不及，必须根植危机意识。

世人皆知犹太人有钱，几百年来，犹太民族是全世界最富有的民族，却很少有人知道，犹太人能达到这一目标，它的核心竞争力是什么？答案就是：犹太人一年365天都处于高度警觉和奋进的状态。

由于历史原因，犹太人总是充满着危机感，这使得他们掌握了许多抵御风险的方式。其中，最典型的就是：犹太人在刚从商时就会定下目标，去建立一个“商业帝国”。

犹太人对“商业帝国”管理架构的铺设无与伦比，因为这种架构能使其抵抗来自政治、经济、法律甚至自然灾害的种种风险，因此也被戏称为“抗8级地震”的管理模式。犹太人特别擅长于公司结构的治理，他们通常把企业作为通盘考虑，就像一盘棋，有帅、有车马炮、有卒子，各代表不同的功能，在不同情境下，这些功能有不同的行事方式，这样才能避险，才能立于不败之地。举个例子，最早在避税岛国进行公司注册就是犹太人，同时，由于避税岛国可以申请豁免申报真正的股东，从而起到了很好的保护商业隐私的作用。

当然，犹太人会选择多国多地进行注册，涉及几乎所有行业，有效地进行各类资产、资源的整合。

犹太人不光在商业上具有极强的危机意识，在日常生活中亦是如此。例如，犹太人经常教育自己的孩子“黑暗着开始，明亮着结束”，意图就在于提醒孩子时刻牢记困难，从而提高孩子的危机意识。

人们曾这样评价犹太人的危机感及忧患意识：“每当幸运来临的时候，犹太人总是最后感知；而每到灾难来临的时候，犹太人总是最先感知。”充满危机意识，才能有计划、有目的地制定各种目标和对策，这样即使困难、危机出现，也可以从容应对。

犹太人以各种形式让自己充满危机意识，自然，表现在教育上也是代代相传。当然危机意识绝不是杞人忧天。

有这样一个实验：科学家把一只青蛙放入滚热的油锅里，快触到油面的时候，那只青蛙竟然跳离了油锅；可是，当他把这只青蛙放进盛满水的锅里，下面再放火烧，水越来越热，青蛙却已离不开锅，最后被煮死了。

青蛙的命运不就是

人类命运的映照吗？只有像那只快到油锅的青蛙一样，时刻充满危机意识，在任何情况下都保持高度的警惕，才能更好地掌控自己的命运。教育也是同样的道理。所以，时刻让自己充满危机感吧！

策略性竞争——让胜利不费吹灰之力

犹太人教育智慧要诀

家长一定要从小给孩子灌输一种竞争意识，这也是为孩子的将来负责。

“那么大点儿孩子，就教他们你争我抢的不好！”

“让他们知道有竞争这么回事就行了，那么费劲做什么？”

这是现在社会上很多父母的心理，带有普遍性。竞争是现代社会的主旋律，如果想让孩子不被社会淘汰，就得告诉他要竞争！而且，竞争还要懂得“策略”，否则，傻乎乎地冲上去，竞争也难有什么实质性意义。

“孩子只要想着学习就行了，不需要什么竞争！”很多家长心里这样想。

很多人不喜欢竞争，认为竞争就是优胜劣汰，过于残忍，让孩子置身于这样的环境中有碍孩子的身心成长。有人认为竞争显得赤裸裸，使人与人之间毫无温情，担心对孩子产生负面影响，使孩子变得工具化、变得冷漠。

诚然，竞争带有一定的紧迫性，但竞争也带来了更新和发展。社会需要竞争，公司需要竞争，个人更需要竞争。退一步说，人总是具有惰性的，如果没有竞争，势必故步自封，长久下去，将得不到发展，终会被社会所淘汰！

所以，家长一定要从小给孩子灌输一种竞争意识，这也是为孩子的将来负责。

但是，懂得了竞争的重要性，并不意味着家长的任务就完成了，还有很重要的一点，家长还要教会孩子怎样竞争。

竞争不是傻乎乎的冲杀，竞争要讲究策略，犹太人就非常善于此道。

早些年，有个叫沙米尔的犹太人，他移民到澳大利亚经商。一到墨尔本，他就轻车熟路地干起了老本行，开了一家食品店。而他的店对面，此时已经有了一家食品店，店主是一个叫作安东尼的意大利人。可想而知，两家食品店展开了激烈的竞争。

两家店不动声色，一直暗暗较劲。为了战胜竞争对手，安东尼想了一个计策，他准备削价。

他在自家门前立了一块木板，上面写着："火腿，1磅只卖5毛钱。"谁知，沙米尔见了，也立即在自家门前立起木板，上写："火腿，1磅4毛钱。"见沙米尔如此，安东尼一赌气，随即在木板上又写着："火腿，1磅只卖3毛5分钱。"此时，价格已降到了成本以下。没想到，沙米尔又写着："1磅只卖3毛钱。"几天过去了，安东尼撑不住了，他生气地跑去找沙米尔，朝他大吼道："小子，有你这样卖火腿的吗？这样疯狂降价，知道会是什么结果吗？咱俩都得破产！"

沙米尔笑着说："什么'咱俩'呀！我看只有你会破产。

我的食品店压根儿就没有什么火腿呀，板子上写的1磅只卖3毛钱，连我都不知道是指什么东西哩！”听完，安东尼不禁叫苦连天，他知道这回他是遇上了真正的竞争对手。

沙米尔不费吹灰之力，就打赢了竞争对手，其中就体现了竞争策略。

每一个孩子最终都会走入社会，不妨告诉他真实的社会形态，并模拟社会的竞争模式在孩子求学时就向他灌输并训练，由此让他尽早适应，最大限度地掌握竞争之术，这样才能为孩子的发展提供实质性的帮助！

世上无难事，只怕有心人——犹太人制胜术

犹太人教育智慧要诀

自强不息的精神是催人奋进和获取成功的法宝，是犹太人的一种制胜术。

成功不是水中的月亮，看得见、摸不着；成功也不是雾中的小花，美丽却闻不见芬芳。成功并不难，难的只是你不愿意成功。

犹太人的成功让世人震惊。

从罗马帝国时起，犹太民族家园被侵占，大部分犹太人被迫离开故土，流散天涯。在漫长的流亡漂泊岁月中，犹太民族虽然灾难迭起，几乎遭到灭族之灾，可是，为什么经历了那么多的不幸，犹太人还能保持犹太民族的特性？他们的宗教、

语言、文化、文学、传统、历法、习俗和勤劳智慧的资质从没有因这1900多年的悲惨民族史而分崩离析，他们至今仍保持着自己的特色和民族凝聚力，他们甚至在动荡不安的日子中还做出种种惊天动地的伟业。千百年来，犹太民族人才辈出，精英遍布世界。

处境如此恶劣，成就却如此突出，究竟是什么原因形成了这种强烈的反差？归根结底，是因为犹太民族具有自强不息的进取精神。

马克思为了共产主义事业贡献了毕生的精力。一生中，他屡受挫折，屡遭驱逐，为了写《资本论》，他花费了整整40年的时间，如果没有自强不息的信念，他又如何坚持？在逝世前，马克思仍然说："我已经把我的全部财产献给了革命斗争，我对此一点也不感到懊悔。要是我重新开始生命的历程，我仍然会这样做。"

著名的罗斯柴尔德也是犹太人自强不息的代表。在发家前，罗斯柴尔德曾效命于一位公爵，并且做了20年。在这20年中，他一直忍受着公爵对他犹太人身份的鄙视，孜孜不倦地工作着，最后终于成为控制欧洲经济命脉的金融巨擘。

还有世界连锁店先驱卢宾，他也是犹太人。1849年他出生于俄国，随父母生活在俄国，因为受到歧视，后来不得不迁居到英国，在那里由于温饱无保，不得不又迁居到美国纽约。由于没有条件读书，16岁那年，他去淘金。淘金失败迫使他另谋生路，于是他从摆卖小日用品开始，逐步发展成大商店，最后创造出连锁商店经营模式，成为大富豪。

还有很多人，如诺贝尔生理学和医学奖得主巴拉尼、“世界语之父”柴门霍夫、著名犹太诗人海涅、音乐家帕尔曼、文学家戈迪默、影星达斯汀·霍夫曼等著名犹太人，他们无不是在艰难和厄运中自强不息，最终取得了成功。

犹太人并不是什么天生的幸运儿，但都以顽强的毅力取得了成功。以色列为什么能在短短的时间之内跻身于世界经济先进行列？这一切无不得益于自强不息的精神。

由此可以看出，自强不息的精神是催人奋进和获取成功的法宝，是犹太人的一种制胜术！

即使明天是末日也不要放弃今天

犹太人教育智慧要诀

即使明天就是末日也不要放弃今天，只要你不向困境低头，不向命运弯腰，你就有机会实现目标。

同样一杯水，消极的人看到的是“只剩下半杯了”，积极的人却想着“还剩半杯呢”；同样一堆玩具，消极的人想的是

“玩具会被玩坏”，积极的人却想着“如何更多地开发这些玩具的功能”。不同的想法直接决定了一个人看待世界的态度。事实证明，乐观积极的人，他们的天空更美！

犹太人有一则名叫“飞马腾空”的童话故事，犹太父母经常讲述给孩子听。

从前，有一个人因为惹恼国王而被判了死刑，这人请求国王饶他一命，他说：“只要你给我一年的时间，我就能让您最心爱的马飞上天空。如果过了一年，您的马不能在天空自如地飞翔，我宁愿被处以死刑，绝不会有半点怨言。”国王答应了他。他回到牢房之后，另一位囚犯对他说：“你不要胡说了，马怎么能飞上天空呢？”这个人回答说：“在一年之内，也许我自己会病死，也许国王会死，也许那匹马出了意外送了命，总之，在这一年之内，谁知道会发生什么事呢？所以只要有一年的时间，没准马真的能飞上天空！”

说不准，这种乐观的态度也许最后真的能保住他一命！

这个犹太囚犯从小就被父亲教育道：“即使明天就是末日也不要放弃今天，只要你不向困境低头，不向命运弯腰，你就有机会实现目标。”因此，长大后，即使在面对死亡时，他也没有惊慌失措，更没有低头认命，乐观让他为自己寻找一切生存的希望来拯救自己。

犹太人很注重培养孩子的乐观精神。有这样一个故事常为犹太父母所津津乐道：

二战期间，有两个不幸的犹太人一起被捕了。他们被分别关在两个相邻的牢房里，每个小房间都有一个很小的窗口，牢房里仅有的那点微弱阴暗的光，就是从那里射进来的。

白天，所有的犯人都会被赶去做苦工，他们随时都可能性命不保。晚上，活下来的犯人在自己潮湿的小牢房里思念着家乡与亲人。这一切，他们两个人也不例外。只是当他们都把思念的目光投向窗外时，一个人发现了铁铮铮的窗棱，一个人看见了明亮的星星。

看见窗棱的人满心忧伤：这铁窗是如此坚固，什么时候才能冲出去与我的家人团聚啊！

看见星星的人满心欢喜：真好，虽然隔这么远，但是我能和我的家人一起看星星。没准儿，我们看到的还是同一颗星星呢。

就这样，前者日日夜夜忧伤，身体越来越消瘦，精神状态也越来越不好。而后者却每天乐观积极，一心想着出狱以后的美好日子，一点也不像坐牢的人。

几年之后，二战结束了，幸存下来的犯人都被释放了。看

见星星的那个人满心欢喜地跑出牢房朝着家乡的方向奔去。而看见铁棱的那个人却早在一年前就死了，是自杀。

这个故事告诉我们，帮助孩子解决问题的时候，与其事事代劳，不如培养他乐观的心态，教给他面对困难的勇气。只有有了乐观的心态，才能积极认真地面对生活，才能在遇到困难时不灰心，不气馁，顽强地坚持到底！

自己的事情自己做，独生子也不例外

犹太人教育智慧要诀

只有摆脱对父母的依赖，拥有智慧又能维持生计的人，他以后的人生才会走对路。

“狠”下心来，告诉孩子：“自己的事情自己做，独生子也不例外。没有人可以让你依赖！”如果你继续溺爱孩子，那他以后能否自立就会成为大问题，更不要奢望他会记得父母的爱。

一个已经上高中的学生，还要他的妈妈为他去拉抽水马桶，不是不会拉，而是每次都懒得动手。后来，他去了美国。他从那里回信说：由于妈妈多管“闲事”，几乎毁了他的前程。

一位已经上了大学的女孩子，喜欢吃鱼，但不喜欢摘刺。据说她妈妈喜欢摘刺，而不喜欢吃鱼。于是母女多年来就成了理想的“搭档”。后来，她到了一个盛产鱼的国度。她从那里回信说：正是妈妈的“喜欢”帮助，几乎剥夺了她维生的“技术”。

像这样在溺爱的环境中长大，没有任何自理和自立能力的孩子，在成年之后，会遇到很多本该在青少年时遇到的问题，但适应能力又不如青少年时期好。有鉴于此，犹太家庭教育中在孩子年幼时就做好了预防工作。

有一个4岁的犹太儿童在弯腰费力地系皮鞋带时，别人想去帮助他，他拒绝了。这个孩子问："你知道我多大了吗？""不知道，但我想你还小。"这个孩子回答说："我已经不小了，已经4岁了。"意思是他已经长大了，系鞋带这类事不需要别人帮助。

从犹太孩子懂事的时候开始，父母就告诉他：自己的事情一定要亲自去做，没有人可以让你依赖。犹太父母还经常会给孩子讲这个故事：

有一个商人有两个儿子。父亲宠爱大儿子，想把自己的全部财产都留给他。但是母亲很可怜小儿子，她请求丈夫先不要宣布分财产的事。商人听从了妻子的劝告，暂时没有宣布分财产的决定。

有一天，母亲坐在窗前哭泣，一位过路人看见了，就走上前来，问她为什么哭得这么伤心。她说：“我怎么能不伤心呢？我很疼爱两个儿子，可是我的丈夫却想把全部财产留给大儿子，小儿子什么也得不到。我请求丈夫先不要向儿子们宣布他的决定，但是我到现在也没有想出更好的办法。”过路人说：“这个问题很容易解决。你只管让丈夫向两个儿子宣布，大儿子将得到全部财产，小儿子什么也得不到。以后他们将各得其所。”

小儿子一听说自己什么也得不到，就离开家到耶路撒冷谋生去了。他在那里学会了许多手艺，增长了知识。大儿子一直依赖父亲生活，父亲去世后，大儿子什么都不会干，最后把自己所有的财产都花光了。而小儿子在外面学会了挣钱的本事，变成了富翁。

犹太父母通过这个故事告诉孩子：只有摆脱对父母的依赖，拥有智慧又能维持生计的人，他以后的人生才会走对路。

❊ 冒险冲锋，让胆小和懦弱无处藏身

犹太人教育智慧要诀

犹太父母特别注重从生活小事中锻炼孩子的胆量，在生活场景中，人为地设置一些障碍，鼓励孩子去勇敢面对这些“害怕的东西”，继而帮助孩子慢慢练出胆量。

请不要一味迁就那些胆小的孩子，不妨人为地设置一些令他“害怕”的障碍，从一旁鼓励他向冒险冲锋，让胆小和懦弱无处藏身。

“妈妈，我怕黑！我害怕坏人！”小男孩扯着妈妈的衣襟，不敢晚上一个人留在家里。“宝宝，乖，妈妈哪儿也不去了。”妈妈温柔地说。

若干年过去了，曾经的小男孩仍旧怕黑，也依然不敢一个人在家。不仅如此，他还害怕失败，从来不敢尝试任何新事物。

这时候，妈妈开始抱怨孩子了：“男子汉，怎么就这么胆小呢！”

这位妈妈可曾反省过自己，从孩子的童年找根源？很多孩子小时候都有一定的胆怯心理，如不敢和陌生人说话、不敢一个人在家、害怕一些人，这些表现是正常的，父母如果在这个阶段没有及时纠正他的懦弱与胆小，很可能他长大后，遇到事情还是会胆怯、畏缩不前。

那些敢于冒险、敢于创新的孩子，他们有过怎样的童年？他们的父母又是如何处理的呢？我们来看一个犹太家庭的胆量教育。

犹太姑娘尤利娅小的时候，非常活泼好动，但一见到陌生人就害怕地躲到自己的卧室里去了。她上学后，很害怕见那些陌生的小伙伴，总是一个人静静地待在角落里。

尤利娅的妈妈记得最清楚的是，有一次家里来了几个要好的朋友，女儿从来没见过他们，于是躲在房间里不敢出来。后来妈妈好不容易才把她拉出来。

吃完饭后，大家和尤利娅开玩笑说："小姑娘，给大家唱首歌吧？"然后其他朋友也应和着。女儿一个劲地摇头，最后竟然吓得尿裤子。看到女儿如此胆小，妈妈决心锻炼一下她的胆量。

一个周末，尤利娅的爸爸在单位加班，尤利娅在家里简直玩疯了。忽然，妈妈灵机一动，捧着肚子叫道："女儿，快过来，妈妈肚子疼死了！"女儿非常慌张，扶着妈妈说："快给爸爸打电话吧。让他回来啊！"妈妈说："来不及了，等爸爸回来我就要疼死了。"尤利娅急得团团转，她问妈妈到底该怎么办。"宝贝，你去把邻居胖大婶叫来，让她过来帮我看看。她是医生。"妈妈说。尤利娅平日最怕这个邻居了。听到妈妈的吩咐后，她犹犹豫豫，急得直哭。妈妈硬着心肠说："宝贝乖，快去啊，否则妈妈很快就疼死了……"女儿一步三回头，终于去了胖大婶家。她真的把胖大婶叫了过来。妈妈向胖大婶使了个眼色，结束了对女儿的考验。胖大婶走后，妈妈对女儿说：“妈妈现在好多了。宝贝，真是谢谢你了！”

妈妈又问：“宝贝，你不是怕胖大婶吗？怎么敢去她家呢？”

女儿说：“我是很怕呀，但是一想到妈妈的情况，我就顾不上那么多了。”

经历了此事之后，女儿的胆怯心理有所好转。妈妈经常开导女儿，带着女儿到公共场合活动，大约半年后，女儿彻底告别了胆怯。

一般来说，内向的孩子多半胆小怕事又怯场。对于这些孩子，父母最好多多鼓励，千万不要说“你这个胆小鬼”“你这个没用的家伙”“你也太懦弱了”之类的话。如果父母这么做了，会给孩子造成一定的心理阴影，他更不敢向自己的懦弱和胆小挑战了。犹太父母特别注重从生活小事中锻炼孩子的胆量，在生活场景中，人为地设置一些障碍，鼓励孩子去勇敢面对这些“害怕的东西”，继而帮助孩子慢慢练出胆量。

讲卫生——保持身体的洁净

犹太人教育智慧要诀

犹太父母把孩子的卫生教育当作重要的事情来看待，它与知识、金钱同等重要。尽管犹太人有过很长一段漂泊岁月，在那些日子里，他们的生存都成困难，但无论处于怎样艰难的环境中，他们祖祖辈辈始终保持着良好的卫生习惯。

“不要留心你的食物，要留心你的衣服。”在犹太人看来，不讲卫生，不修边幅是没有教养的表现。他们参加宴会或者去朋友家做客的时候，会穿着非常干净的服装，剪短指甲，仔细洗净自己的手指。他们认为若是一双脏手上桌面，不仅不卫生，更是对主人的不敬。

犹太人的卫生观念源于他们从小养成的卫生习惯。犹太父母非常重视孩子的卫生习惯，孩子小时候就已经养成了早晚刷牙洗脸、饭前便后洗手、晨起排便洗肛、定期洗澡洗头的习惯。

讲卫生，保持身体的洁净，在犹太人看来是一件非常神圣的事情。上至学者、贵族，下至平民百姓，无一例外地有着良好的卫生习惯。

拉比给学生授完课，他和他们一起走了一段路之后，便要分手。学生们问他：“老师，你要去哪儿？”

“去履行一项宗教责任。”

“哪项宗教责任？”

“到浴室洗澡。”

学生疑惑地追问：“这是宗教责任吗？”

拉比回答说：“如果有人被指派去擦洗剧院和马戏场的国王雕像，在做这件事的时候，他不仅赚到了钱，而且还结识了贵族。那么，照着上帝的形象被创造出来的我们，不是更应该保养我们的身体吗？”

在这则故事中，保持身体的清洁被视为一种宗教责任，是因为犹太人认为人是上帝的杰作，身体必须受到敬奉。洗澡是一件宗教义务，它本身也有益于身体健康。洁净身体对犹太人来说，已经不是一种世俗问题，而是一件崇高的事情。

有一次，修纳拉比让儿子拉巴去跟学者希拉达学习。

“爸爸，我为什么要跟着他学？我不想去！”孩子不高兴地说，“他讲的都是些很俗的东西。”

修纳追问儿子，希拉达讲的是什么问题。儿子说，希拉达有一次整个演讲都是在讨论身体功能，还有卫生方面的问题，无聊极了。

父亲大怒，朝儿子吼道：“他是在讨论人的健康问题，而你却把这些看成是很俗的事情，就凭这点，你也应该跟着他学习了！”

犹太父母把孩子的卫生教育当作重要的事情来看待，它与知识、金钱同等重要。尽管犹太人有过很长一段漂泊岁月，在那些日子里，他们的生存都成困难，但无论处于怎样艰难的环境中，他们祖祖辈辈始终保持着良好的卫生习惯。

直到今天，犹太的父母仍然在教育孩子保持这种传统习惯。

犹太父母本身就是孩子的榜样，他们总是保持干净整齐的仪容，在梳洗打扮时，允许孩子在一旁观看。犹太父母还给孩子制定具体的卫生规则。例如，规定孩子每天都要洗澡，

不管他怎么要求、怎么吵闹，都不可以让步；或者可以和他谈条件：“好，我知道你不想洗澡，可是你知道我们的约定，如果你不洗澡，明天可不带你去玩了！”当然，犹太父母并不是完全信任孩子，在孩子清洁自己之后，他们还会检查一遍。比如，看看他的头发有没有洗干净，耳朵背后有没有洗，手是否洗干净了，等等。

我们不妨效法犹太父母的做法，来塑造一个“爱干净，讲卫生”的好孩子。

PART 02

学习教育——犹太人独步世界的快捷方式

兴趣第一——科学家、政治家的成功感言

犹太人教育智慧要诀

兴趣可以让一个人变得充满激情，兴趣可以让一个人全力以赴，兴趣可以让一个人取得意想不到的成就，这些都是强迫式教育所得不到的。

没有兴趣的学习就是机械式的学习，为了应付而学习；没有兴趣的工作，就是被动的工作，为了生存而工作。这不应该是每个人在做事情时正常的状态，因为这样只能让一切毫无趣味可言，那么，做这件事情本身也就失去了最根本的意义。所以，作为父母，要懂得以兴趣作为孩子行为的动力，这才是最巧妙而且最为有效的做法。

“宝贝，学小提琴吧，你看多高雅！”

“可是我不喜欢！”

“宝贝，这可是我和你爸爸一直的心愿，你看，我们给你买了最好的小提琴，又给你请了那么好的老师，你就学学吧！再说了，会拉小提琴显得你多有气质啊！”

苦口婆心之后，孩子勉强学了小提琴，可最后，父母的脸上没有流露出什么高兴的神色，反而是一副“恨铁不成钢”的表情。为什么？孩子被逼着学，能学好吗？就算最后能弹奏乐曲，相信他的琴声里定然没有感情。人只有在做自己真正感兴趣的事情时，才能投入百分之百的热情。

犹太人就深知这一点。

费曼是第二次世界大战后美国最天才的理论物理学家，他所创造的“费曼图”，被人们拿来和电子元件中的“硅片”相提并论，二者都大大提高了计算机的工作速度，在效果上千百倍地延长了科技人员的寿命。诺贝尔奖得主汉斯·贝特曾说天才有两种：普通的天才完成了伟大的工作，但人们觉得那工作别人也能完成，只要足够努力就行了；特殊的天才，他做的工作别人谁也不能做，而且完全无法设想。贝特认为费曼属于后一种天才。

为什么费曼能成为这种“特殊的天才”呢？据说，在费曼很小的时候，父亲就买了五颜六色的“马赛克”给他玩，让他摆出各种花样。等他稍大后，父亲又经常带他散步和做游戏，和他讨论为什么小鸟会不断地啄自己的羽毛之类的问题，借以激发他认识事物的兴趣和习惯。稍大一点，父亲不仅帮助他在家中建立了自己的实验室，还培养他成为修理收音机的能手。

父亲的培养和教育让费曼取得了优异的成绩：24岁，费曼获得博士学位，28岁担任康内尔大学教授，47岁获得了诺贝尔物理学奖。

兴趣对一个人的影响极为深远，除此之外还有以色列的第一任女总理梅厄夫人。

梅厄夫人从小就对政治活动感兴趣。小学毕业后，她到了姐姐家。因为当时姐姐家是犹太人的大本营，常常有许多人在此讨论至深夜，小小年纪的果尔达·梅厄被深深地吸引住了，这对她也产生了潜移默化的影响，促使她后来成为一名优秀的女政治家。很小的时候，她就积极地参加政治活动，或募捐或演讲。父亲虽然最初表示反对，但最后还是支持了女儿。

凭借着神圣的民族责任感和狂热的政治热情，梅厄和姐姐放弃了在美国舒适的生活，返回了故土，并成为以色列出色的女外长和优秀的女总理。也正是她从小对募捐和演讲的天赋，使她临危受命，一举在美国募捐了5000万美元，比原计划超出了一倍。正如“以色列之父”本·古里安所言：“有一天要写历史，将写上一位犹太妇女，她弄到了使这个国家能生存的钱。”

兴趣可以让一个人变得充满激情，兴趣可以让一个人全力以赴，兴趣可以让一个人取得意想不到的成就，这些都是强迫式教育所得不到的。家长们望子成龙的心情可以理解，但请家长务必注意，只有建立在兴趣的基础上，学习和其他事情才能真正有效。兴趣第一，这是诸多犹太名人对教育的告诫！

学者的地位高于国王，教师比父亲更重要

犹太人教育智慧要诀

“即使变卖一切家当，使女儿能嫁给学者也是值得的；为娶学者的女儿为妻，纵然付出所有的财产也在所不惜。”

在犹太人看来，学者的地位高于国王，教师甚至比父亲更重要。看似不可思议的背后，原因很简单，那就是因为他们极其重视学习。学习，是犹太人成功的第一黄金定律；学习，是犹太人智慧强大的最重要秘密！

“看你也不是学习的料，干脆学个什么技术得了！”

无意中，你撕坏了孩子的书，你淡淡地说：“重新买一本好了！”

“你们班老师挣的钱还不够我的零头，学习有什么用！”

所谓有果必有因，很多家长总是在无形中向孩子传递“知识无用”的观点，这样又怎么能要求孩子“争气”呢？相反，犹太人的态度和做法很值得借鉴！

比如，每个人犹太人必须学习的《塔木德》，上面就写着很多格言，让人受益匪浅：

“教育是人人都必须接受的，愚蠢的人受教育，可以去掉他们本性中的愚蠢。”

“聪明人更需要接受教育，因为聪明人如锋利的刀，不接

受教育，砍到不该砍的地方，其破坏力更大。其活泼的心性，不去忙碌有益的事情，就会干出有害的事情。正如肥沃的田地，不种上庄稼，就会长出茂密的野草一样。”

“富人和穷人都要接受教育。”

“富有的人没有智慧，岂不像吃饱了糠麸的驴子一样无知至极。”

“贫穷的人不懂得学习，宛如一头负重的驴，只知道用自己愚昧浅薄的观点来挑战世界，结果只能是头破血流或弄出许多笑话。”

……

除此之外，《塔木德》上还写着：

“无论谁为钻研《托拉》而钻研《托拉》，均会受到种种褒奖；不仅如此，整个世界都受惠于他；他被称为一个朋友、一个可爱的人、一个爱神的人；他将变得公正，虔诚，正直，富有信仰；他将会远离罪恶，接近美德；通过学习，他会享有全面认识世界的智慧的力量。”

12世纪时，犹太大哲学家迈蒙尼德还宣布：“每个犹太人，不管年轻还是年老，强健还是羸弱，都必须钻研《托拉》，甚至一个乞丐也必须日夜钻研。”

犹太人对学习的重视，由此可见一斑。为了教育孩子爱读书，犹太父母还在孩子识字之初，把蜂蜜滴在《圣经》上，让他们尝到知识的“甜蜜”。犹太人养成了全民好学、全民信仰知识的良好传统，这自然也成了犹太人成功的第一黄金定律。犹太人为何那么聪明，答案也不难找了。

当然，犹太人重视学习最为典型的要数犹太人对于学者和教师地位的认定。

在犹太社会，学者和教师受到极大的尊崇。当其他民族王公贵族、军政要员和工商业者的地位在学者之上时，犹太人却始终认为学者比国王伟大。他们一直奉行着这样一条格言：“即使变卖一切家当，使女儿能嫁给学者也是值得的；为娶学者的女儿为妻，纵然付出所有的财产也在所不惜。”在犹太人看来，一个家庭里，没有比出一名或几名博士更为荣耀的了。

犹太人还觉得教师比父亲重要。假如父亲和教师双双入狱，而且仅能救出其中一人的话，孩子会决定救出教师。

犹太人如此重视学者和教师，这是犹太民族重视学习的表现。试想，在这样重视学习的氛围中，能够成就那么多专家、学者，也是理所应当的了。

犹太民族历经磨难，却成为世界上最受瞩目的民族，不得不归功于他们对学习的重视。作为父母，我们应该学习犹太人，教育孩子爱学习，培养他们爱读书的习惯，让他们从学习中汲取无穷的智慧和力量。

潜能递减谁之过——早教势在必行

犹太人教育智慧要诀

一棵树，如果按照它理想的状态生长到30米高，那么我们可以说这棵树具有长到30米高的可能性。同样的道理，一个儿童，如果按照理想状态成长，能够长成一个具有100度能力的人，那么我们就可以说这个儿童具备100度的能力。

很多家长总是认为，孩子自己会长大，家长只需耐心等待就行了。殊不知，就是在这样的等待中，家长错过了对孩子的最佳培育期，本来孩子具备的潜能是100度，最后即使教育再出色，他也只能具备80度的能力。

“孩子还小，着什么急！”（就是在“不着急”心理的支配下，家长错过了孩子的成长期，再后悔也来不及了！）

“看孩子这股聪明劲，哪需要你操心啊！放心吧，长大一定有出息！”（言外之意，只要静静地等着，孩子自己就可以优秀起来）

“哪有那么复杂啊！我小时候照样没人管，还不是长得好

好的？！”（意思是教育可有可无）

很多家长都存在以上这样的想法，事实证明，这样只会误了孩子！

一位犹太拉比说：“人刚生下来没什么两样，但因为环境，特别是幼小时期所处的环境不同，有的人可能成为天才或英才，有的人则变成了凡夫俗子甚至蠢才。就算是普通的孩子，只要教育得法，也会成为不平凡的人，假如所有的孩子都受到一样的教育，那么他们的命运决定于禀赋的多少。”

也就是说，教育对于一个人的成长起着至关重要的作用。孩子天赋再高，如果没有经受适合的教育，那么他也很可能变成平凡的人。

很多人在意识深处并不觉得孩子具备学习能力，认为教育对于幼小的孩子显得为时过早，这样的想法是错误的。很多犹太教育家告诉我们，婴幼儿具备非同寻常的学习能力，这种能力比常人认为的要高得多，也复杂得多。婴儿时期的学习是非常重要的。

教育家们还指出，婴儿具有辨别母亲面孔和声音的能力，婴儿的这种能力，是既原始又极为高级的智能，而不正确的早期教育却偏偏无视这些卓越的能力，从而使孩子极为珍贵的能力被白白浪费。

事实上，每个孩子都是有潜能的，但教育方式的不同，儿童潜能的发挥也会有所不同。犹太教育学家约瑟伯约说：“一棵树，如果按照它理想的状态生长到30米高，那么我们可以说这棵树具有长到30米高的可能性。同样的道理，一个儿童，如果按照理想状态成长，能够长成一个具有100度能力的人，那么我们就可以说这个儿童具备100度的能力。”

这其实也告诉我们，一个生下来禀赋只有50度的一般孩子，若教育得当，也会优于生下来禀赋为100度却得不到有效教育的孩子。教育的意义在于使孩子的潜在能力达到最高，并得以充分发挥。只要充分发挥出这种潜在的能力，就能做出不平凡的事情来。

遗憾的是，现实生活中，很多人对此并不重视。

而且，一位犹太老教育家曾指出：人的潜能并不是恒定的、永存的，而是呈现一个潜能递减规律。他说：“儿童虽然具备潜能，但这种潜能是呈现递减法则的。初生婴儿具有的潜能是100度，如果父母这时不对孩子进行早期教育，开发和利用他的潜能，而是等到孩子5岁时才让他接受教育，这时，即使是最为出色的教育，那也只能成为具备80度能力的人。而如果从10岁开始教育的话，即使教育再好，这孩子也只能达到60度的能力。以此类推，孩子的教育越晚，对孩子的开发价值就越低。”

教育不能错过，因为成长不会反方向进行，孩子更不可能等到父母认识到问题的严重性之后才长大。家长必须意识到问题所在，然后带着问题去解决，这才是家长最需要做的。

懒驴推磨——没目标将一事无成

犹太人教育智慧要诀

目标让人更加清楚自己，让人在前进的道路上更加清醒和自信。目标给人以方向和动力，促使人为了实现它而奋斗一生。

很多人总是要别人推着走，即便别人推着也是茫茫然地走，毫无方向。就像一只推磨的懒驴，被动且没有目标，这样注定只能一事无成！

“你的目标是什么？”

很多孩子在被问到这个问题时总是一脸茫然，对于目标这种抽象的东西，他们没有意识，或者夸张点说，别说孩子了，甚至很多成年人对目标都没有概念。

犹太人则相反。犹太人最擅长的就是从小确立自己的奋斗目标，随后，集中有限的时间和精力去攻克这个目标。这样的做法往往使他们能够集中力量，所以犹太人的成功率要比别人高。

在人生的竞赛场上，不乏智力和能力相当不错的人，但他

们为什么没有取得成功？在很大程度上，是因为他们没有确立目标或没有选准目标。没有确立目标，是不容易取得成功的。打一个简单的比方，有一位百发百中的神技射击手，如果他漫无目标地乱射，结果可想而知。

成功需要目标。

大卫·布朗是英国的一位商人，他是犹太人。他的发迹过程得益于他确立了目标。

1904年，布朗出生了。他的父亲经营一家小型齿轮制造厂，几十年来一直生意惨淡，仅够赚取一点生活费。父亲总结自己的经验时告诉儿子，这是他没有选好奋斗目标的原因，并把希望寄托在儿子身上。为此，他严格要求布朗勤于学习和读书，每逢假日就规定他到自己的齿轮厂去工作，与工人们一样艰苦工作，绝无特殊照顾。

在父亲的教育下，布朗渐渐地熟悉了工业技术的知识，养成了艰苦奋斗的精神，并结合当时的市场情况，最后形成了自己的人生奋斗目标。通过观察，布朗发现当代人对汽车使用已经普及，他预感汽车大赛将会成为人们的一种流行娱乐，加上自己在齿轮业务方面积累的经验，布朗为自己定下了目标，大力发展赛车。他一步步地朝着自己的目标奋斗。他克服了重重困难，成立了大卫·布朗公司，然后聘请专家和技术人员做设计，并采用先进技术设备进行生产。1948年，在比利时举办的国际汽车大赛中，布朗生产的“马丁”牌赛车夺了魁，大卫·布朗公司因此一举成名，订单如雪片般飞来，布朗从此走上发迹之路。

目标让人更加清楚自己，让人在前进的道路上更加清醒和自信。目标给人以方向和动力，促使人为了实现它而奋斗一生。

专注——天才的充分加必要条件

犹太人教育智慧要诀

我们会发现，生活中，孩子似乎对很多事情都非常感兴趣，但他们往往很难专注于某一件事。不专注，就不会全身心投入，就永远只能在目标的外围徘徊，难以达到很高的成就。

刚坐下来写作业，不到5分钟，就跑去看电视了；刚拍一会儿皮球，看见别人捉蜻蜓，又跟着跑去捉蜻蜓去了；刚吃了两口饭，小伙伴一叫，就偷偷地跑出去玩了……做啥事都没个定力，小时不改正，长大只能更加“东一榔头，西一棒槌”。对此，家长要动动脑筋了！

定力就是指专注。做任何事情都需要专注，专注才能投入，专注才能更容易解决问题。实践证明，很多伟人之所以成功，这与他们具备专注的品质息息相关。犹太人就非常注重这一点。

比尔·盖茨一出生就受到了家庭的精心教育，比尔的父母尤其注重培养他的专注能力。在父母的培养下，比尔专注于某一事物的特点十分明显。比尔在关注他感兴趣的东西时，往往对周围的事物一概不管。

还在很小的时候，他就喜欢看书，经常捧着书，接连看几个小时都毫不厌倦。

到了中学，比尔·盖茨接触了计算机，这个神奇的东西立即深深地吸引了比尔，他开始疯狂地迷上了计算机。很快，八年级学生比尔便挤进了高年级学生的圈子，他们的老师知道的所有计算机知识，比尔用一个星期的时间就超过了。

在那个时代，计算机刚刚起步，上机编程的机会非常难得，但比尔还是不断地寻找甚至创造机会去上机编程序。那时，比尔常与伙伴们一起乘车到学校附近一家新办的计算机中心编写程序，他经常忙到累得无法继续才回家。比尔总是边吃面包，边忙着编程序。即使回到家，比尔的心思还在计算机上。在家里，他常常为了一个问题费尽心力地苦苦思索。他的房间里到处都是电传纸和计算机纸，成卷成沓的。

吃完晚饭后，比尔常假装睡觉，然后趁父母不注意时偷偷溜出家门，坐十来分钟汽车去计算机中心继续他的编程工作，偶尔他回去得太晚了，汽车已经停运，他只好走路回家。但他似乎乐此不疲。

进入哈佛大学后，学习计算机的条件优越多了，比尔如鱼得水。他以极大的精力投入到计算机中。为了赶一个程序，比尔有时一干就是36个小时以上，困了就趴在桌上睡一会儿，醒来后继续忙碌。忙完后，比尔一回宿舍就拉过毯子，倒头便睡。有时太投入了，以至他在盖着毯子熟睡时，还梦着计算机的事，他一遍遍地说："一个句号，一个句号，一个句号，一个句号……"

比尔的精力全部投入到计算机上，极大的专注力让他无法再顾及其他，尽管那时家里很富有，尽管他可以在大学与人约会，但比尔的注意力从没有在这些方面停留……

正是这种极大的专注力让比尔·盖茨在计算机方面有了非同寻常的成就，最终也引导着他走向他心爱的计算机事业。

我们会发现，生活中，孩子似乎对很多事情都非常感兴趣，但他们往往很难专注于某一件事。不专注，就不会全身心投入，就永远只能在目标的外围徘徊，难以达到很高的成就。这就要求我们，在孩子小的时候，一定要把孩子的专注力激发出来。比如，让孩子做某事，让他在规定时间内完成并帮助排除外界干扰；让孩子对感兴趣的问题不断刨根问底，积极思考；让孩子在兴趣广泛的基础上，选择最着迷的，并有意地强化……方法有很多，用心的父母会懂得去摸索。

读101遍要比读100遍好——有效记忆

犹太人教育智慧要诀

人的一切活动，从简单的认识活动，到复杂的学习活动，都离不开记忆。没有记忆，人们的思考就失去了前提。没有记忆作为基础，人们的智力活动也将受到限制。

很多孩子嚷嚷“背诵是件痛苦的事情”“我的脑袋里再也填不下任何东西了”，为什么孩子如此惧怕记忆？为什么记忆对于他们而言那么难？记忆真的有什么神奇的方法吗？

很多孩子害怕背诵课文，害怕记忆公式，而家长们为了提高孩子的记忆力，可谓使尽浑身解数，补品、营养品堆积如山不说，还请教名师，可最后仍然收效甚微，原因何在？

很多人都说犹太民族是一个“天才的记忆的民族”，对比他们的教育，也许就会发现你在教育中存在的漏洞。

孩子还很小的时候，犹太父母就对他们进行严格的记忆训练。

有一个犹太小孩，刚3岁，父亲就把他带到类似私塾的地方，开始学他们的书面语希伯来文。孩子会读了之后，父亲又让孩子背诵像《般若心经》一样的通用祈祷文。这位父亲从不要求孩子了解文章的意思，只是教他读，以背诵为目标。在他看来，如果这个时候没有帮助孩子创建起记忆力基础，那么往后就没有办法学到其他知识了。当孩子到了5岁时，他又让孩子背诵《圣经》和《摩西律法》。父亲规定孩子在7岁之前必须背诵摩西五书中的《创世记》《出埃及记》《利未记》《民数记》《申命记》，他要配合旋律，反复地朗诵几百遍。7岁后，孩子就学习《旧约》剩下的部分以及《犹太法典》。到了13岁，在接受成人典之前，孩子就已经全部会背诵本民族基本的学问了。

这样的记忆教育每一个犹太父母都懂得，犹太父母这样跟孩子说：读101遍要比读100遍好。

很多人听了，也许认为这是死记硬背，然而事实证明，这样的“死记硬背”颇为奏效。这样的教育在潜移默化中为孩子的大脑建立了一个大容量的记忆系统，这个系统一旦建立，接下来就很容易吸收各式各样的知识。只有这样的大脑，才能贮藏起丰富的信息知识，而只有脑内拥有丰富的知识，才能产生优秀的发明和独创性的思考，天才就这样产生了。犹太民族之所以层出灿若群星的天才，也许就是因为犹太人是一个记忆的民族吧。

怀疑——智慧的精髓，创新的内核

犹太人教育智慧要诀

怀疑是一个人智慧的集中体现，更是一个人是否具备创新潜质的重要标准，对此创新来说，不可缺少怀疑精神！

面对权威或者经验，你是接受事实，一味盲从，还是冷静地站在一旁，以怀疑的眼光审视？一个善于创新的人一定是一个敢于怀疑的人，只有怀疑，才能开启智慧、挑战智慧；只有怀疑，才能为创新提供可能，才有机会抵达创新的高峰。教育孩子，要从教育孩子敢于怀疑开始。

“听话教育”盛行，“小绵羊”到处都是，这其实揭示了现代教育存在的一个问题，那就是：这样的教育忽视了对怀疑精神的培养，它与创新背道而驰，结果摧毁了孩子的怀疑功能，使孩子丧失创新的意识和动力。

怀疑对于一个人的一生有着极其重要的意义，怀疑才能发现，才能思考，才能激发智慧，才能不断创新。怀疑是一个人智慧的集中体现，更是一个人是否具备创新潜质的重要标准，对创新来说，不可缺少怀疑精神！

犹太人非常注重对孩子怀疑精神的培养。《塔木德》中记载了这样一个故事：

一个犹太教士问一个年轻人：“两个犹太人掉进了一个大烟囱，其中一个身上满是烟灰，另一个却很干净，那么他们谁会去洗澡？”

年轻人不假思索：“当然是那个身上脏的人！”

“错！那个被弄脏的人看到身上干净的人，认为自己一定也是干净的，而干净的人看到身上脏的人，认为自己可能和他一样脏，所以是干净的人要去洗澡。”教士说。

教士又问：“他们后来又掉进了那个大烟囱，情况和上次一样，哪一个会去澡堂？”

“这还用说吗，是那个干净的人！”年轻人急忙说。

教士说：“又错了！干净的人上一次洗澡时发现自己并不脏，而那个脏的人则明白了干净的人为什么要去洗澡，所以这次脏的人去了。”

教士又问了第三个问题：“他们再一次掉进大烟囱，去洗澡的是哪一个？”

“这？是那个脏的人。不，是那个干净的人！”

“你还是错了！你见过两个人一起掉进同一个烟囱，结果一个干净、一个脏的事情吗？”

这个故事很有意思，很多人的回答都会像年轻人一样，这其实说明了人欠缺一种怀疑精神。想当然地认为就是如此，自然就不会产生怀疑，只有聪明的犹太人懂得从中提炼出教育内容：鼓励他们的孩子大胆怀疑。犹太人还敢于质疑权威，甚至是他们心中神圣无比的上帝。因为在他们看来，要敢于怀疑，不能让别人来影响自己的判断，即使是权威。

我们也知道，很多事实都是隐藏在一些看似根本不需要怀疑的事情当中，而我们往往因为没有怀疑精神才难以发现现象背后隐藏的东西。如果我们的教育能够摒弃“听话教育”，清除孩子在“乖孩子”标准之下养成的依赖心理，转而鼓励孩子大胆怀疑，那么，孩子自然就可以通过观察、思考、发现、怀疑来认识世界，继而有所创新，开拓出属于自己的一个世界。

安装创新方程式——彻头彻尾洗脑

犹太人教育智慧要诀

犹太父母认为一般的学习仅仅是一种模仿，而没有任何的创新，当一个人能够提问时，才说明他能思考、能质疑。

没有创新意识，就没有创新的行动力，没有创新的行动力，就没有知识和智慧的爆发，就只能平凡和平庸。所以，不妨像给电脑装上软件一样，给大脑也安装一个创新方程式。只要安装完毕，就可以自主地按照指令运行，这无疑是一次彻头彻尾的创新洗脑运动，又何愁没有创新的意识和本领？

犹太人的确很有钱，他们用事实证明了这一点：全球最有钱的企业家，犹太人占一半。《福布斯》富豪榜前40名中，犹太人占18名。从20世纪起，犹太人包揽了诺贝尔奖的1/5。

这是为什么呢？

有些家教场景可以反映问题：

孩子放学了，犹太父母问：“你提问了吗？”因为提问可以引发思考，思考为创新提供出路。

犹太父母注重提问，不仅提问孩子，还让孩子自己提问并自己解决。

如果一个孩子上课时注意力不集中，犹太父母首先会观察，最后很可能去认同并鼓励孩子的“异样”行为，他们认为这是孩子好奇并富有想象力的表现。

犹太父母认为一般的学习仅仅是一种模仿，而没有任何的创新，当一个人能够提问时，才说明他能思考、能质疑。

犹太人注重创新，在他们看来，创造力是人一生中最重要的能力。正是基于这样的认识，犹太人的创新思维发展得尤其好，所以，诺贝尔奖也纷至沓来。正如美籍犹太人赫伯特·布朗在回答为什么犹太人获诺贝尔奖比例这么高的问题时所说的：这些完全得益于对孩子的良好教育，特别是对创新意识的培养。

其实，强调学习，本身不是什么坏事，但强调学习并不意味着要让学习抢了风头，完全成为机械式学习，否则，得到的是漂亮分数，牺牲的是孩子的创新潜质！

犹太人中之所以有很多诺贝尔奖的好苗子，就在于成人把孩子从压抑、机械的状态中解放出来，给孩子的大脑里安装一个创新方程式，只有脑袋里想着创新，支配自己的行动去创新，才能为自己的人生创造出很多意料之外的东西。

那么，这个创新方程式究竟要怎样来安装呢？我们不妨学习一下犹太人的做法：

首先激发孩子的好奇心。犹太父母经常给孩子出谜语，让孩子猜，并给予适当的暗示；故事讲了一半，故意停下来，孩子自然很想知道答案，并询问结果，这时犹太父母就会跟孩子一起讨论大概会出现的结果，让孩子的思维能力得到锻炼。

其次鼓励孩子思考，提出问题。每个孩子一出生，都会对世界充满好奇，总是喜欢缠着大人问为什么，家长千万不要敷衍或不耐烦，这样只会扼杀孩子的求知欲。这就要求家长要在保护孩子好奇心的基础上，有意识地引导孩子，并对孩子的提问表现出自己的兴趣，跟孩子一起思考，一起寻找未知的答案。

还可以鼓励孩子动手创新，让孩子根据自己的想法做出新颖的东西来。因为犹太人认为创造力要落实到实践上，让孩子根据自己的想法，尝试着动手，这样创造力可以得到很好的发挥。

成功＝刨根问底地探求问题

犹太人教育智慧要诀

犹太父母会告诉孩子，只要有不懂的地方和觉得不对的地方，就应该指出来，向老师请教，或是自己想办法找出答案，这样才能进步得更快。

很多人把成功想得很复杂，为了让孩子具备成功的素质，可谓挖空心思。其实，成功并不需要大费周折，更加用不着费尽力气地去求经拜佛，成功很简单，用爱因斯坦的话来说就是：我没有什么特别的才能，不过是喜欢刨根问底地探求问题罢了。所以，把你的孩子培养成一个“问题篓子”吧，这可是爱因斯坦的心经！

孩子的大脑就像一条畅快的小溪，溪水欢快地流淌，奔跑得越远，孩子懂得的也就越多。可是，在溪水奔跑的过程中，孩子难免会遇到这样那样的难题，就像水中忽然横着一段枯木，隔断了水流，减缓了流速，孩子的思维受到了阻碍，这时家长就必须给予疏导。孩子的提问为自己继续认识世界提供了可能，可是很多家长却不能帮助孩子，他们往往忽视了这个问题，于是，在教育孩子的过程中，父母非但不能帮助孩子疏导，甚至成了孩子思维的阻碍。

我们不妨回忆一下，孩子提问时自己的态度。

大家都知道，好奇是孩子的天性，孩子好奇，自然就爱提问，很多家长有这样的体验：孩子总是喜欢缠着自己叽叽喳喳地问个不停。很多家长起初还能耐心回答，可渐渐地，就变得不耐烦起来，总是敷衍了事，回答也是模棱两可，最后甚至不理不睬，甚至粗暴地制止……

家长不曾想到，这样的态度对孩子将产生怎样的影响。

孩子正在认识世界，他渴望了解世界，而父母的态度无疑是对孩子积极性的打击，久而久之，提问总是得不到解决，他就会慢慢丧失提问的欲望，因而也丧失了一个成长的最好时机。

犹太父母意识到了这个问题，他们不但鼓励孩子提问，甚至规定孩子每天必须问多少个问题，通过这样做，让孩子在提问和解答中激发思维能力，学习更多的知识。

犹太父母会告诉孩子，只要有不懂的地方和觉得不对的地方，就应该指出来，向老师请教，或是自己想办法找出答案，这样才能进步得更快。

很多犹太父母还喜欢用比赛的形式激发孩子的提问能力。

有一个叫拉摩西的犹太人，他告诉孩子，每天上学都必须向老师提问，而且还要在课堂上积极回答老师提出的问题。用笔把这些问题记下来，一周进行一次比赛，谁提出的问题和回答的问题最多，谁就会受到奖励。

在这样的氛围中，孩子们更加爱提问了。渐渐地，拉摩西的孩子们的成绩也优于同龄孩子，尤其是一些科技类、自然类知识比同龄孩子丰富很多。

在平常的生活中，拉摩西也非常乐于回答孩子们的提问，虽然有5个孩子轮番攻击，拉摩西和妻子从来不觉得烦。如果孩子们的问题他们也解答不出时，他们就鼓励孩子去问老师。

可想而知，孩子们不断增长了见识，还练习了思维，提高了解决问题的能力。

犹太人说：“创造始于问题，有了问题才会思考，有了思考才有解决问题的办法。”也正是在这样一个不断提问、思考和解决的过程中，逐渐地让孩子们充满智慧，与创新结缘。一个具备了创新这一成功素质的人，自然更可能成功！

诺贝尔奖获得者赫伯特·布朗是一个美籍犹太人，他曾经说过：“我的祖父经常会问我，为什么今天与其他日子不同呢？他也总让我自己提出问题，自己找出理由，然后让我自己知道为什么。我的整个童年时代，父母都鼓励我提出疑问，从不教育我依靠信仰去接受一件事物，而是一切都求之于理。可能这一点是犹太人的教育比其他人略胜一筹的地方吧。”

成功往往就隐藏在一些看似微不足道的小事情上，只要你留意，你的小举动就能带来孩子的大成功！

不是只有钥匙才能开门，石头也可以

犹太人教育智慧要诀

开锁不能总用钥匙，解决问题不能总靠常规的方法。

“没有钥匙怎么开门？”当一个人把自己套在这样的思维里时，就永远只知道拿着钥匙开门了。在日新月异的社会中，墨守成规不可取，否则，面临的也许不仅仅是将机会和利益拱手相让，而是一次又一次的失败……

很多父母总是把自己套在常规思维里，教育也变得常规，孩子便成了只知道抱着老办法解决问题的人！

“说一说春天是什么样子。”

“春天来了，草变绿了，河里的冰融化了，燕子飞回来了……”

为什么不能打破常规思维，换种方式来描写呢？

“春天踮着脚尖轻盈盈轻悄悄地来了，你看，水中映着湛蓝的天，小草跑到了画纸上，美美的都是绿！人们的眼睛里闪过燕子的翅膀，田地的乐章上还有青蛙快乐饱满的鸣叫声，它在呼唤它的宝贝吧……”

孩子遇到难题，来问家长：“爸爸，这道题我不会！”

“翻翻书看看例题，不是有公式吗？”

为什么只想着用书上的公式来套住孩子？为什么不跟孩子说：

“书上的解法也不是固定的，只要你觉得这个方法合理，有据可循，就可以采用，不需要受公式的约束。”

交给孩子固有的东西，不如训练他有一个特别的脑袋，这个特别的脑袋可以打破常规思维，可以创新，这才是取之不尽的法宝！犹太人就深谙此理。

《塔木德》上有一句著名的话是：“开锁不能总用钥匙，解决问题不能总靠常规的方法。”

有一个犹太富翁，他有两个儿子。儿子渐渐大了，他开始苦苦思考让哪个儿子继承遗产的问题。

想起自己白手起家的青年时代，富翁忽然灵机一动，找到了考验他们的好办法。

他锁上宅门，把两个儿子带到一百里外的一座城市里，然后给他们出了个难题，谁答得好，就让谁继承遗产。

他交给他们一人一串钥匙、一匹快马，看他们谁先回到家，并把宅门打开。

兄弟两个几乎同时回到家，但面对紧锁的大门，两个人都犯了难。

哥哥左试右试，苦于无法从那一大串钥匙中找到最合适的那把；弟弟呢，则苦于没有钥匙，因为他刚才光顾着赶路，钥匙不知什么时候掉在了路上。

两个人急得满头大汗。突然，弟弟灵光一闪，他找来一块石头，几下子就把锁砸了，他顺利地进去了。最后，继承权自然落在了弟弟手里。

在犹太人看来，人生的大门往往是没有钥匙的，在命运的关键时刻，人最需要的不是墨守成规的钥匙，而是一块砸碎障碍的石头！

这就是犹太人的智慧，他们懂得打破常规思维，而不是固守传统。对于我们，这也是一个极大的启发！

PART 03

品质教育——犹太人精彩人生的稳压器

谦虚，犹太人美德中的NO.1

犹太人教育智慧要诀

我的谦卑就是我的高贵，我的高贵就是我的谦卑。

降低自己的人，上帝会抬高他；抬高自己的人，上帝会降低他。（《塔木德》）

即便是一个贤人，如果他炫耀自己的知识的话，那么他就不如一个以无知为耻的愚者。（《犹太法典》）

谦虚，是犹太人美德中最重要的品质，他们时刻都保持着谦虚谨慎的作风。中国有一句古老的箴言：“满招损，谦受益。”意思是说，骄傲招来损失，谦虚受到益处。这句名言不但被中国人视为珍宝，犹太人更是如此。犹太人是世界上最聪明的民族之一，他们知道谦虚是使人不断进步、获得成功的一个重要的内在因素。那么，在犹太人的眼里，一个人应该怎样谦虚呢？

首先，他们要做到实事求是地看待自己，清晰地审视自我，不要目中无人。谦虚的人总是既看到自己的优点和长处，又看到自己的缺点和短处；既看到已取得的成绩，又懂得不论成绩有多大，对于伟大的事业来说，只不过起到了一砖一瓦的作用。当人们称颂一些犹太人取得了光辉成就时，他们却认为自己的那点成绩微不足道。谦虚的人总是努力不懈、积极进取、锐意奋进的，在很多犹太人的故事里这一点早就体现出来了。

其次，谦虚就是要对别人有个客观的评价。即要懂得欣赏别人，尊重别人甚至是对手。谦虚的人会随时向别人请教，有事和大家商量。所以，谦虚的人能够主动取别人之长，补自己之短，不断地从集体和群众中汲取养料，充实自己，为自己的进步和成功创造良好的条件。这一点犹太人比任何其他民族的人做得都好。

最后，谦虚不是虚伪，更不能妄自菲薄。事实上，过分的谦虚是一种骄傲的表现，也给人一种虚伪的感觉。你要有清醒的认识，但是也不要自卑。自卑的人往往不会取得太大的成功，这也是一个人事业道路上的绊脚石。骄傲固然不可取，自卑却同样不可有。任何人都有他的优势和长处，要对自己有足够的信心。

在犹太人的历史中，那些贤人拉比都是很谦虚的人。对他们来说，无论是年长者还是年轻人，无论是穷人还是富人，他们身上都有自己没有的发光点。这些贤人拉比还认为，如果谁喜欢别人的夸赞，那将是十分可悲的。在他们的眼中，真正的谦虚绝非有意的做作，而是自然的流露。犹太人也一直在使用着谦虚的美德，即使是那些最伟大的人物也不例外。

犹太人爱因斯坦是20世纪最伟大的科学家之一，他在有生之年中始终不断地学习、研究，活到老，学到老。有人问爱因斯坦，说："您可谓是物理学界空前绝后的人物了，何必还孜孜不倦地学习呢？为何不舒舒服服地休息呢？"

爱因斯坦并没有立即回答这个问题，而是找来一支笔一张纸，在纸上画上一个大圆和一个小圆，对那位年轻人说："在目前的情况下，在物理学这个领域里可能是我比你懂得略多一些。正如你所知的是这个小圆，我所知的是这个大圆。然而整个物理学知识是无边无际的，对于小圆，它的周长小，即与不知领域的接触面小，它感受到自己未知的东西少；而大圆与外界接触的周长大，所以更感到自己未知的东西多，会更加努力地去探索。"

一次，爱因斯坦9岁的儿子问他：“爸爸，你为什么是名人呢？”爱因斯坦听了哈哈大笑，他对儿子说：“你看，甲虫在球面上爬行的时候，它并不知道它走的是一条曲线。我呢，正相反，有幸觉察到了这一点。”

爱因斯坦就是这样一个人，名声越大，就越谦虚。正是拥有这种美好的品质，他总是能够站在一个客观的角度看自己，发现自身的不足，不断充实自己，弥补自身不足。

既然谦虚如此重要，那么我们如何使爱炫耀自己、整天飘飘然的孩子拥有谦虚这种品质呢？不妨参考犹太父母的方法：多给孩子讲一些名人的故事，告诉他们能够成为伟人的人，都具备谦虚的品格；帮孩子正确认识自己，既看到优点，也不忌讳缺点；从来不拿孩子与其他小孩比较，这样就不会使他陷入骄傲或自卑的泥潭；不要轻易表扬孩子，这样，他的自傲就失去了滋生的土壤。

最强大的力量来自反省

犹太人教育智慧要诀

犹太人认为，人有独处的必要。在单居独处之时，外界压力完全消失，只剩下内心的良知抵御着蠢蠢欲动的恶念，人在这个时候更能看清自己。

为什么从小喜欢打架的孩子，长大后会误入歧途？为什么从小偷针的孩子，长大后会偷金？为什么父母用心良苦，孩子还是知错不改？其根本原因便在于在他成长的过程中，父母没有教会他反省自己的所作所为，通过这种反省来约束自己的行为。

《塔木德》中说：“在三件事上自我反省，你就不会被罪孽所驾驭，要知道：你从何处来，到何处去，将要站在何人面前算总账。从何处来——来自一滴脓水；到何处去——去一处满是尘埃和虫子的地方；将要站在何人面前算账——站在至高无上的上帝面前，因为人的最终归宿不过是一只虫子而已。”

犹太先哲的“反省”，其实更强调人对自身品质的反省与认识。正是因为犹太人的慎独，让他们面对一切时，多了一分从容。他们能够正确地认识自己，对自身有一个正确的评价。对他们来说，事情再糟，也不会感到吃惊；事情进展不顺利，正常；人家不喜欢你，或者不再喜欢你，也正常……这种态度使他们永远不会和自己过不去。

犹太人认为，人有独处的必要。在单居独处之时，外界压力完全消失，只剩下内心的良知抵御着蠢蠢欲动的恶念，人在这个时候更能看清自己。所以，《塔木德》上有一句话：“在他人面前害羞的人，和在自己面前害羞的人之间，有很大的差别。”

在拉比的教诲中，“独居都市而不犯罪”和“穷人拾遗不昧”“富人暗中施舍十分之一的收入给穷人”同列为“神会夸奖的三件事”，其共同之处，尽在一个“独”字。犹太人不仅注意不断反省自己的品行，他们对于自己的孩子也不会纵容。

奥斯利10岁时，常跟着爸爸去钓鱼。

一天，他跟父亲在日暮时去垂钓，他在鱼钩上挂上鱼饵，用卷轴钓鱼竿放钓。不久，鱼竿弯折成弧形时，他知道钓着大鱼了。他父亲投以赞赏的目光，看着儿子戏弄那条鱼。

终于，他小心翼翼地把那条筋疲力尽的鱼拖出水面。那是一条他从未见过的大鲈鱼！

奥斯利神气十足地将鱼钓上岸。父亲看看手表，是晚上10点，离法律规定的钓鲈鱼开始的时间还有两小时。

“孩子，现在立刻放掉这条鱼。”他说。

“为什么？”儿子气愤地嚷道。

“还会有别的鱼的。”父亲说。

“这是我所见到的最大的鲈鱼！”儿子又嚷道。

孩子朝四周望了一眼，既看不到渔船，也看不到钓鱼的人。他告诉父亲：“爸爸，没有人看见我们，我们没有必要放回去。”

父亲还是坚持让他把鱼放回水里，他非常不情愿地放了回去。

那是34年前的事。今天，奥斯利先生已成为一名卓有成就的建筑师。他父亲依然在湖心小岛的小木屋生活，偶尔惬意地垂钓。

从那件事之后，他再也没钓到过像他几十年前那个晚上钓到的那么棒的大鱼了。可是，这条大鱼一再在他的眼前闪现，每当他遇到道德问题的时候，就看见这条鱼了。

面对孩子的错误，犹太人教育自己的孩子：人必须要反省自己的行为，想一想自己的行为和自己的内心是否符合。一个人在任何场合都要保持良好的道德，即使没有人看到，也不要逾越底线。这是一个人获得社会接纳的重要条件，也是人不断提升自我的重要“功课”。

心中永存希望之光

犹太人教育智慧要诀

最后的/最最后的/黄得如此斑斓/明亮，耀眼/如果太阳的眼泪会对着白石头歌唱/这样一种黄色就会被轻轻带起/远走高飞/我肯定它飞走了/因为它希望向世界吻别……（犹太小女孩巴维尔·弗雷德曼作）

有一个犹太富翁，在一次大生意中亏光了所有的钱，并且欠下了债。他卖掉房子、汽车，还清了债务。

此刻，他孤独一人，穷困潦倒，唯有一只心爱的猎狗和一本书与他相依为命，相依相随。在一个大雪纷飞的夜晚，他来到一座荒僻的村庄，找到一个避风的茅棚。他看到里面有一盏油灯，于是用身上仅存的一根火柴点燃了油灯，拿出书来准备读书。但是一阵风忽然把灯吹熄了，四周立刻漆黑一片。这位孤独的老人陷入了黑暗之中，只有立在身边的猎狗给了他一丝慰藉，他无奈地叹了一口气沉沉睡去。

第二天醒来，他忽然发现心爱的猎狗也被人杀死在门外。抚摸着这只相依为命的猎狗，他突然决定要结束自己的生命，

世间再没有什么值得留恋的了。于是，他最后扫视了一眼周围的一切。这时，他发现整个村庄都沉寂在一片可怕的寂静之中。他不由得疾步向前，啊，太可怕了，尸体，到处是尸体，一片狼藉。显然，这个村庄昨夜遭到了匪徒的洗劫，整个村庄一个活口也没留下来。

看到这可怕的场面，老人不由得心念急转，啊！我是这里唯一幸存的人，我一定要坚强地活下去。此时，一轮红日冉冉升起，照得四周一片光亮，老人欣慰地想，我是这个村庄里唯一的幸存者，我没有理由不珍惜自己。虽然我失去了心爱的猎狗，但是，我得到了生命，这才是人生最宝贵的。

犹太人历经苦难，他们深知面对苦难时，内心充满希望是多么重要。因此，他们总是乐观地看待生活，哪怕前面是绝路，他们也无所畏惧。他们总在想，如何才能使事情变得更好，如何才能使希望变成现实。

二战时期，在纳粹集中营里有一个叫玛莎的犹太小女孩，写过一首诗：

这些天我一定要节省，虽然我没有钱可节省/我一定要节省健康和力量，足够支持我很长时间/我一定要节省我的神经，我的思想，我的心灵和我精神的火/我一定要节省流下的泪水/我需要它们很长很长的时间/我一定要节省忍耐，在这些风暴肆虐的日子/在我的生命里我有那么多需要的/情感的温暖和一颗善良的心/这些东西我都缺少/这些我一定要节省/这一切，上帝的礼物，我期望保存/我将多么悲伤/倘若我很快就失去了它们。

在那样恶劣的条件下，玛莎仍然热爱着生命。她不怨天尤人，她仍然在内心聚敛一点点的希望之光。

海明威说：“人可以被撕碎但不可以被打倒。”只要你心中有光，任何外来的不利因素都扑不灭你对人生的追求和对未来的向往。很多时候，击败我们的不是别人，而是对自己失去信心。

履行契约，兑现最初的承诺

犹太人教育智慧要诀

犹太父母注重孩子的诚信教育。他们认为诺言是与上帝之间的契约，人必须践行到底。他们总是告诉孩子，不要轻易允诺，如果承诺了，就必须做到。

人无信不立，从小说话不算数，不信守承诺的孩子，如果他在成长的过程中，没有意识到诚信的重要性，那么长大后怎会诚实守信呢？做商人，容易成为奸商；做学者，可能抵不住假学术的诱惑；做官，最终会陷入金钱的旋涡；做个职员，可能会行贿受贿……要想有一个好未来，必须从信守承诺开始！

一个星期日的早晨，妈妈对小远说："今天和妈妈一起出去玩吧，咱们去海底世界！"小远听到这个消息，高兴得手舞足蹈。

他本来答应帮班里的小明补课，现在早忘到九霄云外去了。虽然没有兑现承诺，但他没有丝毫愧疚。

而和他在一个学校的中国籍犹太小孩凯伦，一般不轻易答应别人事情，但一旦允诺，无论怎么难，都要践行诺言。

这个星期日，他答应给青青捎带一只好看的"小企鹅杯子"，本来家门口的商店就有货，可是很意外，这次断货了。凯伦并没有放弃，他从早晨开始，走遍大半个东城区，午后，终于在一个小店里发现了他承诺别人的东西。

犹太人与各国商人做交易时，对对方的履约有着最大的信心，而对自己的履约也有最严的要求。犹太人的这一素质可谓对整个商业世界影响深远，真正是"无论怎样评价也不过分"。日本东京有个被称为"银座的犹太人"的商人叫藤田田，他多次告诫没有守约习惯的同胞，不要对犹太人失信或毁约，否则，将永远失去与犹太人做生意的机会。

在犹太人的商务生涯中，他们遭到过无端的打击和歧视，也遇到过无数精心安排的谎言和圈套，但他们始终笃信上帝的教诲：遵守约定，诚实为人，死后方能升上天堂。

犹太父母注重孩子的诚信教育。他们认为诺言是与上帝之间的契约，人必须践行到底。他们总是告诉孩子，不要轻易允诺，如果承诺了，就必须要做到。

在最初教育孩子信守诺言的时候，犹太父母会制定一些简单的规则，让孩子体会到信守承诺是一件非常令人愉悦的事情。他们还以身作则，让孩子效法家长的行为。犹太父母还施行一些奖罚措施来帮助孩子学会承担责任。比如，对那些没有说到做到的孩子进行一定程度的惩罚，对于那些守信的孩子则进行奖励。

憎恶罪，而不憎恨人——犹太式的宽容

犹太人教育智慧要诀

犹太人把罪犯的恶行看作被罪恶玷污了的人的行为。这种污痕是可以擦拭掉的，他们从不会希望恶人遭报应，而是希望罪恶最终得以清除。

当孩子问你“我应当如何宽容一个人”时，请告诉他：“孩子，你需要的是去憎恨这件事，或忘记这件事，而不是要对这个人怀恨在心。否则，你将被宽容所折磨！”

犹太孩子有一次放学回家，说道：“妈妈，我的好朋友把我的书弄丢了，太讨厌了！”这时候，犹太父母会说：“不值得为这件事难过。忘记它吧，朋友没有错。”

这位犹太母亲强调的宽容是“忘记这件事”，犹太人的宽容是“对事不对人”。这种不同的思维似乎更容易使人走出坏

情绪。

拉比是犹太人的道德典范，但偶尔也有身为拉比的人作奸犯科的。犹太人对于这种现象，往往是憎恶他的罪行，却不痛恨这个人。

在犹太人心里，恶是与生俱来、无处不在的。但是，犹太人认为，人完全可以通过后天的学习和努力而祛除罪恶，改邪归正。

从前，有几位拉比碰上一群坏人，这群人属于那种咬住人不吸出骨髓不肯罢休的坏蛋，世上再也没有比他们更狡猾、更残忍的人了。其中有一个拉比无法忍受他们的行为，说道：“像这种人，还是让他们掉进水里，全部溺死算了，这样人们就可以安心地生活了。”

可是，他们中最伟大的拉比却说：

“不，身为犹太人不应该这么想。虽然你认为这些人还

是死了比较好，或许很多人也这么想，但不能祈祷这样的事发生。与其祈求坏人灭亡，不如祈求坏人悔改才对。”

犹太拉比认为，处罚坏人其实是没有意义的，这种行为对我们没有什么益处，不能使他们悔改，不能使他们跟随我们走正途，其实是一种损失。因此，犹太人认为，如果能够改正，那么他们就不再是罪犯。犹太人把罪犯的恶行看作被罪恶玷污了的人的行为。这种污痕是可以擦拭掉的，他们从不会希望恶人遭报应，而是希望罪恶最终得以清除。

犹太父母也是这样教育孩子的，他们告诉孩子：“憎恶罪，而不要憎恨人。如果有谁做了对不起你的事，请就事论事，忘记这些不愉快，而不要对这个人耿耿于怀。”

留一片庄稼给他人——感恩

犹太人教育智慧要诀

在犹太家庭里，每当和孩子闲聊时，父母总是有意地让孩子说出自己需要感谢的人或事，这样，孩子就会把这些人和事牢牢地记在心里，在合适的时机给予他们回报。

有没有观察过你的“小宝贝”的行为？他们是自己吃饱了喝足了就什么也不管，还是能够主动关爱他人，懂得“滴水之恩，当涌泉相报”？请不要认为感恩是孩子可有可无的品质，要明白，不懂得感恩的孩子也就品尝不到被关爱的幸福。

在以色列，每到庄稼收割的季节，犹太人收割庄稼时，总要留下一部分不予收割。他们说，这是为了感谢上帝赠予多灾多难的犹太民族美好的生活，这样做能使得一些生活很苦的穷人有粮食吃。

犹太人认为，教育孩子感恩，要从教育他感谢父母开始。他们经常给孩子讲动物反哺的故事：乌鸦有反哺之意，羔羊有跪礼之行。动物都能做到感恩父母，更何况人类？人类不仅要感恩父母，还要感恩每一个帮助过自己的人。

犹太父母还告诉孩子，感恩在生活的点点滴滴中清晰可见，如帮父母分担家务、当朋友遇到难题时鼎力相助、下雨时给别人撑起一把伞等。他们总是告诉孩子，懂得感恩是最平凡的举动，也是最高尚的行为，应该抓住每个感恩的机会。

犹太女孩琳达快8岁了，当年，妈妈在生琳达的时候难产，情况危急。医生们采取了果断的措施，经过全力抢救，终于使母女俩脱离了危险。

因此，每年琳达过生日的时候，妈妈就会带着她到医院看望当年保她们母女平安的医生，感谢他们的救命之恩。如果因为有重要的事情不能去医院，她就会让琳达打个电话问候医生。

犹太人不仅对于曾经有过“大恩”的人抱有感恩之心，而且他们对于别人看起来微不足道的小事，也常怀一颗感恩之心。

多年前在美国，一个单身女子的隔壁住着一户犹太穷人。一天晚上，当地停电了，单身女子点起蜡烛。不一会儿，突然听到邻居小孩敲门。

她打开门，小孩紧张地问：“阿姨，请问你家有蜡烛吗？”女子以为小孩子是来借蜡烛的，于是对孩子说：“没有！我这已经是最后一根蜡烛了。”正当她准备关上门时，小孩微笑地说：“阿姨，我就是来给您送蜡烛的。”说完，从怀里掏出两支蜡烛。“妈妈和我怕你没有蜡烛，所以我给你送两支过来。”单身女子问小孩：“你告诉阿姨，为什么要给我送蜡烛呢？”小孩儿说：“阿姨，您平时的灯光总能通过窗户照亮我家。我妈妈说我们要懂得感恩。”

犹太父母认为，真正的感恩是发自内心的感激，他们相信，只有懂得感恩，孩子才会去帮助别人，关爱他人，才不会成为一个“自私鬼”。

在犹太人家庭里，每当和孩子闲聊时，父母总是有意地让孩子说出自己需要感谢的人或事，这样，孩子就会把这些人和事牢牢地记在心里，在合适的时机给予他们回报。不仅如此，孩子在感恩的过程中，也学会去帮助别人，同别人分享快乐。

微笑——最好的社交通行证

犹太人教育智慧要诀

对于犹太人来说，微笑是最有力的武器，它是一切财富、人脉和成功的源泉。正是微笑的力量使得他们历经几千年的辗转颠簸却顽强地生存下来。

“微笑”这张最好的社交通行证，是人人梦寐以求的。

无论是犹太人，还是中国人无一例外想把这个通行证送给下一代。事实上，要想为孩子争取这张通行证，首先父母自己要拥有。

有一个犹太小孩，最近总是一副闷闷不乐的样子，他向妈妈抱怨：“咱们家真穷，什么也没有。我在别人面前觉得很自卑。”

“傻孩子，”妈妈笑道，“其实，你应该时刻保持微笑才对，因为你是个富翁！”

小孩不解地望着母亲。

“假如，现在我出30万金币，买走你的健康，你愿意吗？”

“不愿意。”小孩摇摇头。

“假如，我再出30万金币，买走你的智慧，让你从此浑浑噩噩，度此一生，你可愿意？”

“傻瓜才愿意！”小孩很干脆地回答。

“我出这么多钱都买不走你的东西，你也是个富翁啊！应该时常保持微笑才对！”妈妈说。

小孩明白了。在以后的日子里，无论生活多么苦，他都以微笑来对待任何事和任何人。

这就是犹太人的“微笑教育”，犹太父母在孩子很小的时候，就告诉孩子微笑是最美的，是上帝赐予我们的最好礼物，是最靓丽的社交通行证。在与人交往时，应该时刻对他人报以微笑。犹太人认为微笑的意义不仅如此，有时还能救命。

犹太传教士西蒙·史佩拉每天都在乡村的田野之中漫步很长时间。无论是谁，只要经过他的身边，他就会微笑地向他们打招呼问好。

其中有个叫米勒的农夫是他每天打招呼的对象之一。史佩拉每天见了他，总是微笑地说："早安，米勒先生。"

当犹太传教士第一次向米勒道早安时，这个农夫根本不理睬。不过，这并没有妨碍或打消史佩拉传教士的耐心。一天又一天过去，他持续以温暖的笑容和热情的声音向米勒打招呼。终于有一天，农夫向传教士举了举帽子示意，脸上也第一次露出了一丝笑容。

多年后，纳粹德国上台。身为犹太人的史佩拉全家与村中所有的犹太人都被集合起来送往集中营。史佩拉被送往一个又一个集中营，直到他来到奥斯维辛集中营。从火车上被赶下来之后，他站在长长的行列之中，静待发落。在行列的尾端，史佩拉远远地看到营区的指挥官拿着指挥棒一会儿向左指，一会儿向右指。他知道发派到左边的就是死路一条，发派到右边的还有生存的希望。

他的心怦怦跳动着，不知是生是死。很快，他的名字被叫到了，那个指挥官转过身来，两人的目光相遇了。史佩拉微笑地朝

指挥官说："早安，米勒先生。"米勒的一双眼睛看起来依然冷酷无情，听到招呼后，凝视他几秒钟，然后平静地回答："早安，西蒙先生。"接着，米勒举起指挥棒指了指说："右！"

在生死攸关的时刻，史佩拉以微笑的问候唤醒了米勒的人性，为自己赢得了生存的机会。对于犹太人来说，微笑是最有力的武器，它是一切财富、人脉和成功的源泉。正是微笑的力量使得他们历经几千年的辗转颠簸却顽强地生存下来。

跟狗玩，就会有跳蚤上身——正确选择朋友

犹太人教育智慧要诀

与污秽者为伍，自己也得污秽；与洁净者相伴，自己也得洁净。

人际关系是从童年开始萌芽的，而朋友对孩子的影响力有时超过父母。但是，聪明的你却没有权利决定谁才能做孩子的朋友，不如向犹太人学习，早早告诫孩子："好友是面包，不可或缺；而结交那些坏友，则如同跟狗玩，会有跳蚤上身。"

在孩子的成长路途中，他会遇到各种各样的朋友，有和他趣味相投的挚友，有对他直言规劝的诤友，有无话不谈的密友，当然也不乏因为某种利益而和他相交的盟友。孩子的可塑性非常强，从某种程度上来说，朋友会影响他的人生。

犹太父母很重视孩子的交友，他们将朋友分成三类：一类是像面包一样的朋友，生命中不可或缺；一类是像蔬菜和水果一样的朋友，偶尔点缀；还有一类人，虽然平时好像是朋友，但一遇到紧急状态，他就会躲得远远的。《塔木德》中说：“与污秽者为伍，自己也得污秽；与洁净者相伴，自己也得洁净。”

在犹太人看来，朋友就是前进中给你指明方向的人，就是为你解决困难的人，朋友是与你知心的人，朋友是关爱你的人。

朋友不是因为小人对你的栽赃而远离你的人，而是在这个时候伸出援助的手来关心你、关怀你的人。真正的朋友不会因为一点私利，就把朋友的情谊抛在了一边。真正的朋友不会有私心，他是在你需要帮助的时候，不顾一切地对你呵护的人，他是一直对你最忠诚的人，不会因为你暂时的不顺利，而把你忘掉。

犹太人结交朋友靠的

是诚心和真心，是真朋友不会因为你有难处的时候离开你，不是你的真正的朋友，即使在你最困难的时候，离开了你，你也不必懊恼，因为你可以认清什么是真正的朋友。在与朋友交往的问题上，要多结交朋友，在朋友最需要你的时候，你不要袖手旁观，不要对朋友远离，这样的朋友才是真正的朋友。

在犹太人看来，一个孩子选择了怎样的朋友，就等于选择了怎样的前途。选择一个有学识、善良、智慧、豁达的人为友和选择一个有暴力倾向、邪恶的人为友，会有截然相反的两种结果。

所以，当你结交一个朋友时，先考察考察他，不要急于信任他。

有些朋友，当事情对他们有利时，他们是忠诚的，但是有了困难，就抛弃了你。

有些朋友倒向敌人一边，使争吵公开，来羞辱你。

还有一些酒肉朋友，当你繁荣昌盛时，他是你的心腹；当你遇到困难时却找不到他；当你败落了，他更会躲得远远的。

一个忠诚的朋友就是一个安全的庇护所，谁找到这样一个朋友，谁就找到了财宝。

不要抛弃旧的朋友，新的朋友并非像你想象的有那么多价值。

PART 04

追本溯源——教育让犹太人成为世界宠儿

比尔·盖茨为何成为神话——做“脑力体操”

犹太人教育智慧要诀

很多人羡慕比尔·盖茨，也希望把自己的孩子培养成比尔·盖茨，那么，分析他的成功，除了天赋之外，你是否像比尔·盖茨的父母一样，给孩子必不可少的脑力训练？做好准备，成功没有不可能！

比尔·盖茨的名字俨然已经成了一种标志，提到他，就让人条件反射地联想到“天才”“富翁”。从他轻轻巧巧摘得多个“世界之最”就可以看出：有史以来最年轻的世界第一富翁，人类历史上第一个靠电脑软件积累亿万财富的先行者，首先开发利用高科技和高智商……为什么比尔·盖茨那么牛？谜底很简单：做“脑力体操”！

美丽的西雅图，嘹亮的哭声搅碎了夜的美梦，谁也不曾想到，随着这哭声，这个世界也开始悄悄地酝酿变化……

这个哭声的制造者就是比尔·盖茨。

比尔的父亲是一位律师，母亲是一位教师，在西雅图，两人都非常受人敬重。他们很关注比尔的成长和教育，工作之余总是尽可能地与孩子待在一起。他们发现，宝贝儿子简直就是精力旺盛，当他还是婴儿的时候，睡在摇篮里也能自己不停地摇摆。而且，他们还发现比尔极爱思考，一旦他迷上什么事情，就全身心地投入。他们隐约感觉到比尔的天赋，于是，他们总是有意无意地为比尔创造环境与机会，不断地给他做脑力训练。

这一家人不断进行各种游戏，从棋类到拼图比赛，几乎玩遍了所有的益智游戏。其中，外婆那独特丰富的教育方式对比尔的思维发展有着极其重要的影响。

在外婆看来，游戏并非消遣，而是技能和智力的测验。于是，她和比尔的父母一起领着比尔进入游戏世界。外婆特喜欢这个聪明的小比尔，她经常教比尔下跳棋、玩筹码，还有打桥牌等。玩游戏时，外婆总爱对小比尔说：“使劲想！使劲想！”每当比尔下了一步好棋或者打了一张好牌，外婆总会为他拍手叫好。不光如此，祖孙俩一起在公园里散步时，外婆也常不失时机地跟比尔交流下棋的技术或看某篇佳作后，让比尔寻

找更新的想法或表达更独到精辟的见解。所有这些都极大地激发了比尔思考的潜能。

因此，他们看到的比尔经常是一副思考的状态。有时家人一起外出，别人都已经准备妥当了，只有他未做好准备。家长喊他，问他在干什么的时候，比尔总是说：“我正在思考，我正在考虑。”有时他还责问家人：“难道你们从不思考吗？”

比尔渐渐地长大了，父母把目光投向社会，积极为比尔寻找属于他的空间。六年级的时候，在父母的帮助下，比尔参加了西雅图的当代俱乐部。在这个俱乐部里，许多聪明的孩子聚集在一起讨论时事、书籍和其他主题，这里已具有一种大学的气氛了。参加活动时，比尔常以积极而独到的见解博得大家的阵阵掌声。

在家人的引导下，比尔还是一个名副其实的书虫。他总是废寝忘食地读书，而这样的阅读锻炼了比尔非凡的记忆能力，培养了他敏捷而有深度的思维能力。早在9岁的时候，比尔就

已经读完了《百科全书》全卷；在他11岁的时候，他就因背诵《马太福音》中冗长而晦涩的《登山宝训》的全部段落而获奖。在比赛中，比尔技压群英、一语惊人，他以独到而透彻的理解使年长的牧师惊讶不已。而这对比尔来说，只是很普通的一件小事而已。

西雅图的私立中学——湖滨中学是比尔的父母送给比尔的一个特别的礼物，也就是在这里，父母向他介绍了与他终身相伴的好朋友——计算机，他的天分也由此得到了淋漓尽致的发挥……

聪明的大脑犹如一块肥沃的土地，但再肥沃的土地，如果不懂得开垦，也终将与一般土地无异。很多人羡慕比尔·盖茨，也希望把自己的孩子培养成比尔·盖茨，那么，分析他的成功，除了天赋之外，你是否像比尔·盖茨的父母一样，给孩子必不可少的脑力训练？做好准备，成功没有不可能！

不可思议的“股神”巴菲特——自信才能所向披靡

犹太人教育智慧要诀

当其他人抱着产品或发明数钱时，巴菲特却在股市里气定神闲，他的怪招和独特的投资理念引来世界喧哗，继而又是叹服。对所有的一切，他只是说：“我始终知道我会富有，对此我不曾有过一丝一毫的怀疑。”

巴菲特的成功与众不同，和石油大王洛克菲勒、钢铁大王卡内基和软件大王比尔·盖茨相比，只有巴菲特，以一个纯粹的投资商身份成为了全球一个响当当的人物。当其他人抱着产品或发明数钱时，巴菲特却在股市里气定神闲，他的怪招和独特的投资理念引来世界喧哗，继而又是叹服。对所有的一切，他只是说："我始终知道我会富有，对此我不曾有过一丝一毫的怀疑。"

巴菲特很自信！

还在童年时，巴菲特就曾平静地对他的好朋友们说他将在35岁以前发财。发财梦谁都会做，但如此狂妄的话出自一个孩子之口，还摆出一副平静的样子，这就真的让人有些难以想象了！更难以想象的是这个孩子日后真的如他所说，发财了，还发了大财！他稳稳地坐上了股市的第一把交椅，甚至还曾超过他的好朋友比尔·盖茨，成为世界首富。

想知道原因吗？我们还是从家庭教育中寻找答案吧！

1930年8月30日这一天，巴菲特迫不及待地来到了这个世界——他早产了5周。他的父亲是证券交易员，既严肃又和蔼，母亲性情活泼。从出生起，父母就对这个唯一的儿子宠爱有加，但他们从不溺爱。他们甚至鼓励巴菲特自己出去赚钱。

在巴菲特的成长过程中，父亲对他的影响尤其重要，他对儿子一直充满信心，同时对儿子所做的任何事情都给予支持。巴菲特5岁时就开始兜售口香糖，而且倒卖从球场捡来的高尔夫球。到了中学，巴菲特又利用课余做报童；此外，他还与伙伴合伙将弹子球游戏机出租给理发店老板，挣取外快。对于所有的这一切，巴菲特的父亲都给予了大力的支持。

父亲的信任和支持成了巴菲特成长中最强大的力量。

受家庭环境的熏染，巴菲特从小就具有极强的投资意识，他钟情于股票和数字的程度连他父亲也感到惊讶。这一切，都让巴菲特愈加自信！

差不多21岁时，巴菲特对自己的投资能力已经到了超级自信的程度。他甚至开始质疑他的父亲和老师格雷厄姆的意见，要知道，这两位可以说有着绝对的权威。虽然他经常向父亲和老师咨询，但他仍然坚持自己的投资。

1956年巴菲特回到家乡，一向对自己深信不疑的他决心自己一试身手。

他发誓要在30岁以前成为百万富翁。“如果实现不了这个目标，我就从奥马哈最高的建筑物上跳下去。”一次，在父亲的一个朋友家里，他语惊四座。

不久，一群亲朋凑了10.5万美元启动资金，其中有他的100美元，就这样，巴菲特成立了自己的公司——巴菲特有限公司。

不曾想，巴菲特的豪言壮语竟成了真。1962年，巴菲特有限公司的资本达到了720万美元，其中有100万是属于巴菲特个人的。

尝到了甜头的巴菲特乘胜追击，他成立了“巴菲特合伙人有限公司”，很快，他的资产一路飙升。到了2008年3月，由于所持股票大涨，巴菲特身家猛增100亿美元达到620亿美元，问鼎全球首富。

就像他所说的那样，“我始终知道我会富有”，巴菲特用事实证明了这一切。不得不说，他的成功也为望子成龙的父母们上了一课：给他自信，他就能所向披靡！

为何马克思能成为伟大的导师——给他放手的爱

犹太人教育智慧要诀

只有放手的爱才是真的尊重，真的爱；只有放手的爱，才能给孩子最大的自由空间，让他致力于自己喜爱的领域，并秀出精彩！

放手，让他自己选择。话虽简单，却很难做到。家长的内心总是会不由自主地为孩子设计一条光明大道，而且更容易认为只有这样的一条道路才是最完美的道路，无形中束缚了孩子。家长不知道，没有放手的爱，孩子怎么能在强迫之下秀出精彩？倘若马克思的父母不放手，又怎么会让世界知道他们这个如此崇高而又伟大的儿子呢？

卡尔·马克思的父亲亨利希·马克思是律师，在当地德高望重，同时还是一个崇拜卢梭等启蒙思想家的稳健的自由主义者。马克思的母亲出生在一个荷兰家庭，她对丈夫和孩子始终怀着温柔的爱。马克思从小就聪明过人，作为9个孩子中的第三个，父亲曾一直希望他将来能够继承自己的职业。

爱孩子，是每一位父母的天性，作为父亲，亨利希像很多父亲一样，特别关心儿子的前途，父亲希望儿子仿效他做一名法学家。所以，马克思中学毕业后，父亲就安排他考入波恩大学的法律系。让亨利希失望的是，那里的学习氛围不太浓厚，

于是，第二年他又把马克思转到了柏林大学。

但亨利希不知道儿子的理想并不是如他所愿成为一名法学家，而且，不管是在波恩大学，还是在柏林大学，马克思都没有按照父亲的意愿一门心思攻读法律，而是倾心于诗歌的写作和哲学的研究。该怎么说服父亲，并取得父亲的理解和支持呢？经过慎重的考虑，马克思写了一封信给父亲，婉转地向父亲表明了自己的想法和选择：

“我懂得，写诗只应当成为一种附带的事情，我应该研究法律，但我想首先在哲学上试试自己的力量。”

聪明的父亲自然明白了儿子的意思，儿子想学习哲学。

为了说服父亲，马克思要求提前回去探亲，但遭到了父亲的严厉拒绝。可以想象，当这个心爱的儿子突然提出转学哲学时，父亲的心里该掀起怎样的狂澜！

最后，亨利希考虑再三，只允许马克思提前10天回家探亲。

回到父亲的身边，马克思细细地讲述了自己的学习情

况和研究方向。他告诉父亲：“我在哲学家雷马路斯身上花费了很多的时间和精力。我在阅读他的《论动物的艺术本能》一书时，感受到极大的喜悦。这几年，我又研究了亚里士多德、康德、培根、费尔巴哈等人的著作，写了许多摘要，同时，也记下了自己的读后感。可以说，我已经一头扎进了哲学的怀抱之中，深深地被哲学迷住了。”

亨利希侧头仔细地倾听着，追问一句：“我想问你，你为什么要学哲学呢？请你告诉我。”

马克思不假思索地回答道：“爸爸，哲学是广阔的海洋，它可以供人们有较大的回旋余地。更重要的是，通过哲学的研究，我想研究人生，研究社会，研究世界的昨天和明天。这对一个科学研究者来说，该是最有意义的吧！爸爸，您应该支持和尊重我的选择。”

亨利希的脸上不知不觉地流露出了笑意，他十分惊喜儿子的想法和见地，他决定不再坚持要儿子当一个法学家了。他高兴地对儿子说：“孩子，那么就照你选择的路走下去吧！不过，我还是要提醒你，要清醒而实际地看待生活，要有真才实学，充分发挥自己由大自然母亲慷慨赐予的才能。”

有了父亲的支持，马克思开始一头钻进哲学世界。谁也不曾想到，当初这样的一个决定竟对马克思的一生产生了极为重要的影响。马克思成了人类历史上最伟大的革命家、思想家。由于他的理论贡献，整个世界为之改观。

只有放手的爱才是真的尊重，真的爱；只有放手的爱，才能给孩子最大的自由空间，让他致力于自己喜爱的领域，并秀出精彩！

“精神分析学之父”弗洛伊德——激发荣誉感

犹太人教育智慧要诀

我经常地感受到自己已经继承了我们的先辈为保卫他们的神殿所具备的那种蔑视一切的全部激情，因而，我可以为历史上的那个伟大时刻而心甘情愿地献出我的一生。（弗洛伊德）

不要以为孩子小，什么都不懂，如果你跟他说民族的屈辱历史和卓越成就，如果你跟他说他有得诺贝尔奖的潜质，是拿奥斯卡奖的料子，如果你愿意声情并茂地告诉他，那么，这些微妙的感觉就会聚集成一种强烈的荣誉感，而这种强烈的荣誉感小瞧不得，因为，它将产生巨大的能量。

西格蒙德·弗洛伊德（1856—1939），奥地利精神科、神经科医生，心理学家，精神分析学派的创始人。他的声誉之隆、影响之大，在心理学界极为罕见。作为一个治疗精神疾病的医生，他创立了一个涉及人类心理结构和功能的学说。他的观点不仅在精神病学，在艺术创造、教育及政治活动等方面也得到了广泛的运用。弗洛伊德卓绝的学说、治疗技术以及对人类心理隐藏的潜意识的深刻理解，开创了一个全新的心理学研究领域。可以说，由他所创立的学说，从根本上改变了对人类本性的看法。

听完这些，钦佩震撼之余，我们是不是应该思考一下他成功背后的秘诀呢？事实证明，他的成功离不开父亲对他的教育，尤其是对他荣誉感的激发！

1856年5月6日，弗洛伊德出生于一个犹太人之家，父母都是虔诚的犹太教徒。自小，父亲就要求他严格地遵守犹太教教规。弗洛伊德的父亲虽然没念过大学，但他曾用大量时间研究过犹太教法典《塔木德》，并要求弗洛伊德忠实于本民族的宗教教规。

不但如此，弗洛伊德的父亲还经常给儿子讲述民族的历史。还在6岁时，父亲就告诉他：1000多年以来，我们犹太人一直处于被驱赶、压迫、剥削和大屠杀的悲惨境遇下，但犹太人为什么还能长期生存下来？犹太人为什么操纵着社区的、国家的，甚至全世界的银行、货币供应、经济和商业？因为，犹太人百倍地勤勉、拼搏、明智和节制。

父亲的讲述让小小的弗洛伊德既愤怒又震惊，同时也由衷地为自己的民族感到自豪。这种卧薪尝胆、发愤图强的犹太人式家教，激发起弗洛伊德的荣誉感：“我是一个犹太人，我永远不能理解为什么我得为我的祖先而感到羞耻，或如一般人所说的那样为自己的民族感到羞耻？于是，我义无反顾地采取了昂然不接受的态度，并始终都不为此后悔……”他曾经说：“我经常地感受到自己已经继承了我们的先辈为保卫他们的神殿所具备的那种蔑视一切的全部激情，因而，我可以为历史上的那个伟大时刻而心甘情愿地献出我的一生。”

在父母的支持和帮助下，弗洛伊德果然不负众望。17岁时，他就考入了维也纳大学医学院，并于1881年获医学博士学位。后来他开业行医，担任临床神经专科医生，并终生从事精神病的临床治疗工作。弗洛伊德创立了精神分析学说，认为精神病起源于心理内部动机的冲突。他抛弃了古老的催眠术，代之以自由联想，也就是让患者想起什么就说什么，由此发现隐藏的病因。在分析许多病例后他确信，性的问题对神经症的发生起着重要作用。他还发现梦在精神分析中的重要性，认为“梦中概括了神经症的心理学”。1900年，他的著作《梦的解析》引起了广大读者的兴趣。随后，荷兰精神病学家和神经学家协会以及英国心理学会都邀请他成为名誉会员。在1919—1939年间，他的名誉达到了最高峰。

不要小瞧了荣誉感，虽然看不见、摸不着，它却能充分调动一个人的积极性、主动性，让人不断进取、不断进步！弗洛伊德的成功也是来自荣誉感的力量。在家庭教育中，我们不妨对这方面多一些关注，在孩子心里种下一份荣誉感，就多一份成功的可能。

世界级画家毕加索——给“白痴”和“怪异”找个理由

犹太人教育智慧要诀

所谓的“白痴”和“怪异”，换一种角度看就是天赋，就是狂热的兴趣，这是一种天性，说明孩子在某方面有着别人所没有的潜力和优势。

因为不被理解，天才画家毕加索曾被讥笑为“白痴”。在很多正常人的眼里，他就像一个异类，无法被包容，只有他的父母发现了他的独特，并理解他，帮助他。虽然现实生活中，并不是每一个孩子都像毕加索那样“怪异”，但他们身上始终有着这样那样让家长意外甚至难以接受的地方，这时，家长们需要的是发现和理解，而不是打压，只有这样，才有可能保护住孩子身上也许是最闪亮的地方。

他异常讨厌课堂上老师教的那些枯燥的东西，他的眼睛总是盯着老师的挂钟，盼望那该死的指针能走快一些。

“先生，我要上厕所。”是他的声音。

“不是刚上课吗？”被打断讲课的老师不耐烦他说，“去吧！去吧！”他走出教室，东瞅瞅、西看看，实在无处可去，便走回了教室。但没过一会儿，他又坐不住了。“先生，我能为你画像吗？”他脱口而出。“什么？你给我画像！”老师气坏了，瞪着他说，“去吧，去吧，上厕所去吧。”

这个男孩就是毕加索。

巴勃罗·鲁伊斯·毕加索出生在西班牙的一个犹太人家庭。父亲是位美术教师，曾做过美术馆馆长。

刚学会走路时，毕加索就经常随父亲到博物馆去，在父亲工作的画室里一待就是大半天。他常常站在父亲的身后，惊奇地看着父亲用画笔将五颜六色的颜料涂抹到画布上，变成了一幅幅美丽的图画。慢慢地，他开始趁父亲不在，偷偷地抚摸父

亲的画笔。再大一点，他就更不安分了，他不光玩画笔，还用它蘸上颜料，抹在纸上、墙上、地上甚至自己身上。总之，在一切他认为方便的地方“画”上自己的得意之作，然后兴高采烈地等着大人的表扬……

4岁的时候，小毕加索还迷上了剪纸，他充分发挥自己的想象力，用一双灵巧的小手，剪出了各种各样的花卉和小动物。出人意料的是，这么一个可以灵巧地画毛驴和狗的“小神童”却被认为是一个“白痴”，逃学和旷课是家常便饭，调皮捣蛋也成了他的强项。不管上什么课，他都画个不停，谁也想不明白，这个10岁男孩的脑子里究竟装了些什么。

很快，毕加索做的“坏事”全让父亲知道了。父亲并没有批评他，而是问：“孩子，你真的想画像？”毕加索点头说：“是的，我讨厌上课，只想画像！”父亲说：“好吧，我送你去学画像，但是，你要答应我除了学画像，其他的科学文化知识也不要拒绝学习。”果真，父亲把毕加索送到了当地有名的美术学校。

14岁时，毕加索考入父亲任教的巴塞罗那美术学校高级班，16岁毕业时画的《探望病人》参加全国美展。之后又考取了马德里费尔南多皇家美术学院。

1900年，毕加索来到西欧的艺术中心——巴黎。到巴黎的第二年，他就举办了个人画展。从此，毕加索进入了以他生性爱好的蓝色为主要色彩的“蓝色时期”。后来，他在巴黎定居，成为法国现代画派的主要代表。毕加索的作品不

仅局限于绘画，还有为数不多的版画、雕刻、陶器等。直到92岁逝世，他始终没有停止过艺术创作。

这其实也揭示了一个问题，那就是我们的生活中并不缺少像毕加索这样的天才，而是缺少像毕加索父母那样理解孩子的家长。所以，不要因为孩子“不一样”“怪怪的”就给予否定，从而抑制了他的天赋，尊重孩子的兴趣，为孩子找一个理由，让他自由地发展，这才是真正明智的做法！

你的孩子患上“缺乏父爱综合征”了吗

犹太人教育智慧要诀

在犹太人看来，父亲的责任极其重大，他被认为是一个家庭的中心，即“一家之长”。犹太人认为父亲是家里最有智慧以及最具决策权的人，因此理所当然地被视为上帝委派给家人的“第一位老师”。

在很多父亲看来，孩子仅仅是生命的一部分，比起教育，还有更重要的事情要做，如事业、个人精神上和物质上的追求。于是，在很多家庭，父亲都是忽视教育孩子的。他们没有想过作为一个父亲，他应该尽到一个做父亲的责任。责任意识的

淡薄，家庭教育中的隐身角色，让现在的孩子患上了“缺乏父爱综合征”：很多男孩动辄兰花指、娘娘腔，很多男孩子胆小怯懦，或者多愁善感地像个“林妹妹”……父亲，你在哪里？

“我太忙了，顾不上什么教育！”忙只是借口，只是自己不会教育或不愿意教育的借口。这是一种骨子里的自我和不负责任。作为父亲，教育是责任，个人价值再重要，但不应该建立在牺牲孩子正常的受教育权利的基础上。

“我这么忙事业，就是为了让他将来过得好！”现在教育跟不上，基础没打好，挣再多的钱也换不回他的幸福生活，这叫舍本逐末。

错误的意识和行为直接导致了严重的后果。

那些因为缺少父亲教育，而长期生活在女性群体中的孩子们，他们的性格特点和心理状态较容易出现偏差。例如，容易担惊受怕，烦躁不安，精神抑郁或多愁善感。专家们称这种症状为“缺乏父爱综合征”。

有人不解，父亲对一个孩子的成长就那么重要吗？

专家表示，获得父爱，可以使男孩较好地肯定自己的性别并进行角色认同。这种认同的结果使男孩更乐意模仿同性别的父亲，对其将来的性别心理和个性的健康发育有着巨大的影响。如果缺乏父爱，男孩的性格易变得女性化，缺乏应有的男子汉气概，甚至会造成心理异常。

父爱对女孩子影响也非常大。教育心理学家们证实，父亲是力量的象征，他们勇敢、果断、眼界开阔、事业心强，女孩子受了父亲的良好的影响，成人后会更严肃认真地对待生活与事业。

另外，时间证明，那些能获得父爱，并得到父亲经常陪伴的孩子，通常在智力上发育较好。

犹太儿童教育家拉什指出：除了智力因素，父亲在教育中所起的作用还直接影响到孩子的非智力因素发展，比如自信心、进取心等。对这些品德方面的培养，父亲所起的作用比母亲更为重要。

所有这些都在告诉众位父亲，家庭教育需要你们的参与，孩子也需要你们。

在犹太人的家庭教育中，父亲从不缺席。

在犹太人看来，父亲的责任极其重大，他被认为是一个家庭的中心，即“一家之长”。犹太人认为父亲是家里最有智慧以及最具决策权的人，因此理所当然地被视为上帝委派给家人的“第一位老师”。犹太民族重视教育，也非常注重父亲对孩子的教育。犹太教规定，父亲有义务教儿子学习犹太经典，父亲有义务向子女传授一技之长，父亲还必须培养孩子的学习兴趣，包括教育孩子重视知识，帮助孩子建立与书本（或是知识）的“友谊”。

布里丹的驴子知道该吃哪捆草——教育要懂得因材施教

犹太人教育智慧要诀

犹太人认为，做父母的应该按照孩子的思维长项来寻找学习和研究的领域，即每个孩子都有自己的特长，教育，要懂得因材施教。

每一个孩子都是绝无仅有的，如果教育采取同一种模式，那无疑是对孩子天赋的扼杀。当所有的孩子都画着一样的房子、一样的汽车时，这其实是教育的悲哀。布里丹的驴子知道该吃哪捆草，我们的教育要懂得因材施教，这样教育才会有希望。

作为父母，只有懂得了因材施教，才能最大限度地帮助孩子挖掘自己的潜能，从而做出一番事业。

但现实生活中也存在孩子被引入歧路的现象。比如：

孩子从小爱动，你却让他学书法，他能静得下来吗？

孩子对语言文字极为敏感，你却让他学奥数，让他成为数学家，这不是为难他吗？

孩子对学习毫无兴趣，但从小就有经商头脑。你摁着他的脑袋让他好好学习，天天向上，最后学习没学好，连经商的天赋也被扼杀了！

犹太人认为，做父母的应该按照孩子的思维长项来寻找学习和研究的领域，即每个孩子都有自己的特长，教育，要懂得因材施教。

有一个男孩叫琼尼，他的爸爸是一个木匠，妈妈是一个家庭主妇。为了送儿子上大学，琼尼的父母一直节衣缩食。

在琼尼读高二时，有一天，学校聘请的一位心理学家把他叫到办公室，说他不适合学习。“你很用功，但进步不大，你的各科成绩都远远落后于其他同学，你对高中的课程有点力不从心，再这样学下去，恐怕你就是在浪费时间了。”心理学家还告诉他：“每个人都有自己的特长！”

伤心的琼尼回到家告诉了爸爸老师的话，爸爸听了之后，安慰他：“孩子，每个人都有自己的优点和缺点，关键是如何避免自己的缺点，发挥自己的优点。要相信自己，尽量发挥自己的长处。所以你就尽管去吧，我相信你一定能够取得成功的。”

后来，琼尼再也没有上过学。

他到城里找了份工作。琼尼替人修建园圃，修剪花坪。他非常勤勉，手艺也越来越好，人们称他为“绿拇指”，凡是经过他修剪的花草都是出奇地美丽繁茂。

有一天，他凑巧来到市政厅后面，他发现这是一块满是垃圾、污泥浊水的场地，于是便向站在一旁的参议员问道：“先生，你是否能答应我把这个垃圾场改为一个美丽的花园？”

“市政厅没有这笔钱。”参议员对他说。

“我不要钱，只要允许我去做就行了。”琼尼说。

得到了许可，琼尼当天下午就带着工具、种子和肥料来到目的地。不久，这块泥泞的垃圾地就变成了一个美丽的公园。

一下子，全城人都在谈论，说有一个人办了一件了不起的事。人们通过这片草地看到了琼尼，看到了琼尼的才能，他被公认为是一个天才的风景园艺家。

虽然琼尼不会说拉丁文，也不懂法国话，微积分对他更是个未知数，但园艺和色彩是他的特长。琼尼经营着自己的一份事业，获得了大家的喜爱。所以，当孩子很小的时候，要根据每一个孩子的兴趣，对他们施以不同形式的教育。

“音乐诗人”门德尔松——再好的种子也要精心培育

犹太人教育智慧要诀

父母精心细致的教育最终成就了音乐诗人门德尔松。这对我们很多父母也是一个提醒，因为生活中，很多父母往往自恃孩子聪明，疏于教育，其实，这样反而是害了孩子。

纵然孩子的天赋再高，也离不开父母的精心教育，这就如同一粒优质种子，只有提供充足的水分、光照和养料，它才能出土发芽、开花结果。所以，不要认为孩子聪明，教育就无须费心。孩子平庸还是优秀，只在你的一念之间。

1809年，费利克斯·门德尔松出生于一个犹太家庭，家世显赫。他的祖父是欧洲著名的哲学家，被誉为犹太人的苏格拉底。门德尔松继承了祖父的聪明才智，以后在音乐上得到了充分的发挥。父亲是成功的银行家，母亲出身在富裕的犹太家庭，受过高等教育，懂得艺术，又有音乐素养，是门德尔松的启蒙老师。

殷实而又极具文化修养的家庭环境为门德尔松成为多才多艺的音乐大师创造了极为有利的条件，更重要的是门德尔松的父母对教育极为重视。

他们搬到柏林后，小门德尔松就开始接受音乐教育。先由母亲教他弹奏钢琴，这为他以后的钢琴创作打下了基础。从5

岁开始，为了让他接受多学科、广泛的文化教育，父母不惜重金聘请最优秀的老师到家里为他授课，如著名的语言学家鲁德威格·黑斯教授他拉丁文、希腊文和历史，著名钢琴家路德维希·柏尔格教他钢琴，柏林皇家管弦乐队首席提琴手查理和海宁教他小提琴与大提琴，还请老师教他素描、绘画等。此外，小门德尔松还学习舞蹈、击剑、骑马、游泳等。为了让小门德尔松学会指挥乐队和合唱，他的父母邀请专业管弦乐队和合唱队来家里演出，这时，小门德尔松站在椅子上，挥动指挥棒来指挥乐队或是合唱队。

在父母的精心安排下，小门德尔松学到了很多知识。其中卡尔·采尔特是对他影响最大的一位老师，他是柏林声乐学院院长、柏林合唱团团长、著名学院派音乐家。采尔特教门德尔松作曲、和声、对位，使他很小就掌握了系统的音乐创作技巧。

另外，从钢琴家柏尔格那里，小门德尔松又学会了一手钢琴弹奏技巧。后来，门德尔松又师从当时欧洲著名钢琴家莫舍列斯。精心的教育让门德尔松进步飞快，用莫舍列斯的话来说："我无时无刻不意识到，我是在跟我的老师，而不是跟我的学生打交道……"

为了让门德尔松有更多的表演空间，得到更多的进步，几乎每个星期日，父母都在后院的音乐厅里为他举办家庭音乐会，会上宴请德国的许多文化界知名人士，如诗人海涅、哲学家里格尔、科学家洪堡、音乐家韦伯及美术家史文德等。在家庭音乐会上，小门德尔松每次都是核心人物，他的表演总是赢来赞叹。而小门德尔松也积极地接近这些知名人士，向他们请教各种问题。在这样的环境中，在新的、进步的思想影响下，在各学科和各门类艺术的熏陶下，小门德尔松在思想、艺术上迅速成熟了。

这样精心细致的教育让门德尔松很早就显露出他的音乐天赋，成为神童莫扎特式的人物。9岁，门德尔松就表演钢琴独奏，11岁开始音乐创作，在12岁至14岁的3年中，他竟创作了13首弦乐交响曲。

1833年，门德尔松完成《意大利交响曲》，并在杜塞尔多夫就任音乐总监。1835年，他又成为著名的布业大厅音乐会的指挥。1842年，他与舒曼等人一起创办莱比锡音乐学院。1846年，在伯明翰音乐节上，他指挥的清唱剧《以利亚》，取得辉煌成就。

父母精心细致的教育最终成就了音乐诗人门德尔松。这对我们很多父母也是一个提醒，因为生活中，很多父母往往自恃孩子聪明，疏于教育，其实，这样反而是害了孩子。再聪明的孩子，如果没有正确而充分的教育，他的天赋又能发挥多少呢？在这个竞争激烈的社会，为什么不肯多用些心，给孩子的成长多一些筹码呢？爱孩子要精心地爱，爱孩子要愿意投入，所以，用心教育吧，这样才可以培养出优秀的孩子！

第四篇

犹太人的口才智慧

PART 01 用智语攻破对方心理防线——心与心的较量最能显本领

从对方最热心的话题切入

犹太人口才智慧要诀

在商业活动中，商人必须跟着客户的兴趣走。对人说话，应该投其所好。能够投其所好，你的话才能在对方心中产生作用，反之，则会没有任何意义。

犹太人认为，在谈生意时，要想与对方畅通无阻地交流，就必须找出对方的兴趣所在，从对方最热心的话题切入，因为共同的爱好能够让人走到一起。

在犹太人看来，生意场上有些交谈需要直截了当地切入正题。比如，对方已经知道你的来意，或者彼此已经约定了这次交谈的内容，那就不必要

说很多题外话。但是，在很多场合，交谈进入正题前是需要进行一些准备工作的，特别是当你需要通过你的交谈对象达到一定目的，且需要你去说服对方时，如果很突然地将交谈切入正题，可能会遭到对方一口回绝。

在这样一些场合，如果你不急于将交谈转入正题，而是说一些有关对方感兴趣的题外话，然后再将对方引入正题的交谈，结果可能会完全不一样。

巴黎有一位叫巴哈尔的犹太人，经营一家高级葡萄酒公司。他想把自己的葡萄酒推销到巴黎一家大饭店。于是，他一连4年都给该饭店的老板克莱恩打电话，还去参加了克莱恩出席的社交聚会。他甚至在该饭店住了下来，以便促成这笔生意。

巴哈尔的这些努力都是白费心机。克莱恩很难接触，他根本就没有把心思放在巴哈尔的葡萄酒上。巴哈尔苦苦思索，最后找到了症结所在。他立即改变策略，去寻找克莱恩感兴趣的事情，以便投其所好攻克难关。经过一番细致的调查，巴哈尔发现克莱恩是一个叫作“法国旅馆招待者”组织的骨干会员，

最近还被选为主席，对这个组织极为热心。不论会员们在什么地方举行活动，他都一定到场，即使路途再远也并不影响他的出席。

第二天，巴哈尔再次见到克莱恩时，开始大谈特谈“法国旅馆招待者”组织，这位老板马上做出令他吃惊的反应，当即滔滔不绝地跟巴哈尔热情交谈起来。当然，话题都是有关这个组织的。结束谈话时，巴哈尔得到了一张该组织的会员证。在这次会面中巴哈尔丝毫没提葡萄酒之事，但几天以后，那家饭店的采购经理就打来了电话，让巴哈尔赶快把葡萄酒样品和价格表送过去。

事后，巴哈尔不无感慨地说：“在商业活动中，商人必须跟着客户的兴趣走，投其所好，对客户最热心的话题或事物表示真挚的热心，巧妙地引出话题后，应多多应和，表示钦佩，这对做生意非常有利。”

在犹太人看来，谈话没有趣味性、共同性是无法进行下去的。对人说话，应该投其所好。能够投其所好，你的话才能在对方心中发生作用，反之，则不会产生效用。

在对方的虚荣心上下功夫

犹太人口才智慧要诀

人人都有虚荣心，虚荣招致奉承。没有人不喜欢被人奉承，世界上最美妙动听的语言就是奉承话。说奉承话，别人听了舒服，自己也不降低身份。但说奉承话需要把握好分寸，既不流于谄媚，又不损伤人格，这才是讨人欢心的法宝。

犹太人在谈生意时，总是习惯逢迎对方的虚荣心去说一些奉承话。在他们看来，当人们听到他人对自己引以为荣的事情称赞时，往往会心情愉快，对所谈的话题感兴趣，愿意继续交谈，渐渐地放松戒备心和敌意，然后在自我陶醉中迷失自我。

下面是犹太人如何让顾客满心欢喜而又不知不觉地促成生意成交的一个情景。

一位身材高挑的年轻女子在犹太人阿布巴卡的服装商店试衣服，试了几件衣服，不是这儿太宽松，就是那儿太紧，都不合适。阿布巴卡凭经验觉得，问题出在她没有挺直身子。于是在一旁对她说："这些衣服看来不是有些大就是有些小，把您娇美的身材给遮住了。"

年轻女子一听，直起身来重新在试衣镜中打量自己。这时情形发生了变化：年轻女子发现自己挺立的身躯看起来那么令人赏心悦目，那些难看的鼓包和皱褶都不见了，线条和轮廓也显现出来了。

阿布巴卡看得出，她喜欢这件衣服。"真漂亮！"阿布巴卡赞许地说，"你喜欢这一件吗？""是的，它使我苗条多了，啊，真的，我好像减轻了两三公斤体重。"年轻女子惊奇地说。

聪明的犹太人与人谈生意的诀窍就是谈论他人最引以为荣的事情，他们对人的心理揣摩得非常透彻：恭维话人人爱听，对人说奉承话，如果恰如其分，他一定十分高兴。越是傲慢的人，越爱听奉承话，越喜欢受人奉承。说奉承话是商人的一门重要功课，艾特森就是凭着一张巧嘴赢得了一笔笔大生意。

美国大富翁伊斯特曼决定要在洛加斯达城捐造“伊斯特曼”音乐学校及“凯伯恩”剧院用以纪念他的母亲。纽约辛纳格座椅制造公司的老板，即后来成为名人的艾特森，想谋取该剧院座椅的合同，于是他就和伊斯特曼约会见面。

见面自我介绍了之后，艾特森便一脸真诚地说道：“伊斯特曼先生，当我在外边等着见你的时候，我很羡慕你的办公室，假如我有这样的办公室，我一定也很高兴在里面工作，要知道我从来不曾见过这么漂亮的办公室。”

伊斯特曼高兴地说：“你使我想起一件几乎忘记了的事。这房子很漂亮是不是？当初才建好的时候我特别喜爱它，但是现在，因为有许多事忙得我甚至几个星期坐在这里也没空看它一眼。”

艾特森一边听着一边走过去用手摸摸壁板，说道：“这是英国橡木做的，对吗？和意大利橡木稍微有些不同。”

伊斯特曼回答：“是啊，那是从英国运来的橡木。我幸好也略懂一些木料的好坏，亲自挑选的。”

随后伊斯特曼领着艾特森参观他自己当初帮助装饰公司设计的房间配置、油漆颜色及雕刻图案等。当他们在室内夸奖木工的技术时，伊斯特曼走到窗前站住了脚，然后亲切地表明要捐助洛加斯达大学及市立医院等机关一些钱，用以表达自己的心意。艾特森热诚地赞许他这种慈善义举和古道热肠。伊斯特曼随后又走过去打开一个玻璃匣，取出他从前买的第一架摄影机。他告诉艾特森，这是从一位英国发明人手中买来的。

艾特森从上午十点一刻走进伊斯特曼的办公室，时至中午他们还在滔滔不绝地谈着。最后伊斯特曼对艾特森说："上次我去日本，在那里买了几张椅子回来，我把它们放在阳台上，日子一久阳光就把漆给晒退了，我就到商店买了漆回家自己动手油漆那椅子，你想看我自己油漆的成绩吗？好极了，就同我到舍下去吃中饭吧，我给你看看。"

饭后，伊斯特曼把从日本带回来的椅子指给艾特森看。那椅子每把不过1.5美元，但是伊斯特曼虽然家财万贯，对那椅子却异常满意，因为那是他自己动手油漆的。结果不言而喻，艾特森拿到了10万美元的订单。

犹太人艾特森从伊斯特曼最热心的话题切入，渐渐地说到对方值得引以为荣之处，尽管这些引以为荣之处有的不是伊斯特曼所做的一件什么大事，由于给予了恰如其分的赞美，同样收到了良好的效果。伊斯特曼心中一高兴，便在自我陶醉中迷失自我，生意于是顺利成交。

"人人都有虚荣心，虚荣招致奉承。没有人不喜欢被人奉承，世界上最美妙动听的语言就是奉承话。说奉承话，别人听了舒服，自己也不降低身份。"艾特森说出了他屡试不爽的秘密武器。

世人都爱奉承，但说奉承话需要把握相当的分寸，既不流于谄媚，又不损伤人格，这才是讨人欢心的法宝。只要自己愿意，总是能够在别人身上找到某些值得称道的东西。

做到让对方同情你的处境

犹太人口才智慧要诀

同情心是人类与生俱来的情感，哪怕是一个平常很古板的人，一旦触及到同情心，他的立场也会发生不同的变化。巧妙地利用人类的同情心来做文章，本来不打算购买的人，此时也会产生“再也不能让他白跑了”的想法，有了心理负担和欠人情债的感觉。

犹太人在经商过程中得到一条经验：同情心是人们天生迷恋的东西，人类毕竟是感情动物，即使有千百个理由，也比不上一个令人感动的事实。用感情或感觉来突破难关，可以使客户由反对者变成赞成者，这是潜在心理术的突破点。

有一次，犹太人阿佩尔在推销产品时，遭到客户的拒绝，但过了一段时期之后，他再次来了。这时客户仍绝情地说：“我并没有购买的意思，你再来几次也是枉费心机，因此，我劝你不要再浪费口舌、白费力气了。”

阿佩尔却不在乎，仍精神抖擞，面带笑容回答说：“不，请不必为我担心，说话跑腿，是我的工作职责，只要你能给我一点时间，听我解释，我就心满意足了。”

客户看到他全身是汗，却还满脸笑容，不买觉得再也不好意思了，于是就买了一点。

下雨下雪是阿佩尔上门的好日子。外面下着雨，别人都躲在家里，而阿佩尔站在门口，不能不使人产生同情心，因而难以拒绝。

阿佩尔这种推销方法，就是巧妙地利用人类的同情心来做文章，本来不打算购买的人，此时也会产生“再也不能让他白跑了”的想法，有了心理负担和欠人情债的感觉。于是，客户就会这样想：“这位推销员若是多跑几处地方，也许他的产品早就卖完了，但是他却常来这里，使他花了不少宝贵时间，再不买他的产品，就有点对不起人了。”这就是加重人们心理负担的一种推销方法。

要使对方做大幅度的退让，就要尽量让对方多积累一些细小的心理负担，当这种心理负担扩大到一定程度时，对方就肯定会让步了。

利用同情心打动别人，除了在生意场上，在其他场所也能经常见到。

接下来说的是一件真实的事。日

本有一位少年在地铁的站台上不小心掉到了铁轨上面，刚好有一辆电车飞驶而来，虽然他万幸地保全了性命，但是却受了重伤，失去了一对手腕。于是这个少年就对地下铁路公司提出控诉。但是不论是地方法院的审判还是最高法院的审判，都认为这完全是少年自己造成的，地下铁路公司没有过失。于是这个少年便每天心情沉重地过着郁郁寡欢的日子。

终于到了最后判决的日子。在当天的最后辩论中，少年的辩护律师说了这么一句话："昨天我看到他吃东西时，直接用舌头去舔盘子里的食物，使我不禁掉下了眼泪。"这句话使陪审团的判决峰回路转，全体陪审员一致认同地下铁路公司应向受伤少年赔偿。这表面上看起来是一个理性的意见或判决，但事实上却是依赖人的感情和五官的感觉来做判断的。

同情心是人类与生俱来的情感，哪怕是一个平常坚持理性立场的人，一旦触碰到同情心，他的立场也会发生不同的变化，所以最好做到让对方同情你的处境。

不妨在对方的自尊心上撒点"胡椒面"

犹太人口才智慧要诀

刺激对方的自尊心，其实就是"激将法"。在面对一个做事拖拖拉拉、犹犹豫豫难以下决定的人时，用这种方法来激发他们的决心。说话最具刺激性的是说讥讽话，对于一些妄自尊大、傲慢固执的人，说这样的话会起到一定的作用。

人人都有自尊心，希望得到别人的尊重。自尊心越强的人，越是希望自己与众不同，不愿与一般人混为一谈。犹太人在生意难以达成的情况下，有时会用适度的话来刺激对方的自尊心，从而俘虏对方。

巴黎一家大商场的珠宝玉器柜台前，有一对穿着讲究的夫妇对一只标价10000法郎的翡翠戒指很感兴趣。营业员见他们犹豫的样子，知道他们嫌价格太贵。于是热心地说："这枚戒指的确很精美，只是价格稍微有点贵，很多人都看上了，最终还是没有买下它。有个国家的总统夫人戴在手上舍不得取下，后来换了一枚价格适中的。要不您二位再看看别的有没有中意的？"

那对夫妇看了营业员一眼，女士说道："既然总统夫人给我留下了，那我就要它了。"于是当即付钱，瞧她那神情，简直比总统夫人还阔气。

说反话也可以刺激顾客的自尊心。犹太人面对衣着非凡的顾客时，有时会故意先推荐档次低的商品："先生，这是最便宜的一款，很实惠。"结果却是顾客把中高档的一款买走了。

刺激对方的自尊心，其实就是"激将法"。日本推销女神柴田和子在面对做事拖拖拉拉、犹犹豫豫难以下决定的客人时，也总用这种方法。她常常对顾客说这些稍微逆耳的话：

"一个有主见的人，从不回家跟老婆商量。"

"只有能自我判断作出决定的人，才配称有魄力。"

"最近的男人好像都变得婆婆妈妈的，您不是这样的。"

因这种激将法生效而当场填妥投保书的人，几乎没有人会再打电话来取消保险契约。

说话最具刺激性的是说讥讽话，对于一些妄自尊大傲慢固执的人，说这样的话会起到一定的作用。

犹太人韦森有一次和一位办公室经理谈打印机生意。那位办公室经理想买，但他害怕他的上司会批评他，于是这桩生意一拖再拖毫无进展。韦森再三与之联系，他们为那台愚蠢的过时的点式字模打印机争得面红耳赤，但这一切都是没有用的。

后来韦森弄清楚了，决定利用他的骄傲去消除他对上司的恐惧。于是当韦森又一次拜访他时，故意拍了一下他的点式字模打印机，用全办公室的人都听得见的声音说道：“‘T型福特！T型的！’”

“你说T型是什么意思？”那位办公室经理问道。

“没什么，T型福特是过去盛极一时的汽车，正如你的点式字模打印机。但今天，它只是一个怪物！”韦森说道。

这深深地触动了那位经理，他坐在那里陷入沉思。两天后他打电话给韦森说，他想用激光打印机代替他原来的那部点式字模打印机。

虽说是为刺激对方的自尊心，但话也要说得巧妙含蓄一些为好。有的商人在顾客放弃购买时会说出“买不起就别买”的伤害感情的话，这是毫无意义的，顾客听了后肯定下次不会再来。

要让对方产生惺惺相惜之感

犹太人口才智慧要诀

谈生意时，如果能体恤对方的心情，设身处地，为对方着想，别人被你的话所感染，也会反过来考虑一下你的立场。这样，在不知不觉中，你们在感情上取得了共鸣，对方自然也就毫不犹豫地接受了你的意见。

有一位犹太人说：“为了让自己成为受人欢迎的人，我们必须抛开自己的立场置身于对方的立场上去说话。只要把话说到对方的心坎上，引发对方心理上的同感，就能与顾客建立和谐与信任关系，让顾客能够敞开心胸接受你的讯息。”

在犹太人看来，要想说服顾客，如果能体恤对方的心情，设身处地，为对方着想，别人被你的话所感染，也会反过来考虑一下你的立场。这样，在不知不觉中，你们在感情上取得了共鸣，对方自然也就毫不犹豫地接受了你的意见。

日本有一位叫格森的犹太人经营一家清酒公司，有一次，公司开发出一种新品牌的清酒，在扩大市场的过程中，遇到一个开了10家连锁饭店的潜在大客户龟田。格森想把新的清酒销售给这个客户，他去拜访龟田许多次，每一次都吃闭门羹，对方不是态度很冷淡，就是敷衍了事。

有一次，他再度尝试去拜访龟田。当他走进对方的办公室，还未来得及问候，龟田一见到他就很生气地一拍桌子说：

“你怎么又来了！我不是告诉过你我最近很忙，没有空吗？你怎么那么烦人！你赶快走吧，我没时间理你。”

如果一般人遇到这种情况，也许会心里不舒服，以至扭头就走人，但格森不仅没有心里不舒服，而且马上想到：龟田有什么烦心事吧？他立刻用和龟田几乎一样的语气说：“龟田君，你怎么搞的，我每次来，都发现你的情绪不好，你到底为了什么事情烦心？我们坐下来谈谈。”

格森说完之后，龟田马上平静下来，停止说刺耳的话，变得非常和气。格森见了之后，马上改变说话的口气，很和气地说：“龟田君，怎么回事呢？我来拜访你四五次了，每一次都看到你的情绪不是很好，你是不是有什么烦心的事？我们一起聊聊。”

这时，龟田也用相类似的语气说：“格森君，我最近实在是烦死了。为什么呢？你知道我是从事连锁餐饮行业的，我好不容易花了很多时间培养了3个分店经理，因为我今年下半年计划开3家分店，一切准备就绪，结果上个月我新培养的3个分店经理却被我的竞争者以高薪给挖走了。你说我能不生气吗？”

格森听了拍拍他的肩膀，说：“哎，龟田君啊，你以为只有你才有这么烦心的人事问题吗？我也跟你一样啊。你看看，我们最近不是有新的产品要上市吗？前几个月我好不容易用各种方法招来十几个新的行销人员，我每天早出晚归，加班培养他们，想把我们的市场打开。结果才3个多月的时间，十几个新的行销人员走得只剩下五六个了。”

接下来的几分钟，他们互相抱怨，现在的员工是多么地难培养，人才是多么地难寻找……最后，格森站起来拍拍龟田的肩膀，说：“龟田君，好了，既然我们俩对于人事的问题都比较头痛，咱们也先别谈这些烦心的事了。正好我车上带了一箱新的清酒，搬下来你先免费尝一尝，不管好喝不好喝，过两个星期，等我们两人都解决了人事问题后，我再来拜访你。”

龟田听了后就顺口说：“好吧！那你就先搬下来再说吧。”搬下来后，两个人挥手互道再见离开了。结果可想而知，龟田成了格森的大客户。在谈话的整个过程中，格森从头到尾都没有讲他的产品。那他是怎么成功的呢？事实上他花了大部分时间与龟田聊天，触动龟田的同感，与之建立共鸣，这样就水到渠成地达成了交易。

把对方的信心鼓动起来

犹太人口才智慧要诀

人们在缺乏信心和信任时，根本不可能做出购买决策。说服顾客对自己有信心以及相信他们买的物品能物有所值，这是让顾客最终决定购买的有效途径。

犹太人心里都很清楚，对于所有行业而言，使顾客树立起对生意人、公司或产品的信任感相当重要。曾经购买过同类商品却因某些因素留下不好印象的客户是最不好处理的，首先一定要先找出问题所在，将客户的怒气平息下来，才有可能让客户以正常的心态重新接纳商家。

下面是犹太人杰姆斯与客户的对话：

客户："上次那个卖割草机的，在没买之前天天来找我，买了之后就找不到人了！"

杰姆斯："那真是太不应该了！不过，人嘛，总是有好有坏的，只是您运气不好碰上个恶劣的人！"

客户："唉！你们都是这样的，张嘴就说好听的话，我可不会再受骗了！"

杰姆斯："请您仔细看看我，我是那种人吗？这是我的名片，如果您有任何问题，欢迎您随时打电话来……"

犹太人杰姆斯经常利用他的好口才来赢得顾客信任。有一次杰姆斯向怀特律师推销几款西服。在杰姆斯告诉怀特律师价钱之前，他就说："我要这件和那件。"过了一会儿，怀特问："怎么卖的？"

当杰姆斯报了价格后，怀特律师就不再说话了，杰姆斯看见他面红耳赤。杰姆斯知道，除非能赢得怀特律师的信任并能摆出理由让他相信，用比他以前所花的要多得多的钱来买这两套西服是个明智的选择，要不然买卖又要泡汤了。

突然，杰姆斯注意到窗外停车坪上怀特律师开来的新凯迪拉克小汽车，于是他装出一副很神秘的样子问道："怀特先生，我能问您一个问题吗？"

"可以。"怀特回答说。

"您开什么牌子的车？"

"哦，凯迪拉克。"

"在您开凯迪拉克前，您还开过什么车？"

"雪铁龙。"

"您记不记得，当您从雪

铁龙换到凯迪拉克时对价钱是不是也很关心呢？”

“我明白了。”怀特很快就轻松了起来。那时，价格已经不再是个问题了，通常顾客们都愿意花更多的钱来购买一些质量好的产品，怀特于是买下了两套西服。

在许多类似的情况下，杰姆斯都能从汽车开始引申到服装，从而说服顾客。当然，杰姆斯也会用办公家具和计算机等许多东西来打比喻。杰姆斯认为，说服顾客树立信心的另一种方法是，给他们讲一个特定的顾客买服装的例子。

“几年前，有位推销别墅的罗伯特先生从我这儿买服装。当时，他的业绩平凡，几年下来，他居然成为他们公司最出色的推销员。我问他的成功取决于什么，他说是自信，是开始穿我推荐的服装后的自信感觉，他觉得自己与那些拜访的人是平等的，他再不会为自己的衣着感到窘迫不安。

“另外一个可讲的是亚特兰大市商业协会主席本·温伯格。我第一次拜访他时，在我的推销演示过后一会儿，他爽快地让我为他挑两套西服。当我把他的服装给他时，温伯格试穿了一件，说：‘不错，我喜欢您所做的，也喜欢这套西服。以后每个季节，我希望您能到我的办公室来，给我送两套您认为我可能喜欢的服装来。’现在温伯格先生已经将他的订单改为三套了。”

以上这些故事，杰姆斯讲过许多次，而且非常有效，因为它使许多犹豫不决的人产生信任之感，一旦人们建立了这种信任，他们决策起来就简单多了。

PART 02 用巧语牵引对方的思维跟你走——比一比谁手中的牌更厉害

先让顾客来参与，再慢慢谈生意

犹太人经商智慧要诀

人性的特点之一是喜欢参与！让顾客自己参与进来，自己说服自己购买，这确实是一种销售境界。如果我们不能在最短的时间内，用最有效的方法来突破客户的抗拒，说服他们参与进来共同“表演”，那么我们所做的任何事情都是无效的。唯有客户将所有的注意力放在我们身上的时候，我们才能够真正有效地开始我们的销售过程。

犹太人在做生意时经常坚持这种观点：不管商谈的什么生意，最终的目的是让对方尽可能完整地接受自己的方案或商品。

一些人不明白其中的道理，经常要写计划书、建议书、可行性报告等，他们为了给对方留下一个美好印象，把这些书面文件搞得尽善尽美，无可挑剔。遗憾的是，这类会让专家点头不已的文件，放到客户面前后，往往毫无效果。为什么呢？完美文件的制作者或许精通自己手中的商品或方案，却不懂得人性的特点之一是喜欢参与！

美国有一个名叫斯坦巴克的犹太人，在做销售安全玻璃的业务员时，他的业绩一直都维持北美整个区域的第一名。在一次顶尖业务员的颁奖大会上，主持人说：“斯坦巴克先生，你有什么独特的方法来让你的业绩维持顶尖呢？”

斯坦巴克说：“每当我去拜访一个客户的时候，我的皮箱里面总是放了许多截成15厘米见方的安全玻璃，我随身也带着一把铁锤子。每当我到客户那里后我会问他：‘你相不相信安全玻璃？’当客户说不相信的时候，我就把玻璃放在他们面前，拿锤子往玻璃上一敲。每当这时候，许多的客户都会因此而吓一跳，同时他们会发现玻璃真的没有碎裂开来。然后客户就会说：‘天啊，真不敢相信。’这时候我问他们：‘您想买多少？’直接进行缔结成交的步骤，而整个过程花费的时间还不到1分钟。”

当斯坦巴克讲完这个故事不久，几乎所有销售安全玻璃公司的业务员出去拜访客户的时候，都会随身携带安全玻璃样品以及一把小锤子。

但经过一段时间，他们发现斯坦巴克的业绩仍然维持第一名，他们觉得很奇怪。而在另一个颁奖大会上，主持人又问：“我们现在也已经做了同你一样的事情了，为什么你的业绩仍然维持第一呢？”

斯坦巴克笑一笑说："我的秘诀很简单，我早就知道当我上次说完这个点子之后，你们会很快地模仿，所以自那以后我到客户那里，唯一所做的事情是，当他们说不相信的时候，我把玻璃放到他们的面前，把锤子交给他们，让他们自己来砸这块玻璃。"

让顾客自己参与进来，自己说服自己购买，这确实又是另外一种销售境界。

先把顾客引诱进来再慢慢地谈生意，这是斯坦巴克从事推销生涯多年来的总结。他刚从事推销职业时，靠推销装帧图案给纺织公司为生。纽约有一家大纺织厂是他的目标客户，他每星期跑一次，整整跑了3年，始终没有谈成一笔生意。老板总是看一看草图，双手一摊，说："很抱歉，斯坦巴克，我看今天我们还是谈不成。"

后来，斯坦巴克学习了影响他人行为的心理学，故意带着未完成的装帧草图，再次去见那位老板。

"我想请您帮个忙，

如果您愿意的话。这里有一些未完成的草图，希望您能指点一下，以便让我们的艺术家们根据您的意思修改完成。”

这位老板答应看一看。3天后，斯坦巴克再次去见那位老板，老板中肯地提了意见。而且，根据老板的意见，艺术家们修改了图案。

结果，这批设计图案全部推销给了这位老板。从此，斯坦巴克用同样的方法，轻松地推销了许多图纸！

每一个人都希望自己为某些事物的发展和形成出一份力，特别是这些事物非常美好时，这就是“参与心理”。斯坦巴克总能利用“参与心理”在众多竞争中轻松获胜。

在一次颁奖大会上，斯坦巴克介绍了他的一些口才技巧。他讲了许多，总结起来意思是这样的：

每当我们接触客户的时候，时常会发现客户仍在忙着其他的事情，而这个时候，如果我们不能在最短的时间内，用最有效的方法来突破客户的这些抗拒，说服他们参与进来共同“表演”，那么我们所做的任何事情都是无效的。唯有客户将所有的注意力放在我们身上的时候，我们才能够真正有效地开始我们的销售过程。

一般情况下，顾客虽然会持激烈的反对意见，但只要用话引导他参与进来，就比较容易接受你的决定，心理学上称之为“参与的效果”。

顾客即使原本没有什么反对意见，只因没有他参与，他便很难接受你的观点。因此，如果你想使自己的生意能够顺利成交，不妨也学会利用一下“参与的效果”。

表面上附和，暗地里诱导

犹太人口才智慧要诀

对方说话的时候，如果我们能经常在恰当的时候随声附和，将激发起他的讲话热情，使对方感到愉快。附和的主要目的就是，想要借这种方式，来寻求最佳的沟通切入时机，让双方产生共识，借由这种表达，可以激发对方的好感，使得良好的对话气氛得以延伸。于是，我们便可一步步将对方诱入自己的圈套，最后，对方已不知不觉地将自己整个看法推翻。

犹太人在与顾客谈话时，总是能随时插上一些附和语言，表示对顾客的赞同。大致说来，他们的附和主要有两种，一是重述对方所言；二是随声附和，其中还夹杂着某种赞同的表情、语言、情绪。

比如：

“啊！真有这样的事？”

“您说得很对。”

“完全正确。”

“这事儿倒新鲜。”

“啊，难怪。”

“我也深有同感。”

布朗告诫他的部下：附和的时机很重要，没有比呆板的附和更使人感到虚伪的了。附和中，惊讶和共鸣是少不了的，没有这两点的附和就等于是开了盖的汽水瓶——跑了气了。

为了让部下清楚地领会这一要诀，布朗先生讲了自己亲历的一件事情。

“有一次，我急于赴一个作家那里商谈出版事宜，真见鬼，汽车在中途抛锚，我只好搭出租车。那个司机正在收听棒球比赛的实况，于是我和他也顺便聊些有关球队的问题，如乙队如何，甲队又如何等。当然在我尚未明了他心中的意向之前，我没有轻言附和，唯恐引起对方的不快而影响到自己乘车的安全。

“开始时，我只是适当地附和对方，当确知对方意向与自己不甚相符时，我就暂依其意，之后再以缓缓导向方式使其趋向于我。这么做更易为对方接受，而且能避免宾主间的不快。但这种方式只在对方无明确的主见，或其主张不理想时，方才适用。

“对方正发表高见时，你不妨频频点头以表同感，使对方感到你与他属同一道上的人。此时，即使你提出或多或少的异议，他也不会在意，于是，你便可一步步将对方诱入自己的圈

套，最后，对方已不知不觉地将自己整个看法推翻。若一开始便与对方唱反调，反而对自己不利。”

有一位推销员和一位太太对话时就使用了附和语言。

“太太，你的皮肤很适合用本公司化妆品。”

“可是，我已经有化妆品了呀！”

“哦，你已有化妆品了？”

“嗯，我用的是玫琳凯的化妆品，差不多该有的都有了。”

“都有了？”

“是啊！像我这种年纪的女人，平时不常出门。”

“哦，原来你很少出门。”

“是的，我的儿女都快要成家了，以后参加婚宴的机会会多一些。”

“噢，太太的人缘很不错。”

“还行吧。每个女人都希望自己更漂亮一些，尤其是我们这种年纪的女人……”

就这样顺势谈下去，那位推销员用这种语言技巧先取得她的好感继而逐渐摸准她的心理。而这位太太也会觉得这名推销员善解人意因而愉快地买下他的化妆品，尽管她已经有足够的化妆品，仍然难以拒绝推销员的热情。

恰到好处的附和技巧也是需要学习的，犹太人通常的做法是：

适时迎合对方的论点来表达善意的回应。

旁敲侧击，找出对方想法和自己相同之处，借此拉近彼此的距离。当看法一致，马上表明支持，以降低不能达成共识的比例。

顺势而为，为对方的论点补充说明，借机表明和对方站在同一立场的观点。

特别注重谈论对方一向引以为荣的事情。

以幽默、清淡的语气说出好话，让人不起鸡皮疙瘩。

营造开心、欢乐的气氛，只有在轻松的氛围下，才能把话说得圆融。

总之，附和的主要目的就是想要借这种方式，来寻求最佳的沟通切入时机，让双方产生共识，借由这种表达，可以激发对方的好感，使得良好的对话气氛得以延伸。

启发顾客在两种方案中选择

犹太人口才智慧要诀

选择越多，也就意味着被选中的几率越小。给客户提供的选择越多，客户越是不容易下定决心。人们总是在更多的选择面前会变得迟疑，因此向客户提供两种选择最佳。尤其是在顾客已接受我们的商品或服务前提下，向顾客提出两种选择方案，任顾客自由选择往往会收到最佳效果。

“先生，您喜欢黄色的那一件，还是喜欢蓝色的那一件呢？”

“小姐，您看这两种护肤霜都是深受欢迎的化妆品，不知您更喜欢哪一种？”

“太太，您看什么时候给您送货最恰当：是今天下午，还是明天上午？”

上面的三句话，看起来好像是来自商场中销售员的话语，其实它是在课堂上出自惠勒之口。他在向学员讲授“二选一”法则时讲出了上述案例。

“二选一”法则的秘诀最初是由犹太裔销售训练师艾米尔·惠勒最先提出的，因此也称为“惠勒秘诀”。还是让我们接着免费听一听这位大师每小时500美元的课吧。

“我们和客户约定见面拜访的时间时，恰当的方式是使用‘二选一’法则。也就是：提出两个见面的时间来让客户选择，不问客户有没有空，而应该问他们哪个时间有空。你可以问客户：请问您是明天上午有空还是下午有空呢？

“当你问完这个问题后，如果客户说这些时间都没有空，你必须一直持续地问下去：那您后天的上午什么时候有空？如果他说后天上午也没有空，那你继续问他：那么后天的下午您什么时候有空？每一次都给他两个时间去做选择，而不要只问他有没有空，你应该问他什么时间有空，一直问下去，直到他告诉你什么时候可以去拜访他为止。

“在这个过程中，常常有人会碰到客户这样回答：你明天再打电话与我约时间。当客户提出这样的要求时，我们需要注意的是：绝对不可以答应客户到第二天再打电话约时间，因为第二天打电话约时间就等于约不到时间了。所以，每当客户要求你明天再打电话联系时，你可以说：先生（小姐），我知道您的时间非常宝贵，而我也不希望浪费您的时间，刚好在我的面前有我的行程表，如果我们现在就把时间约好，可能会比明天再打电话麻烦您更能节省您的时间。

“依照经验，当你用这种方式回答客户时，几乎大多数的人都会马上同你约定好见面时间。”

有一位名叫赛姆的汽车推销员听了惠勒的训练课后，深受启发。“忽然间，我的脑袋像是开了窍，我知道该怎么做了。”他惊奇地说。以后在向客户推销汽车时他就经常使用这种方法。

在此之前他总是这样说：“彼特先生，只需付35750元，这辆车就归您了。您看怎么样？”结果客户并不能轻松地作出决策，他也许需要时间考虑考虑。

学了惠勒的“二选一”法则，赛姆通过和客户进行下面的一段对话，卖出汽车就顺理成章了。

赛姆：“您喜欢两个门的还是四个门的？”

约翰尼：“哦，我喜欢四个门的。”

赛姆：“您喜欢这两种颜色中的哪一种呢，是红色还是黑色？”

约翰尼：“我喜欢红色的。”

赛姆：“您要带调幅式还是调频式的收音机？”

约翰尼：“还是调幅的好。”

赛姆：“您要车底部有涂防锈层的还是不涂防锈层的？”

约翰尼：“当然是有防锈层的了。”

赛姆：“是要染色的玻璃还是不染色的？”

约翰尼：“那倒不一定，还是染色的吧。”

赛姆：“汽车胎要白圈还是银圈？”

约翰尼："银圈的吧。"

赛姆："我们可以在10月1日上午8时到12时或下午3时到6时交货。"

约翰尼："10月1日8时到12时最好。"

赛姆运用这个方法的妙处在于，以咨询的方式将选择的自由委之于顾客，不管规格大小、颜色，还是数量、送货日期，让顾客"二选一"。只要顾客选出其中一种，即可以认定他已经决定接受了，按完成交易的手续办理。

在提出了这些对客户并不难做的小决策后，赛姆递过来订单，轻松地说：

"好吧，约翰尼先生，请在这儿签字，现在您的车马上就可以为您工作了。"

在这里，赛姆所问的一切问题都假定了对方已经决定买了，只是尚未定下来买什么样的。

在使用"二选一"方法时，要注意所提的问题中最好不要用"买"字，这样顾客便有主动感或参与感，觉得这是自己的选择，而不是他们硬要卖给我的。另外，所提出的选择最好不要多于两个，如果提供的选择太多，致使顾客"转眼看花花不定"，这虽不至于完全丧失买意，也会在相当大的程度上影响成交，使生意转眼泡汤。

话中设置悬念引起对方好奇心

犹太人口才智慧要诀

人人都有好奇心，在你满足了他人的好奇心的同时，对方也就会自觉地接受你的意见。由于好奇心，对方的胃口被吊了起来，这样你就很容易达到你的目的。

犹太人认为，好奇心是所有人类行为动机中最有力的一种，在实际推销工作中，可以用话先勾起客户的好奇心，引起对方的注意和兴趣，然后说出推销商品的好处，迅速转入面谈阶段。

犹太人鲍洛奇早年在美国一个叫杜鲁茨城的最为繁华的街道替老板看摊卖水果，尽管周围有众多的水果摊，但是鲍洛奇干得有声有色。

不料，发生了一件事却差点使他刚刚红火起来的生意全败下去。鲍洛奇的老板贮藏水果的冷冻厂发生了一场意料不到的火灾。当消防人员赶来把大火扑灭时，16箱香蕉已被大火烤得变成了土黄色，表面还出现不少小黑点。老板把这些香蕉送到鲍洛奇的摊位上，让他降价处理，老板交代他，香蕉只要能够卖出去，不至于浪费掉就行了，即使价格再低一点也可以卖。

尽管窝了一肚子气，鲍洛奇还是尽职尽责地大声吆喝起来，不少顾客走到他的摊前，见到这些丑陋不堪的香蕉，只好摇着头转到别的摊位前去了。

鲍洛奇见水果不受顾客欢迎，生了一阵闷气之后，坐下来把那些变色的香蕉检查了一遍。他掰开一只香蕉，剥开那黄中带黑的皮，然后放进嘴里。“是的，这些香蕉一点都不变质，相反，由于火烤的原因，这些香蕉还别具一番风味。对了，我何不……”他在心里琢磨着，突然想到了一个绝好的主意，他不禁为此而微笑起来。

第二天一大早，鲍洛奇又开始叫开了：“各位先生，各位女士，大家早上好！我刚批过来一些进口的阿根廷香蕉，正宗的南美风味，只此一家，数量有限，快来买呀！”很快，鲍洛奇的摊前围了一大群人。众人目不转睛地盯着这些黄中带黑的“阿根廷香蕉”，有些犹豫，因为价格比较贵，不知道要不要买。

看到这么多人围到自己的摊位前，鲍洛奇兴奋极了，立刻鼓动三寸之舌：“阿根廷香蕉，阿根廷香蕉！最新进口的，我们公

司好不容易才进到货。这种香蕉产在阿根廷靠海的地区，阳光充足，水分多，风味独特！”他把这些黑不溜秋的“阿根廷香蕉”吹嘘得如何名气大、风味好，又费了多大的劲才搞到这么十几箱“最新品种”，说得天花乱坠。

在人们将信将疑之际，鲍洛奇不失时机地问一位穿着得体的小姐：“小姐，请问您以前尝过这种‘阿根廷香蕉’吗？”这位小姐在摊位前张望很久，鲍洛奇早已注意到她了。她的眼睛好奇地盯着这些香蕉很久了，那样子很像打算买，只是还没有最后拿定主意。鲍洛奇决定从她身上打开突破口。

“哦，我可没有，从来没有尝过。这些香蕉蛮有意思的，只是有点黑。”小姐说。

“这正是它们的独特之处，否则的话，它们也就不叫阿根廷香蕉了。你见过鹌鹑蛋吗？鹌鹑蛋也是带有黑点，但是鹌鹑蛋却特别好吃，不是吗？”鲍洛奇唾沫飞溅地说，“请您尝尝，您从来没有尝过这种风味如此独特的香蕉，我敢打赌！”接着马上剥了一根香蕉递到小姐的手里，小姐接过吃了一口。

“味道怎么样，是不是非常独特？”鲍洛奇不失时机地问。

“嗯，味道确实与众不同，我买8磅。”小姐说。

“这样美味的阿根廷香蕉只卖10美分一磅，已经是最便宜的啦。我们公司好不容易弄到这么一点货，大家不尝尝？错过机会您想买就买不到了。”鲍洛奇大声吆喝起来。

于是你来5磅，他来3磅，很快，16箱被大火烤过的香蕉竟然以高出市价一倍的价钱卖得精光。还有许多慕名来买“进口香蕉”的人因没有买到失望而归，倍感遗憾。

一千句话不如一次示范更具诱惑力

犹太人口才智慧要诀

在销售过程中让客户亲自接触，直接体会商品所带来的好处。不要担心顾客不肯尝试，因为每个人都有亲自操作的欲望。

在犹太商界中广为流传这样一句话："一次示范胜过一千句话。"他们认为自己向顾客示范是一种非常好的方法，然而，如果能让顾客自己亲自示范，效果就更好了。让顾客自己做，把他们置身于具体的情景当中，让他们深刻感悟到产品带给自己的好处。这是最高明的推销法则。

但是商人的自我表演，并不是最高明的示范。精明的犹太人认为体验示范才是示范的最高境界。在销售过程中让客户亲自接触，直接体会商品的利益与好处。激发客户兴趣的关键，在于首先使对方看到购买的利益所在。使客户看到好处，使客户产生好感，这就是体验示范激发客户兴趣的要点所在。

经销电动车的犹太人葛西为了引起客户对新型号电动车的兴趣，总是现场安排一辆新车，让客户骑上兜几圈，亲自体验一下新车的灵巧、轻便和稳当。在让客户体验商品时，葛西有时给予一些指导性的提示。客户试骑新电动车时，一旁的葛西提示道："踩快一点，看看这车子多轻快。""刹一把，瞧，多稳，连声音都没有。""买去吗？今天我已卖出30多辆这种车子了！”

只要条件许可，犹太人总是尽量让客户参与体验示范，尤其是对于机械产品、电子产品的推销，满足客户亲自操作的愿望，让客户参与体验要比商人自己示范更能引起客户的兴趣。客户一旦学会一定的使用操作技巧之后，使用越熟练，越想永久地使用它，就越可能达成交易。

当然，体验示范不仅仅局限于让客户触摸，犹太人还会让对方品尝、聆听、观赏等。

我们在日常生活中看到的销售例子也多种多样，书店开架卖书，目的在于激发客户的阅读兴趣；食品商场先尝后买，目的在于激发客户的口味兴趣；音响门市部试放唱片，目的在于激发听众的欣赏兴趣。在销售工作中，体验示范有着广泛的应用天地，值得每一个生意人重视。

PART 03

凭暗语摸透对方的心理——你不侦察别人，别人侦察你

刺探出顾客的品味和购买需求

犹太人口才智慧要诀

每一个购买行为的实质都是为了满足人的某些需求。对待客户在态度上要一律热情，而方式方法上一定要因人而异。不同的客户，其性格、心理、气质也会不同，所以，在销售过程中，要善于从客户的言行、举止中发现这一点，然后针对不同客户的品味，选择有针对性的试探用语，否则只会使生意泡汤。

犹太人认为，推销员在推销过程中，应善于从语言交谈中判断客户的性格。客户的缺点可以从谈话中透露出来，客户的性格也是如此。

一家时装店新来一位店员，向一位打扮得雍容华贵、正在

选购高级套装的女士建议道：

“小姐，这套服装既高贵又便宜，穿在你身上正好相得益彰！其他的服装又贵，又不见得适合你，你觉得怎么样？”

没想到，她的一番殷勤没有收到效果。那位女士听完话后竟气势汹汹地嚷起来：

“什么叫作便宜？你以为我没钱买贵的衣服是不是？真是岂有此理，太瞧不起人！”

这位女士为什么发那么大的火？是因为女店员的话刺伤了她的虚荣心。

“价廉物美”，对于很多人来说，具有很大的吸引力。但对于另一些人，也许使他们感到有奚落之意。由于虚荣心作祟，有些人不愿说他“捡了个便宜货”。

很多推销人员在运用说服技巧时，由于没有考虑到对方的心理，所以不能成功。

因此，掌握顾客的心理需求也很重要。犹太商认为每一个购买行为的实质都是为了满足人的某些需求。人为什么会购买某种产品？许多人会以为是产品的价格低，或者是产品的品质好，所以才决定购买。事实上，大部分购买行为的发生，并不仅仅只是因为产品的价格或者产品的质量，任何人购买某种产品的目的都是为了满足他自己客观上的某些需求。而这些需求的满足大多数时候并不是由产品表面所提供的功能来实现的，实际上是因为这些产品能满足客户消费的某些价值观。

犹太人认为，客户的购买需要是多种多样的，在接受行销、使用和消费过程中，它们总会直接或间接地表现出来。这就需要行销人员善于发现。

犹太人凯尔莎是一家商场专柜的销售人员，她的销售业绩是全商场最好的，开经验交流会时，她向大家讲了一个她差点失去一位客户的故事：

有一天，一位年轻的女士来到服装柜台前，仔细观看着挂在衣架上的几款“亚历山大”牌羊毛衫。稍后，她从衣架上取下一款红黄相间几何图案的羊毛衫，端详了一会儿，对我说：“请问这件多少钱？”“80美元。”我回答。“好，我要了！”那位女士把毛衣放在服务台上，边掏钱包边对我说。

为她包衣服的时候我恭维了她一句：“小姐真有眼力，很多人都喜欢这种款式。”谁知那位年轻的女士听了这句话，沉吟片刻，然后微笑着对我说：“抱歉，我不要啦！”

没想到，一句恭维的话反倒使顾客中止了购买！我真心客气地问：“怎么，这样子您不喜欢吗？”“有点。”她也很客气地回答，然后准备离开。我立刻意识到刚才那句恭维可能是个错误，必须赶紧补救。

趁她还未走开，我赶紧问：“小姐，我们这几款羊毛衫是专门为像您这样气质高雅的年轻女士设计的，如果您不喜欢，请留下宝贵的意见，以便我们改进。”

听了这话，那位女士解释道：“其实，这几款都不错，我只是不太喜欢跟别人穿一样的衣服。”噢！原来这是位不追求时尚，却喜欢标新立异、与众不同的顾客。“小姐，请您原谅。我刚才说很多人喜欢您看中的这种款式，但由于质量好，价格高一点，所以买的人并不多，您是这两天里第一位买这种款式的顾客。而且，这种款式我们总共才做了10件……”经过我的一番争取，那位女士终于买走了那件羊毛衫。

凯尔莎最后告诫大家说：“对待客户在态度上要一律热情，而方式方法上一定要因人而异。不同的客户，其性格、心理、气质也会不同，所以，在销售过程中，要善于从客户的言行、举止中发现这一点，然后针对不同的客户的品味，选择有针对性的试探用语，否则只会使生意泡汤。”

用问题作为探路的石子

犹太人口才智慧要诀

用提问作为探路的石子，可以通过对产品质量、购买数量、付款方式等提问，了解对方的虚实，得到更详细的有效资料，以便做出自己的抉择。要做到每提出一个问题，就好像投出一块石头，落地有声。

谈判中，用提问的方式来揣摩对方的各种情况是犹太人常用的策略。作为买主，他由此可以从卖主那里得到卖主很少主动提供的资料，来分析商品的成本、价格等情况，以便做出自己的抉择。

犹太人借助这种方式在谈判中常常可以摸索、了解对方的意图，以及某些实际情况。比如，如果他们要购买3000件产品，他们会先问如果购买100件、1000件、3000件、5000件和1万件产品的单价分别是多少。一旦卖主给出了这些单价，敏锐的犹太人就可能分析出卖主的生产成本、设备费用的分摊情形、生产的能力、价格政策、谈判经验丰富与否等，最后就能够得到购买3000件产品非常优惠的价格。

在谈判中，运用提问题来揣摩对方思路的策略，通常能问出很有价值的资料，知道的资料越多，就越能把握主动权。一般来说，在用提问作为探路的石子时，可以提出下列问题：

“假如我们订货的数量加倍，或者减半呢？”

“假如我们和你们签订一年的合同，或者更长的时间的合同呢？”

“假如我们减少保证金，你有何想法？”

“假如我们自己提供材料呢？”

当你想取得对方的情报，获取所需要的信息时，可以提出下列问题：

“请您告诉我，为什么半个月后才可以发货？”

“请问这批货物的出厂价是多少？”

“究竟什么时候才能到货？”

当你想引起对方的注意，并引导他的谈话方向时，可以这样提出问题：

“您能否说明一下，这种类型的商品的修理方法？”

“如果我们大批订货，贵公司能不能充分供应？”

“您有没有想过要增加生产，扩大一些交易额？”

当你希望对方做出结论时，可以这样提问：

“您想订多少货？”

“您对这种样式感到满意吗？”

“这个问题解决了，我们可以签订协议了吧？”

总之，每一个提问都是一颗问路的石子，可以通过对产品质量、购买数量、付款方式等提问，了解对方的虚实。

犹太人沙米尔想购买5套西装，他正在用这种提问的话术来揣摩销售小姐的意图。

“我买100套，能打4折吗？”

“4折不可能，是赔本生意。这样好了，如果真的下订单的话，我试着帮您向上级争取，也许可以打到5折呢！”

太好了，资讯愈来愈详细，局面也对沙米尔愈来愈有利。看来，这位销售小姐的“权力”比沙米尔想象中的大，一定要把价格压下去。于是，沙米尔又说道：

“这样好了，我自己先买5套，4套送人，另一套我穿回公司给老板看看，如果老板满意，就立刻回头向你订购。我这样帮你做这笔生意，这5套西装可给我多少优惠？”

“5套就是原价，没有优惠。不过……这样好了，算您8.5折。”

“才8.5折，可你刚刚谈的是5折，怎么一下子落差这么大！”

“5折是订购100套的量才有的。现在，您只买5套，让我怎么再打折呢？再低的价格，您让我怎么写报表呢？老板会骂人的啊……”

“小姐，我这套不穿回去，就别谈团体订购了，老板连看都没有看过的产品，让他怎么下

订单？放心，我是个天生的衣架子，西装穿在我身上，老板保准对这套西装满意，没问题。”

“好吧，既然你这么说，那就7.5折吧，这可是最低的价格了。”

琢磨对方的弦外之音和未尽之言

犹太人口才智慧要诀

一个人内心的想法，除了通过文字表达外，更多的是从口头上流露出来的。推销要注意倾听对方的潜台词，分析其言外之意或未尽之言。如果听话不听音，则必然领会不到说者表达的意思，从而做出错误的判断。

犹太人说：“一个精明的销售人员，要善于从顾客的潜台词里挖出对方的真正意图，毫不放过任何一个有利时机。”

在犹太人看来，一个人内心的想法，除了通过文字表达外，更多的是从口头上流露出来的。顾客所表达出来的一些想法，推销员能否听明白、理解清楚，对于推销来说十分重要。如果推销员听话不听音，则必然领会不到顾客表达的意思，从而做出错误的判断。

听话听音还要注意倾听对方的潜台词，分析其言外之意或未尽之言。有些话顾客虽然没有明确说出，但意思却十分清楚，这就需要推销员认真领会了。

以色列有位著名的谈判家名叫罗特，他惯用的谈判技巧就是善于听出对方的未尽之言。

有一次，这位谈判家的邻居，一位名叫舒兹的医生想请他帮忙，因为舒兹说他家的房子在遭到台风袭击后，损害得很厉害，希望罗特能帮他从保险公司那儿多获得一些赔偿。

经过商议过后，罗特同意帮忙，并问舒兹："你希望能得到多少赔偿呢？"

舒兹回答说："我希望通过你的帮助，保险公司能赔偿我500美元。"

罗特点点头，然后又问道："那么请你老实地告诉我，这场台风究竟使你损失了多少钱？"

舒兹回答道："我房子的实际损失在500美元以上。"

几个小时以后，保险公司的理赔调查员到了，并对他说："我知道，像您这样的专家，对于大数目的谈判是权威。但这次

你恐怕无法发挥才能了，因为根据现场的调查情况，我们不可能赔太多。请问，如果我们只赔你300美元，你觉得可以吗？”

罗特沉思了一下，然后对调查员说：“你的顾客受到这么大的损失，你居然还有心思开玩笑？任何人都不可能接受这样的条件。”

双方沉默了一会儿，调查员打破了僵局：“好吧，你别把刚才的价钱放在心上，不过我们最多也就能赔400美元了。”

罗特严肃地回答：“看一看毁坏的现场，你就会知道这点钱是多么可怜。绝不可能！”

“好吧，好吧，500美元总该行了吧？”

“小伙子，别随便说出结果，我们再一起去看看现场吧。”

在罗特的一再坚持下，这一桩房屋理赔案的谈判，最终竟以不可思议的1500美元的赔偿费了结，这简直太出乎舒兹的意料了。

罗特到底从理赔调查员的谈话里听出了什么，以至于放心大胆地与对方讨价还价，甚至当对方已出到原先商议好的价格却仍不让步呢？

原来，聪明而富有经验的罗特从理赔员说话时的口气里发现了事实的真相，找到了隐含在对方谈话中的重要信息。理赔调查员一开口就说：“如果我们只赔你300美元，你觉得可以吗？”注意，关键就在于这个极易被忽视的“只”字上，它表现出了理赔调查员自己也觉得这个数目太小，不好意思张口。因此，他第一次出价后一定还有第二次，乃至第三次。在做出了这种判断后，罗特在和调查员谈判过程中紧紧地控制住了局面，不轻易松口，最后取得了意想不到的成果。

这便是罗特所运用的“善于听出对方未尽之言”的威力。

用假设性的话语进行试探

犹太人口才智慧要诀

顾客的有些语言虽然看似拒绝，但无非都在表示一种意思：顾客需要购买这种东西。利用假设的语气来回答对方的疑虑，一旦疑虑消除时，假设就有可能会变成真的了。

在推销中，顾客在没做购买决定之前，常常会找一些借口来拒绝推销。比如：

“我还要再考虑一下。”

“我想再逛逛。”

“我想看看市场上还有什么。”

在犹太人看来，顾客的有些话虽然看似拒绝，但无非都在表示一种意思：需要购买这种东西。作为推销员应该看到这一线希望，不放弃努力，坚持下去，找出顾客拒绝推销的原因，并且帮助他解决问题。

一位推销语言处理机的商人在听到顾客说出“我想再看看”时，这样说：“我明白了，您所唯一担心的是这台机器不能像计算机一样收付应收账款。如果我能满足您的这个要求的话，您就会购买它的，是吗？”一旦顾客同意这是唯一的原因，这位商人就进一步解释说：“某些软件也可编程序，所以这台机器也能收付应收账款。”

很明显，商人用这种“如果……你会”假设性的话语，就轻易地堵住了这位顾客的退路，因为他刚才承认了这是他不愿购买语言处理机的唯一原因。

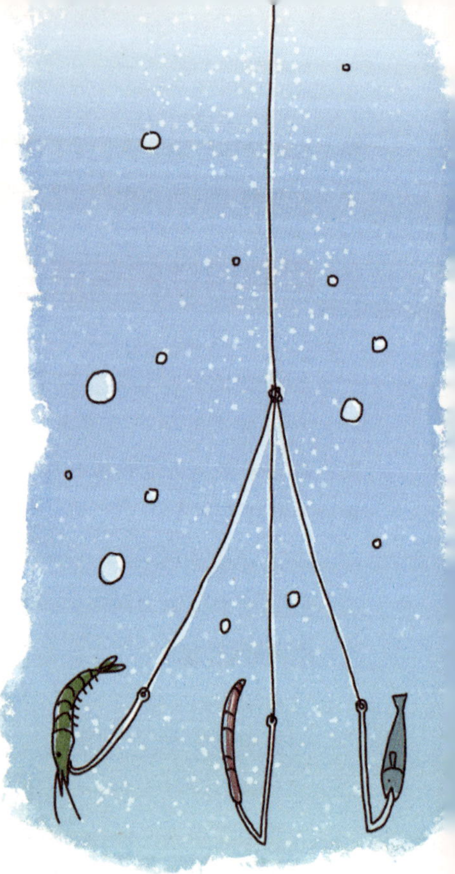

用这种“如果……你会”的话术的好处就是利用假设的语气来回答对方的疑虑，一旦疑虑消除时，假设就有可能会变成真的了。比如，推销员在推销保险遭到拒绝时，就这么试问：“您不要这张保险单的唯一原因是担心您在丧失劳动能力后还要付保险费，是吗？”

“是的，是这样。”顾客认真地回答。

“但是，如果有种方法可使您在丧失劳动能力后免付此项费用，您就会接受这张保险单的，是吗？这个问题是唯一的原因，是吗？”

“是的。”顾客答道。

现在这位推销员使用这种语术使顾客别无退路了。因为推销员向顾客这样解释："只要多花几美元就可在您的保险单上加上丧失劳动能力后免缴保险费。这正是您所希望的，所付的费用将会用来抵补您丧失劳动能力期间的保险费用。"

"我负担不起。"也许顾客会这么说。但是推销员很清楚顾客的财务情况，因为在推销之前就对他进行了调查，并且知道他能负担得起，那么推销员不妨这样说："我可以问您个问题吗？为什么您要同意这次见面安排？如果负担不起，您为什么要同意我来拜访您呢？好吧，告诉我，真正的原因是什么？"

"我想跟我妻子商量商量。"顾客只好承认。

"现代男人都希望成为有主见的人。如果能与不受别人左右自己拿主意的人坐下来洽谈真是太好了。"很显然，这样的鼓励顾客是乐意接受的。

犹太人艾本是一家装饰品公司的优秀销售员，当别人问到他成功的秘诀时，他总是这么说，"当我遇到客户的拒绝时，我总爱这样问他们：'如果……你愿意要多少？'结果他们总会不由自主地说出自己的想法。"

有一次，艾本向一位商店经理推销他的产品，那位顾客并未打算买东西，但艾本丝毫不放弃，婉转地问："如果连赠品包括在内的话，每件您愿支付的买价是多少呢？"

经理："我打算拿出70美元来，但目前我仍未决定要购买你的物品。"

艾本："这我明白，那如果您要购买本公司的产品，您会选购哪一种物品呢？我的意思是'如果'。"

经理：“如果要我选择的话，我可能会选购钻石别针或水晶袖扣，不然便是檀木衣架，大概是这三种中的一种吧！”

艾本：“谢谢您所提供的宝贵意见，如果您能确定您所要物品的需要量的话，那我们必定会减价优惠您。另外，如果您真的想购买本公司的产品，需要量是不是差不多9.5万个呢？”

经理：“别开玩笑了，我们顶多要7万个。”

艾本：“既然如此，那何时交货较好呢？”

经理：“唉！我也不知道，不过我们大概在下个月的25日购进新的物品。”

艾本：“哦，这是没问题的，我能不能借用一下电话？”

艾本随后打了个电话。“谢谢，先生，我刚才打电话回公司，公司说没问题，至于衣架的颜色用贵公司以前常使用的颜色可以吗？”

结果艾本成功地拿到了7万个衣架的订单。

PART 04

给自己拉上一道帷幕——真假交错暗中逼近目的

巧妙制造立场上的错觉

犹太人口才智慧要诀

每个人的内心或多或少都存有潜在的“自我意识”，谁也不愿意受别人的左右。经常使用“大家”“我们”等这类字眼，会使人感受到大家均是同路人、是生命共同体，于是原本坚固的防备堡垒会不攻自破，并在不知不觉中认同你的观点。自我意识愈强烈的人，愈容易被对方这种说话技巧所牵引。简单的几句话即可笼络人心，使对方产生命运一致的感觉，从而达到休戚与共的效果。

犹太人在与顾客说话时，不仅清楚自己的目的，还非常注意自己所站的立场，权衡哪一种说话方式更有利于自己。犹太人认为，“我们”“大家”这类具有共同意识的字眼很容易造成对方的错觉，让对方分不清你的立场。

由于每个人的内心或多或少都存有潜在的“自我意识”，谁也不愿意受别人的左右。如果他认为你是在说服他，那么他的反抗意识就会更激烈，而不易与你看法一致，即使你说得天花乱坠、头头是道，在他眼中也不过是为谋取私利而进行的表演。

经常使用“大家”“我们”等这类字眼，会使人感受到大家均是同路人、是生命共同体，于是原本坚固的防备堡垒会不攻自破，并在不知不觉中认同你的观点。自我意识愈强烈的人，愈容易被对方这种说话技巧所牵引。

有时，在商业谈判中，要想迷惑对方，言明双方立场相同时，也可以制造一个“第三者”的敌人。这样一来将双方的矛盾一起转向第三者，对手就会觉得“我们”是站在同一战线上。在一部小说里，叙述美、苏二强在对峙后引发了战争，正欲动用核武器时，突然传来一则消息：火星人攻向地球了。此时，美、苏便打消了对战的意念，协力对付外来共同的敌人。这个故事启发人们，有时可以十分巧妙地利用心理学的技巧来拉近彼

此间的距离。

有两家厂商为了生意上的竞争，搞得十分不愉快。此时，消费者突然对他们提出共同的指责，于是这两家厂商顿时停止竞争，共谋解决问题。

德国有一家建筑公司，因为效益不好，所以一直拖延一些工程款项。工程公司的经理辛尼加是犹太移民，他非常不高兴，因为收不到款项，已经严重影响到公司的财务调度。

当辛尼加怒气冲冲地开车去建筑公司的途中，竟然发生了连环车祸。幸好，他的车子是最后一辆，只是很轻微的擦撞，并无大碍。但是前面4辆车的车体都各有损伤。

第二辆车的车主在发生事故之后，一直坐在车里，连下车看看都不肯，于是第一辆车的车主火了，跑过去理论，两人吵得不可开交。

而第四辆车的车主在发生事故之后，马上下车上前查看第三辆车的毁损情形，他的脸上充满歉意表情，并且关心地慰问第三辆车的车主是否受伤。辛尼加也下车来关心双方的谈话。

很快地，第四辆车车主得到了第三辆车车主的谅解，早早将车开走了，只剩下前面三辆车还在那里争执不休。

辛尼加看到这种场面，一路沉思，到了建筑公司之后，他将原先的一脸怒容换上了笑脸，在建筑公司老板的办公室坐了下来。

辛尼加温和地对建筑公司老板说：“让我们来分析一下情况吧。以您的能力来说，不可能会出现周转上的问题，我猜应该是银行在作怪吧！现在的银行只有在晴天才会借伞哩！”

建筑公司老板有一肚子苦水，听到辛尼加这么说，就对着他大叹银行的无情。

于是，两人你来我往地批评银行政策。一时之间，两人同仇敌忾，仿佛站在了同一战线上。

过了许久，谈话告一段落后，辛尼加坐直身体，诚恳地对建筑公司老板说：“请您务必要帮忙，否则我们连薪水都发不出来了。”

晤谈结束之后，辛尼加摸摸口袋里的支票，满意地开车返回公司。握着方向盘，他自言自语：“还好，让我碰上了那场车祸。”

他想起连环车祸中的第四辆车车主，与第三辆车车主一起指责前面车的情景，他的嘴角露出了一抹微笑。心想：“我又学到了一招，将双方的矛头一起转向第三者，以此表明双方是站在同一条战线上，进而说服对方，真是很好使啊！”

不知不觉与对方“纠缠”在一起

犹太人口才智慧要诀

面对顽固的客户，采用贴身术是一种有效的手段。与之耐心周旋，反复渲染，不达目的决不收兵。面对客户的拒绝，要毫不在乎，愈发精神抖擞。审时度势，利用口才技巧，把顾客引到自己的主题上来，不知不觉与自己“纠缠”在一起，让他想跑都跑不掉。

犹太人在经商过程中深有体会，不怕难缠的顾客，就怕顾客不缠你。一个优秀的商人必须能说会道，才能吸引顾客、说服顾客，最终达到推销成功。这种能说会道当然不是口若悬河，泛泛而谈，而是要审时度势，利用口才技巧，真正做到能说会道，把顾客引到自己的主题上来，不知不觉与自己纠缠在一起，让他想跑都跑不掉。

温德尔医生对付推销员有自己的一套手法，从不让任何人上门推销，有一位犹太推销员萨利赫和他的秘书电话交谈过几次，但都没有什么收获。好在萨利赫从秘书的言谈中收集到了一些宝贵的资料，那就是温德尔医生爱好美术，业余时间都花在新开幕的画展上了。萨利赫侦探似的给每家画廊打电话，查出每一个新的展出时间和地址。当然，他到场的时候，温德尔医生也在。

跟温德尔医生搭讪之前，萨利赫观察了这位毫不知情的未来客户一会儿：他怎么到场的，他言谈的方式，谈些什么，他的穿着打扮等。在这一类的场合要想攀谈不难，轻描淡写来一句观感就能引起对方的谈兴。

萨利赫应声附和着医生的见解，对展出作品发表了几句得体的观点，又提出了几位其他画家的名字。温德尔医生心情颇佳，难得和一位修养不错的人谈得如此愉快。

几天后，萨利赫用电话和温德尔医生搭上了线。“是那位在某某画廊见过的先生吗？”温德尔医生在接到秘书传话的时候问道。这个名字他记得，却感到惊讶：这位令人喜爱的聪明人竟然也是推销员？

温德尔医生斩钉截铁，毫不客气地断然回绝：“少跟我说些什么邪门歪道的节税投资了，你们这些推销员统统是骗子！”

温德尔医生正要挂电话，却听到萨利赫的声音：“大夫，容我说最后一句，医生统统都是凶手！”

“什么话？”医生气愤地问。萨利赫不动声色，私底下早就料到温德尔医生会反应激烈，因为在推销圈子里，温德尔的名声早有定论，所以启用了事先备妥的第二招。

萨利赫讲了朋友由医疗失当而丧命的故事，为了强调其真实性，甚至详述了一些细节。温德尔医生了解这类医疗上的问题，生气地反驳：“你不能以偏概全啊！”

“说得也是，那你也不该对推销员一概而论。”萨利赫在电话那头笑着说。

温德尔医生气势稍退，他自己也在思忖是否太过分了。终于答应约见的时间。萨利赫不仅攻克了约会的第一道难关，而且还化解了危机。换成口才不佳的推销员，很可能就把关系弄僵了。

在温德尔医生家，萨利赫叹服他的高雅装潢、典雅的家具和墙上的现代版画等，他表现出十足的欣赏、赞叹，立足于一盏维多利亚时代的灯具前说：“真够精巧的！古董！至少要值4万元，真是稀世珍品！”他兴奋地脱口而出。

温德尔医生上钩了：“猜猜我多少钱买的？”

萨利赫当然说了个高于温德尔医生出的价。

结果萨利赫免不了会问："你怎么那么厉害，哪里买到的？"

温德尔医生据实相告这件古董的来龙去脉，夸说自己对古董多么在行，没有人能骗得了他，等等。

萨利赫继续说道："真是不可思议！你真是行家，好眼力，会挑东西。"边说边指着一张座椅说，"温德尔医生，你府上搜集的都是价值连城的珍品，你一天要工作多久啊？"温德尔医生承认时间不够用。萨利赫说："如果能合法节税，辛苦赚来的钱少送一点给财政局，你就能够积累更多的财富了。"

温德尔医生正在考虑，该如何开口拒绝才好，萨利赫首先打破了沉默："温德尔先生，你通常早上几点钟开始工作？"

"都是早上8点钟准时进手术室，问这做什么？"

"我会准时到场！"

温德尔医生一头雾水："做手术是不准参观的。"

"不是去看，我要动手术。"萨利赫声调沉稳坚定，毫不妥协，"如果我这个病人去找你，一定百分之百信任你。你受长期教育，经验丰富，十分清楚自己该做什么，难道会在动手术时听我的建议吗？我在自己的本行也是科班出身，经验不少，应该知道怎么做对客户最好。"

温德尔医生沉思不语，怒气渐消，这人说得对，他心里想，笑着想解除窘状："请继续说，我听着哪。你说服了我，我就买你所推销的东西。"

这一晚，萨利赫不但拉到一个新客户，而且赢得了他的信服。看来好的口才确实能让推销员步步为营，让顾客步步陷入。

❋ 制造假象使对方麻痹松懈

犹太人口才智慧要诀

制造不利于自己的假象迷惑对方，或者制造有利于自己的假象来迷惑对方。无论哪种情况，其目的只有一个：以虚攻实。对付厉害的对方，故意暴露出自己的弱点，以此麻痹松懈对方，最后再用实力进攻，是一个最好的攻击办法。

利用言语或行动巧妙地制造一些假象，来迫使对方就范，也是犹太人在经商中惯用的技巧。他们把这种手段分为两种情况：一是制造不利于自己的假象迷惑对方，二是制造有利于自己的假象来迷惑对方。无论哪种情况，其目的只有一个：以虚攻实。

对付厉害的对方，故意暴露出自己的弱点，是一个最好的攻击办法。

有一位著名的拳击手在一次比赛中不幸失去了拳王的宝座，他决心在下回的比赛中夺回冠军，于是在比赛前夕召开的记者会上发言说："很不幸我染上了肺病。"

他的对手听到这个消息，就很自信，于是就放松了警惕。可比赛结果却出乎大家的预料，拳王的宝座被这位"有病"的拳击手夺回来了。

这样的例子在商品销售中也比比皆是。

以色列一家家用电器批发商有一次与美国一家家用电器生

产厂家，就一批家用电器的交易进行谈判。在谈判时美方报盘价较高，以方觉得价格过高了。

这时，以方抛开这一主题，对美方谈判者说：“我们还准备订购一些这批家用电器的装配零件，你们愿意供货吗？”

美方代表兴奋不已，因为他们也正想寻找合作伙伴。

以方谈判者继续说：“我们准备订购200万美元的装配零件，搞批量组装，可以在价格方面提供一些优惠吗？”

美方代表觉得他们的订货数量可观，表示愿意就这一问题开始谈判，结果双方的谈判议题竟从成品交易转移到配件组装方面。以方趁机与美方进行来件组装方面的讨价还价，美方感到其中利润可观，同意大幅度降低价格，最后双方在配件组装问题上终于达成初步协议。

之后，双方继续商谈成品电器的交易问题，美方仍坚持原来的立场不降价。这时以方代表先从美方同类产品配件的供给价格谈起，加上组装费用，算出该类电器的成本远低于他们的开价，美方坚持原来价格是毫无道理的。这时美方才发现中了对方的

“以虚击实”之计，但又不能改变之前的配件价格，只好面对现实，做了让步。

无中生有，制造危机意识

犹太人口才智慧要诀

有许多人经常对一件事总是迟迟下不了结论，其中“时机未到的意识”以及“等待更好机会的意识”占有很大的成分。无中生有、制造危机感是说服那些自认为时机未到的准客户的一种巧妙策略。在生活中，有很多人看起来似乎不需要某种商品或服务，可是一经分析，却发现好像又什么都需要了。

“无中生有，制造危机感”是犹太人常用的说服那些自认为时机未到的准客户的一种策略。在生活中，有很多人看起来似乎不需要某种商品或服务，可是一经推销员的分析，却发现好像又什么都需要了。

一位名叫阿尔文的犹太人寿保险推销员，最喜欢对那些有着高收入而又未婚的青年人做

推销。当然，他知道这些人最爱用的一句拒绝话语就是："我还年轻，还不需要保险！"而这时，他也总有自己的一套话术，让他们心甘情愿地购买。阿尔文所用的这套话术，就是"无中生有，制造危机意识"。

有一次，他向一个有着5万美元年薪的年轻人推销保险，这位年轻人说："我没有任何需要抚养的家眷，而且在短期内我也不想结婚，所以我不需要你的保险。"

阿尔文笑眯眯地说："我是一个保险专家，我可以坦白告诉您，您现在并不需要保任何险，可是请问，您计划结婚吗？"

"哦！也许过一两年吧！可是那是很久以后的事。"

"即使等您结了婚，您还是不需要保险，您知道为什么吗？因为万一您不幸发生了什么意外，您太太仍然年轻，她可以工作，也可以再婚。所以在这段时间内您不需要投保人寿保险。那么，再请问您，您将来计划要小孩吗？"

"当然，我们都希望养个小孩，所以我想应该会有小孩吧！"

"当您太太怀孕的

时候，我想您就应该投保了，现在让我们来看看人寿保险的基本原则，任何人要买人寿保险时都要考虑三个问题：第一个是职业，您的职业不属于危险性高的职业，所以我想没有问题。第二是健康，您现在身体健康，这也没有问题。不过三四年以后，我就不敢说了，但现在我们假定您的健康情况一直良好，所以也不成问题。第三个问题，就是您的年龄，您年龄愈大，买保险时保费就愈高，一般而言，每增加一岁，保费就增加3%。”

“不过再等3年其实也差不了多少。”

“老兄，那可有差别呢！假如在3年之内您太太怀孕了，那时您准备买人寿保险，您就要付比现在高出9%的保险费；如果您现在的所得税税率是37%，那也就是说您必须要多赚12%的年薪，才付得起那份保险费。这并不是说在第一年就得多付9%，这笔账您算算看怎样才划算。

“假如您现在投保，3年以后，您还是拥有同样价值的保险，可是每年就省下了12%以上的保费。我相信以您的努力，将来一定会飞黄腾达。而且我也希望多一位杰出的客户，这样我的业绩才能蒸蒸日上呢！所以，我愿意现在为您设计一套保险计划，让您从现在开始节省12%的多余保费。”

“啊，让我考虑考虑……”

这就是阿尔文的“无中生有”推销话术，其实他说的也很有道理，只是当时有很多人还没有认识到这一点罢了。

善用减压技巧让对方欣然应允

犹太人口才智慧要诀

减压式的迷惑性，容易让人在感到轻松的同时产生错觉。在谈判中，先用苛刻的虚假条件使对方产生疑虑、压抑、无望等心态，然后逐步优惠或让步，使对方满意地签订合同，自己从中获得较大利益。

犹太人善用减压技巧说服别人，这种方法在商业活动中经常被用到。

在美国被誉为畅销书制作大王的犹太裔出版商布朗先生，策划了一本以《攻心技巧》为题的书，并约心理学家维纳格来写。对于从未有过写书经验的维纳格，这的确是一件难以办到的苦差事。可是布朗先生不理会这种顾虑，语气轻松地说："怎么样？题目还不错吧？马上动手写吧！300页左右就可以了，你一天写5页左右就行！"奇怪的是，经他这么一说，维纳格先生忽然感到肩上的负担轻多了，觉得2个月后交出底稿也并非不太现实。实际上动手起来，才觉得一天5页的定额是够高了，不过既然已经答应下来，就不能再往后拖了。

维纳格尽管是心理学专家，但还是被老谋深算的布朗给迷惑住了。布朗的话具有减压式的迷惑性，容易让人在感到轻松的同时产生错觉。仔细一想，这是一种叫人当时欣然应允的心理作用，心理学上称之为"减法技巧"，这种技巧在我们的生活中用得相当广泛。

其实，犹太出版商布朗先生策划的《攻心技巧》一书的缘起，还是从他的一次商务旅行中受到启发的。维纳格在他的《攻心技巧》书中提到了事情的经过：

一次，布朗先生乘坐的西南航空公司的一架班机即将着陆，机上乘客忽然听到机务人员报告：由于机场地面拥挤，本机暂时无法降落，预定着陆时间推迟1小时。布朗先生发现，顿时机舱里一片喧嚷、抱怨之声，但乘客们也只得做好思想准备，在空中熬过这令人生厌的1小时。谁知几分钟后，机务人员宣布：晚点时间缩短到半小时。布朗先生又看到，乘客们听罢都如释重负地松了口气。又过了5分钟，乘客们再次听到广播说，最多再过5分钟，本机即可着陆。这一下，乘客个个都喜出望外，拍手相庆。布朗先生从这个例子的最终结局发现，飞机实际上虽然是晚点，但乘客们却反而感到庆幸和满意。

后来布朗先生在谈判中尝试运用这种减压技巧，先用苛刻的虚假条件使对方产生疑虑、压抑、无望等心态，然后逐步优惠或让步，使对方满意地签订合同，自己从中获得较大利益。

维纳格在《攻心技巧》一书中进一步举例说：比如，买方想要卖方在价格上多打些折扣，但同时也估计到如果自己不增加购买数量，卖方很难接受这个要求。于是，买方在价格、质量、包装、运输条件、交货期限、支付方式一系列条款上都提出了十分苛刻的条件，此所谓先给卖方点“苦”。在讨价还价的过程中，买方尽量让卖方感到，在绝大多数的交易项目上，买方都“忍痛”做了重大让步。这时，卖方鉴于买方的慷慨表现，在比较满意的情况下往往会同意买方在价格上多打些折扣的要求。之所以如此，重要的一条，就是卖方产生了错觉：在价格上做减让之前，已经从买方那里占了不少便宜。

这就是维纳格的减压技巧，谈判人不妨尝试着运用一下。

说个故事给顾客听

犹太人口才智慧要诀

双方无法沟通是破坏推销最为恶劣的潜在因素之一。以讲故事为例，这是简易有效沟通思想的方法。榜样的力量是无穷的，当一个鲜活的、具有强烈感情色彩的故事，让顾客深信不疑时，那么，它就是一个榜样、一种无穷的力量。

犹太人非常清楚，没有人喜欢枯燥无味的说教，也没有人喜欢平淡的说辞，正因为如此，他们发明了“故事推销法”。它的新奇、感性，往往是吸引顾客并获得顾客认可的重要原因。

以保险业为例，要对客户说明某个论点，可以用客户熟知的故事作为例证，这可以成为达成交易最为确切、短暂、安全的途径。双方无法沟通是破坏推销保险最为恶劣的潜在因素之一。以讲故事为例，这是简易有效沟通思想的方法。

以色列一家保险公司副总裁哈里森先生，在推销保险时有一套杀手锏，那就是他的“讲故事成交”推销话术。

哈里森能够向不同层次、不同年龄的人讲故事。他通过讲述一些保险用户的经历来完成推销。他讲叙得很自然，很轻松，没有人能看穿他，因为他们已经被迷惑了。故事讲完以后，他们很受感动，以至于他们禁不住要买。

有一天，哈里森向科尔——一位粗暴的经理——进行推销。科尔不喜欢保险，也不喜欢哈里森，他有点傲慢无理。这次谈话似乎没有什么进展，科尔的反对使哈里森处处受阻。沉默了一会儿，哈里森发话了："上个月在这个城市里发生的一件事情让我想到了你，科尔先生。"

科尔立刻被吸引了，他说："什么事呢?"

"当时我正在一家饭店吃饭。起初，我并没注意柜台后面的妇女。后来我听到她喊：'哈里森！'我看了看说：'喂！海伦！'我很惊奇。'海伦，你在干什么?'我问。'哈里森，你没有听说?''听说?听说什么?''关于乔治?''不，不要告诉我他已经……'她开始哭。'是的，'她说，'乔治已经走了，他在6个星期以前去世了。''不！''他死得很突然，一天晚上他回到家中，仍然很健康，可两天后他就死了！'她哭得更厉害了，我不想追问他死得是否很安详，可她自己说了。"

哈里森继续给科尔讲："乔治不相信学校捐赠给儿子彼尔的保险，他总是告诉我：'我能比保险公司更有效地投资利用我的钱！'他是绝对认真的，也很相信这一点。但是他的投资并未见效，而后又发生了最近的股市风暴。他的妻子海伦是饭店的服务员，儿子彼尔已经退学了。

"科尔先生，当我告诉您这件事时，我的意思是：乔治看上去很像您，您总是让我想起他。当然，发生在他身上的事不可能会发生在您的身上。但没有人经历过那位可怜的寡妇所经受的痛苦和折磨，而我们真应该负起对家庭的责任。”

沉默片刻，这位有经验的推销员意识到是成交的时刻了。然后，科尔，这位在5分钟前严厉地斥责哈里森的“暴君”说：“我已经重新考虑过了，那么我的保险检查需要多长的时间呢？”

“他已经把自己放在乔治的位置上了，他想到了妻子，他不想遭遇那种事，于是他买了保险。”签单过后哈里森这么说，“榜样的力量是无穷的。当一个鲜活的、具有强烈感情色彩的故事，让顾客深信不疑时，那么，它就是一个榜样，一种无穷的力量。”

其实，像这样说故事的实例是再普通不过的了，每一位与保险业务员有过接触的人可能都有过这种经历：

我有一位朋友，不久前干起了跑保险的业务。一天，他在与我闲谈时无意中他问我一句：“你听说过这样的一件稀罕事吗？”

“什么事?”我不禁被吸引进去了。

“有一个人，替10岁的儿子请了一位小保姆，他在雇佣合同里不要求小保姆干家务做饭，只让小保姆天天关注他家儿子的健康，他平均每个月给小保姆237美元工资。在小保姆服务期间，如果孩子得了大病，由保姆负责10万元以上的费用来替孩子治病，治病之后小保姆就要被解雇；如果孩子一直健康，小保姆的工资也只开20年，20年中工资不变，如果主人的儿子活到81岁仍然健康，保姆就可以退休，但在退休时要把主人给她的工资全部退回来，给主人的儿子留着养老。你听说过吗?”

“别瞎说，天底下哪有这么好的事呀！”我反问。

“假如有这么好的好事，你愿意为你的孩子请这位小保姆吗?”朋友试探着问。

"谁都愿意请，别说我了。"

"那好吧，请看我这有一份保险计划书，是为你的孩子设计的，我们有一个'健康天使'的保险，正适合你10岁的孩子，我为你设计了一份10万美元的保险，平均每月交费大概237美元，至于保险责任就像刚才所说的小保姆的责任一样，怎么样，你把这位'小保姆'请回家吗?"

结果我无话可说，成了他的投保户了。这就是讲故事推销保险的功效所在了。

利用价格的悬殊让顾客"占便宜"

犹太人口才智慧要诀

先要在对方心里安放一个高价格的心锚，在对方心里设置悬念。再以一个低得多的价格来铲除这个悬念，让对方尝到好处。对方在心里一比较，觉得很实惠，就很容易下定决心购买。利用价格的悬殊来推销是一种非常好的推销方法。

著名的犹太推销员杰德森，有一次他找到某公司的经理，带着一个正好符合对方利益目标的方案。杰德森说："我们这里有个非常好的方案，它价值50万美元，而我们的转让费是30万美元。"不想那位经理说："遗憾的是，你开价30万美元，你的价格是不合理的。"

杰德森附和着说："您说得很对！这个价是不合理的。"

然后，杰德森微笑着走了。

一个星期后杰德森又来拜访，“上次向您介绍的那个方案不用说正好满足您的要求，可是开价30万，实在太荒唐。为那件事我一直耿耿于怀，我一直想为您做点什么才好。一个礼拜来，我遍寻名家高手，终于发现了这个方案，它绝对物超所值10倍。如果我能向您提供一个价格仅为7.5万美元，而效果又相当于30万美元的方案，您是不是觉得是件好事？”

那位经理当时见价格从30万美元降到7.5万美元，自然很感兴趣。他怎么能放弃一个以7.5万美元的代价获得价值30万美元服务的绝好机会呢？当下就签字答应了。杰德森轻易地完成了这笔交易。

这是典型的“价格悬念推销”，杰德森第一次推销只是个幌子，先要在对方心里安放一个高价格的心锚，在对方心里设置悬念。第二次，以一个低得多的价格来铲除这个悬念，让对方尝到好处。对方在心里一比较，觉得很实惠，就很容易下定决心购买。

推销的真谛是帮助别人得到他们想要的东西，同时实现自己的理想。以上面这样一种方式使人做出错误的判断、错误的决定，有人认为是一种低级的、不道德的推销。但是任何事情都有两面性，看你是以什么样的方式去做，以什么样的角度去做。

利用价格的悬殊来推销是一种非常好的推销方法，利用价格的悬殊来推销，正确的做法是：形式可以多种多样，可以故弄玄虚，可以设置悬念，但真正的意图却是帮助顾客做出正确的决定，为顾客带来好处。

PART 05

口头上一定要盖过对手——在气势上把对方给镇住

利益是最好的进攻武器

犹太人口才智慧要诀

与顾客商谈的过程中，应着重把商品给顾客带来的利益放在第一位考虑，从而使顾客对产品产生兴趣。在见面之初直接向顾客说明情况并提出问题，将他的思想引到可能为他提供的好处上。

犹太人几千年的经商经验表明，利益是最好的进攻武器。把商品给顾客带来的好处直接表达出来，有助于顾客认识自身的利益，从而增强购买欲望。

在英国工业革命日益兴起之时，以发明发电机而闻名的法拉第，为了能够得到政府的研究资助，他去拜访首相史多芬。

法拉第带着一个发电机的雏形，非常热心并滔滔不绝地讲述着这个划时代的发明，但史多芬的反应始终很冷淡，一副漠不关心的样子。事实上，这也是无可奈何的事情，因为他只是一个了不起的政治家，要他看着这种周围缠着线圈的磁石模型心里想这将会带给后世产业结构的大转变，实在太困难了。

但是法拉第在说了下面这段话后，却使原本漠不关心的首相突然变得非常关心起来，他说道："首相，这个机械将来如果能普及的话，必定能增加税收。"史多芬首相听了法拉第所说的话后，态度突然有了强烈地转变。其原因是这个发动机，将来一定会获得相当大的利润，而利润增加必能使政府得到一笔很大的税收，而首相关心的就在于此。

犹太人认为，与顾客商谈的过程中，应着重把商品给顾客带来的利益放在第一位考虑，从而使顾客对产品产生兴趣。

下面让我们看看一个精彩的推销实例吧。犹太人杰克是一家制桶公司的销售代表，最近他的公司生产出了一种新型的耐高温塑料制桶，他打算把这种产品卖给一家炸鱼加炸土豆片店的老板艾文斯先生，他知道艾文斯先生很需要这种产品。

"您好，艾文斯先生，我是极品制桶公司的销售代表，我很乐意让您看看我们公司的最新产品——闪光2号桶。我注意到你们用了很多电镀铁桶，而我们这个闪光2号桶的最主要特点就是它完全是由高密度塑料制成，这就意味着它很轻，易搬运。有了它，你们就会生活得更方便，不是吗？"

"是的，朋友。但是，不要了，谢谢你。搬东西都是我老婆的活，而她壮得像头牛。"

"那好吧，但您能不能告诉我，在使用你们的铁桶时有什么麻烦吗？”

“谢谢你，朋友，我的桶倒是问题不大，除了最明显的那一个。”

“最明显的一个？”

“是的，你知道，得想办法去给各个桶做上记号以把它们区分开来。由于这里蒸汽太大，标签都贴不上去。这有时也可能会带来生命危险。今天早上我就把两加仑的醋倒进了热油里，用鳕鱼酱擦鞋，用消毒剂腌鸡蛋。这弄得我们时刻提心吊胆。”

“您看，艾文斯先生，我很乐意再向你介绍我们公司的新产品：闪光2号桶，这种桶由高密度塑料精制而成。这就意味着我们能够把它做成三十几种不同的颜色。那么，对您来说，就意味着您能够为每个不同用途的桶选择一个颜色。比如，滚烫的东西用红色的桶，绿色的桶装安全的物品，黄色的装有毒的物品等。那样就不会再有可怕的意外发生了，不是吗？”

“真的吗？杰克，如果是这样的话，那可太好了，好吧，

让我看看你的闪光2号桶吧！”

杰克成功地将自己的产品推销出去了，因为他通过调查早就发现了艾文斯先生的特定麻烦，所以在推销时针对这个问题直接展开进攻，促使推销成功。

抢先一步堵住反对意见

犹太人口才智慧要诀

抢先一步堵住顾客的反对意见，是一种高明的进攻，能够达到先发制人的奇效。在推销活动中，如果你确信顾客会提出某种反对意见，可以自己抢先提出来，并把它作为你的论点，妥善处理好顾客的反对意见，排除成交的障碍。

抢先一步堵住顾客的反对意见，是一种高明的进攻，能够达到先发制人的奇效。犹太人认为，把客户担心的问题，事先想出来，然后在客户提出之前给自己提出这些问题，再一一解决，这会让客户感觉你的的确确是在为客户着想。

犹太人马祖兹早期从事日常家用品的推销工作，曾经成功地向家庭主妇推销出上万只压力锅。马祖兹事先知道客户会提出安全问题，他在向一位家庭主妇推销时，先介绍一下压力锅的简单情况，而后说：“现在你可能考虑压力是否过大了。请不要担心，这个安全阀门的作用正是防止压力过大的。”

马祖兹首先承认事实，然后消除人们的顾虑。他必须保证，推销不应该让顾客对一些根本不存在的东西感觉到担忧。

还有一次，马祖兹向一些家庭妇女推销一种切食物的机器。他在快速而轻易地切割三四种食物后，看着顾客说："看过示范的人经常问我，他们买了这种机器后能不能像我这样处理食物？

"坦白说，不可能。你们绝对不可能像我这样巧妙使用，这不是吹牛，而是事实，因为我每天都要操作这玩意儿好几个小时，瞧我用起来多轻松自如。说实话，我之所以熟练是因为我已成了专家。"

她们相信了马祖兹的话，马祖兹继续介绍："你若不能像我一样有效使用这台机器，你或许想知道你应如何省时省钱又给家人带来更吸引人的食物。我们可以拿这位女士（通常挑选靠近前面的一位年轻女士）做试验，给她5分钟时间阅读使用须知，她切食物将会比这里其他任何三位女士使用最锋利的菜刀切得更快更好。这并非因为她是机器专家，而是因为她有这种机器替她代劳，这不就是你们想要的吗？"

这时马祖兹再切两三种食物，把机器上的第一个刀片取下，然后示范说："这台机器有5个刀片，我只用了一个就可切6种食物。我问你们，如果这种机器只有这一个刀片，你们有多少人已经决定要拥有这台机器？"

有很多的女士举起手来，或嘴上说出她会要一台。马祖兹明白他的顾客仍然会有异议，所以，这时他会再切两三种食物，然后应付另一种反对意见说："女士们经常问我，买了这种机器会不会切到手？我会笑着回答，是的，你可能会切到手，但我们不建议你这么做。女士们，你们若想用这台机器切手，非常简单。你只要打开机器，把手指插到刀片和漏斗中间就行了！你们若不想把手切到，别把手放进去！还有什么问题？”这个方法显然漂亮地应付了会切到手的反对意见。之后，马祖兹再也没听到异议了。

在推销活动中，如果你确信顾客会提出某种反对意见，可以自己抢先提出来，并把它作为你的论点，妥善处理好。

软硬兼施——石头绳子一起用

犹太人口才智慧要诀

石头可以给人硬的攻击，威力很大，但是绳子虽软，也能照样把对方捆起来。两个人配合使用这种手法时，一位首先提出尽量苛刻的要求，令对方惊慌失措，不知如何应对，即在心理上把对方逼倒。这时由另一位提出一个折中的方案，即真正的方案，自然是给了对方一条出路。在这种阵势面前，即使是客观上分析相当不利的条件，对方也会认为折中案好得多，表示接受。

我们经常会在影视中看到这样的场景：当警察审讯犯罪嫌疑人时，首先由攻击型的警员来审问他，想用凌厉的攻势摧毁对方的意志，向他说明他的罪证确凿、他的同伙都招供了等，把他逼到进退两难的边缘。接受了这样的审讯后，有的人会屈服，而顽固的犯罪嫌疑人则会死不认罪。

这种情况下，再派另一位温和型的警员审问他。警员完

全站到犯罪嫌疑人的立场上，真心地安慰他、鼓励他：“你的家人都希望你得到宽大处理，希望你为他们考虑。”对这种软招，犯罪嫌疑人往往会自惭形秽，坦白自己的一切犯罪行为。

这种手法是一种奇异的心理法则的运用，犹太人称之为“石头绳子一起用”。因为石头可以给人硬的攻击，威力很大，但是绳子虽软，也能照样把对方捆起来。两个人配合使用这种手法时，一方首先把对方逼到心理的死胡同里去，令他一筹莫展；这时另一个人出来指点给他一条逃避的暗道，对方自然会奔向那条可以脱身的暗道了。

这种技巧不仅仅适用于审讯等特殊的场合，在经商洽谈时也可以发挥巨大的作用。据说美国富翁霍华·休斯性情古怪，脾气暴躁。有一次为了采购飞机，与飞机制造商的代表进行谈判。休斯要求在条约上写明他所提出的34项要求，并对其他竞争对手保密。但对方不同意，于是针锋相对，谈判中冲突激烈，硝烟四起。

后来，休斯想到自己没有可能再和对方坐在同一个谈判桌上，也意识到是坏脾气把这场谈判弄僵了，于是就派了他的私人代表犹太人奥马尔出面继续同对方谈判。他告诉奥马尔："你只要争取到34项中的那11项没有退让余地的条款就行了。"奥马尔态度谦和，通情达理，使飞机制造商的代表感到格外轻松。经过了一番谈判之后，争取到其中包括休斯所说的那不可退让的11项在内的30项要求。

休斯惊奇地问奥马尔怎样取得如此辉煌的胜利时，奥马尔回答说："其实很简单，每当我同对方谈话不一致时，我就问对方：'你到底是希望同我解决这个问题，还是要留着这个问题等待霍华·休斯同你解决？'结果，对方每次都接受了我的条件。"

这种技巧被犹太人使用得几近经典。他们先是作势虚张，气势十足，以"如果不接受此种条件，一切免谈"之语，先来个下马威。如果此招不成，就开始以"退出谈判"要挟，最后目的难以得逞，就转为甜言蜜语，先硬后软。

抓住对方的缺陷发起猛攻

犹太人口才智慧要诀

谈判中，每个精明的谈判者都不会放过对自己有利的攻势。进攻需要时机，最好的时机莫过于抓住对方的缺陷，狠狠地拿捏两下。但是在证明对方的缺点时则需要拿出铁一般的证据，让事实替你说话，这样就可以最大限度地获得成功，也可以防止因证据不足而被对方反咬一口。

《塔木德》上说："进攻需要时机，最好的时机莫过于抓住对方的缺陷，狠狠地拿捏两下。"

犹太人认为，谈判中给对方的商品挑剔毛病，就等于贬低商品的价值，如果商品的价值被贬低，商品价格在对方心目中就失去了应有的基础。

因此，讨价还价时，如果能将对方的商品挑出一大堆毛病来，如从商品的功能、质量到商品的款式、色泽等方面挑不足，这样，就等于向对方声明：瞧你的商品多次。对方的要价就变得虚无缥缈。

做橙子批发生意的犹太水果商人德里恩就是一个很会挑别人毛病的人，有一次他去一家果园里采购，开始了他的精彩表演。

"多少钱？"

"90美分500克。"

"整筐卖多少钱？"

"零买不卖，整筐90美分500克。"

卖主仍然坚持不让。德里恩却不急于还价，而是不慌不忙地打开筐盖，拿起一个橙子在手里掂量着、端详着，不紧不慢地说："个头还可以，但颜色不够红，这样上市卖不上价呀。"

接着伸手往筐里掏，摸了一会儿摸出一个个头小的橙子："老板，您这一筐，表面是大的，筐底可藏着不少小的，这怎么算价呢？"

他边说边继续在筐里摸着，一会儿，又摸出一个带伤的橙子："看！这里也许是雹伤。您这橙子既不够红，又不够大，有的还有伤，无论如何算不上一级，勉强算二级就不错了。"

这时，卖主沉不住气了，说话也和气了：

"您真的想要，那么，您开个价吧。"

"您一年到头也不容易，给您70美分吧。"

"那可太低了！"卖主有点着急，"您再添点吧，我就指望这些橙子过日子哩。"

"好吧，看您也是个老实人，交个朋友吧，75美分，我全要了。"

双方终于成交了。

谈判中，每个精明的谈判者都不会放过对自己有利的攻势，但是在证明对方的缺点时则需要拿出铁一般的证据，让事实替你说话，这样就可以最大限度地获得成功，也可以防止因证据不足而被对方反咬一口。这种进攻话术在谈判中应用很广，每个聪明的谈判高手都不会放过这样的机会。

用激烈的言行扰乱对方的思维

犹太人口才智慧要诀

激将法可以起到促进成交的功用。在销售活动中，我们可以用激烈的言辞对心不在焉或过于固执的客户进行激将。引起对方的注意后，又以微笑的方式调和，再次抓住谈话的主动权，进行下一个步骤。

犹太人认为，在推销过程中，如果被拒绝，采用激烈的言行刺激对方，可以引起对方的兴趣或重视，继而达到成功推销的目的。其实，这也可以称作“挑衅术”或“激将法”。

伟大的犹太推销员乔治·盖莫斯就这样说：“在你被拒绝且没有什么损失的时候应当采取激烈的言行。为什么不呢？不试你就没有任何机会，采取激烈的言行可能会促使买主采取行动，而且你也没有任何损失。”几个月以来，乔治一直在拜访沃尔特·霍根。沃尔特需要乔治的产品，但他从来不会离开电话来长时间地谈论正事，他简直是个话务员。

有一天，乔治走进去，沃尔特问他想做什么。“只占用您几分钟的时间。”乔治说。

“不行。”沃尔特说着伸手去拿电话，“我周围的事情已经忙不过来了。”沃尔特拨了一个电话，他用行动表示拒绝。就这样吧！乔治想，现在成交或永远不再见面。

他等到沃尔特打完电话，然后抓起电话，拨到公司的总机，说：“请挂断霍根先生的所有电话，直到下一次通知时。”

沃尔特很惊讶，乔治控制了局面。“沃尔特，3个月以来我们只进行这样的见面，我一直没有机会向您介绍这种产品，您

买了另一种牌子的产品，可我碰巧知道它并不令人满意。那是您的一天，而今天是我的一天，您同意这样说吗？”

没有电话，沃尔特感觉不知所措，就答应了，但他还是看了看表。然后乔治以简短的话语概括了产品的优点。“好吧！乔治，你赢了。”沃尔特说，“我们将要试试，现在我可以接我的电话了吗？”

乔治摇摇头。“直到您签了购买订单才可以，”他说，“我不敢再让您接触电话。”沃尔特签了订单。“这是一种很好的产品，”他说，“我希望以前听说过它。”那是一个评论，乔治决定不予回答。毕竟他拿到了订单，他已经挽救了一个失败的销售。

悄悄使用时间的无形压力

犹太人口才智慧要诀

大部分的妥协都是在最后一分钟发生，一定要有耐性，强韧的耐力才是真正的本事。尽量控制情绪，冷静寻找有利的时机，忍耐总是有报酬的，等一等，忍一忍，事情或许应该这样做，当不知道如何做时，最好是什么都不做。只要能够善加利用时机，往往会达到最好的说服效果。

《塔木德》上说：“时间分秒飞逝，是众所皆知的事实。不论我们做什么，对每个人来说，时间走动的脚步，都是一样的速度。因为无法控制时间的快慢，我们就必须分析时间对商战过程的影响。”

犹太人认为，在谈判中，一般而言，一蹴而就的交易，通常不是最好的交易。往往在交涉的最后一分钟，由于对方的改变才会尝到甜美的果实。谈判的对象不变，但随着期限的渐渐迫近，情况会改变。所以，在谈判中如果能够善加利用时机，往往会达到最好的说服效果。

对于一个谈判者来说，“时间限制”更是重要，像这样的实际例子实在不胜枚举。

一位年轻的美国人叫哈曼，第一次被公司派往东京和日本商人进行为期14天的会议谈判，哈曼兴奋不已。飞机在东京着陆后，哈曼被两位温文有礼的日本绅士鞠躬欢迎，并协助他通过检查，然后引他坐入一辆豪华的礼车。坐在舒适柔软的后座上，哈曼对挤在前面的人说：“后面宽敞得很，为什么不一块儿坐在后面？”

他们答道：“噢，您是这样有地位的人，来参加这种重要会议显然必须好好休息。”日本人的态度和回答使哈曼感到非常满意，有点飘飘然起来。车子在行驶当中，一位接待员说：“先生懂不懂这儿的语言？”

“你是指日文？”

“是啊，就是我们国家的语言？”

“噢，不，不过我希望能学些日本用语，我带了字典。”日本接待员继续道：“先生回去的时间确定了吗？是否已经订好了回程的机票？到时我们可以先将车准备好送你到机场。”

真是善解人意。哈曼伸手到口袋中拿出机票并交给接待员，因此日本人得知他的截止时间，而他却不知道他们的用意，无意中亮了底牌。会议并未立即开始，日本人先安排哈曼参观并了解日本礼仪及文化。不止一个星期，哈曼忙碌着参观了皇宫、各地博物馆等，甚至还安排了一项用英文讲的课程来说明日本人的信仰。

每天晚上有四个半钟头，他们让哈曼跪坐在硬地板上的软垫上，享受着传统的晚宴。每当哈曼提到会议时，日本人总是答道：“噢，还早嘛，有的是时间啊！”

会议终于在第十二天开始。但是必须提早结束才不会耽误哈曼打18洞的高尔夫球。第十三天，会议也必须提早结束，以便参加为哈曼预定举办的欢送会。最后，第十四天的早上，双方终于渐渐谈到重点。正当哈曼要提出意见时，接他去机场的车已经到达。大家挤在车内一路继续谈判，在车停下之前，双方终于订下协议。

这项交涉会有怎样的结果？许多年来当哈曼的老板提起这件事时总是说：“这是日本人在珍珠港事件后最人的一次收获。”

为什么会有这样的失败？就因为接待员控制了哈曼的截止时间，而他却不知道他们的用意。他们延迟不做任何要挟，正确地击中哈曼不愿空手而回的心理。更甚者，哈曼不耐烦的心态让他们占了上风，以此轻易地被日本人掌握于股掌之间。

这种情形普遍存在于各种交涉事件中。

当最困难的事被对方当作主题先提出后，你应该转开话题，只有在对方已投下时间和精力之后，才转回这个话题，你会惊讶地发现对方在投放大量的时间和精力之后发生了很大的改变。

记住，只要在结束之前到达，永远不会太迟。当对方表现出毫不在乎或过分热情时，小心他们醉翁之意不在酒。

抓住交易的关键准确利索地说服

犹太人口才智慧要诀

抓住事情的关键，是推销活动中说服客户的核心。在生意场上，获胜的核心是抓住交易的本质，不在小事上浪费精力。说话如果抓不住关键点，结果将适得其反，反而会帮倒忙。

抓住事情的关键是推销活动中说服客户的核心。在生意场上，获胜的核心是抓住交易的本质，不在小事上浪费精力。

在犹太人看来，有很多推销员对自己的业务非常熟悉，他们常常想对此详细地说明，可问题在于详细地说明就会失去听众。一位销售一款功能齐全的自动售货机的犹太人雅格布最近正在为公司里一个推销员头疼。

“唉，约翰从来没卖出去什么东西。”雅格布认为约翰的口才在公司是一流的，但问题出在哪里呢？

于是，雅格布跟着约翰一起出去推销，希望发现问题的答案。约翰正好要去见一个客户，他们来到客户的办公室。

这时，客户鲍尔曼先生进来了，他神色匆匆地解释说：“我忘了你们今天会来，而两分钟后我还有一个重要的会议，因此，你们能不能手脚麻利一点？”说完， 他瞧了一眼售货机。

“就是这个吗？”

被挡在售货机后面的约翰气喘吁吁地说：“是呀。”

“嗯，看起来还不错，我现在赶时间，就要这个吧，接上插头，给我开张发票。”

约翰从售货机后面伸长了脖子说道：“那可不行，先生得看我们演示一下呀。”

鲍尔曼叹了口气说：“噢，上帝。好吧，好吧，不过麻烦你快一点。”

约翰开始埋头苦干起来，丝毫不理会鲍尔曼刚才的郑重声明，也不顾他这会儿时而抱怨连天，时而唉声叹气，时而跺脚，时而瞄一眼手表，一副烦躁焦急、坐立不安的样子。再看看约翰，只见他正有条不紊地演示如何让售货机送出咖啡来，不送出来，再送出来，多送点出来，少送点出来。

接着，他又得意扬扬地拉了两个暗藏的阀门。这时，整台售货机就像一朵巨型的金属花朵一样，绽放开来，露出里边嗡嗡作响、微微振动的部件……

几秒钟后，约翰就被悻悻地赶下楼去。

事实上，只要约翰事先有礼貌地询问一下，鲍尔曼对售货机有什么疑问或者特殊的要求，然后针对这些疑问和要求来演示产品就好了。约翰简简单单地说上一句："我们不会耽误您开会的。鲍尔曼先生，请问一下，您最喜欢喝什么？"

"黑咖啡。"

"按一下这个蓝色按钮，黑咖啡出来了。怎么样，味道还好吧？"

如此一来，不用再多费口舌，鲍尔曼就会心悦诚服地买下售货机。干吗还要冒那么大的风险，再对他喋喋不休呢？说话如果抓不住关键点，结果将适得其反，反而会帮倒忙。

后退一小步方能前进一大步

犹太人口才智慧要诀

无论是经商也好，谈判也好，暂时的退却是为了将来的进攻。但运用以退为进的策略，要有度，应做到顺理成章，退得巧妙，才能进得有力。

以退为进是犹太人在谈判中经常运用的一种策略。这种策略的含义就是，以貌似与本意相悖的言行，采取退下、让步之法，以期待时机，获得优势。

你也许见过这样的场景：公司职员已对天天加班感到厌烦，但是当经理向职工们说：“喂，大家都疲倦了，今天是不是早点结束回家休息，好明天再加一天班？”如此一说，职工们即使很累，也不会再进行抵制了。这便是一个以退为进的实例。

在销售中我们会经常遇到这种情景：对方对我们频频指责，又不给你解释的机会。这时我们可以先应承下来，尽量不予反驳，在退中求进。

犹太人琼斯先生是一家啤酒厂的经营者，他就经常遇到这样的事。有一家公司的采购员克劳恩欠琼斯先生1000美元啤酒款长期未付。一次，克劳恩来到啤酒销售部，对琼斯先生大发脾气，抱怨他出售的啤酒质量越来越差，并说社会上骂声一片，他所在的公司及他本人不再会买他的啤酒。最后竟说出自己欠的那1000美元钱也就免付了。

琼斯先生压住火气，仔细听完克劳恩的唠叨后，却出乎意料地向克劳恩赔起不是，声称啤酒质量确有不尽如人意之处，最后说：“对你的意见，我会尽快向厂部反映的。至于你欠的那1000美元啤酒钱，你要不付，也就算了，谁让我的啤酒一直不争气呢！你说今后你们公司和你本人不再买我的啤酒，这是你们的自由，随你们的便。你说我的啤酒质量有问题，我现在给你介绍另外两家有名的啤酒厂……”

琼斯先生这一番话里有话的艺术性表述，确实出乎克劳恩所料。欠账还钱，这是不成文的一种自然法规。克劳恩本意不想付那所欠的1000美元，以啤酒质量一向不怎么样为借口试图堵琼斯先生的嘴。然而，琼斯先生没有单刀直入地正面反驳克劳恩，却用了巧妙的迂回战术，假装虚心承认并接受克劳恩的意见，待克劳恩发泄完后，即刻展开了攻势，用诚挚的话语，向对方表明啤酒厂的现状及未来的发展前景等。克劳恩最后被琼斯先生的诚意和坦率所征服了，自此不但继续到该啤酒店为其所在的公司购买啤酒，而且还动员了另外几家兄弟公司向该啤酒店购买啤酒。

在这里，琼斯先生使用的就是先退后进的策略。无论是推销也好，谈判也好，暂时的退却是为了将来的进攻，这也是“退”与“进”的辩证法在销售中的灵活运用。

PART 06 善于摆脱对方的控制——千万别让自己陷入不利境地

识破对方的假出价陷阱

犹太人口才智慧要诀

为防止买主假出价，通常采取这些措施：要求对方先付大笔订金，使他不敢轻易反悔；或给对方最后取货期限，过时不候；或同时与几个买主接洽。为了防止卖主假出价格，应该仔细询问对方价格的含义，提出各种疑难问题和对方纠缠，协议要反复推敲，如果万一发现上了对方的当，不应忍气吞声，而应该因地制宜采取必要的措施，给对方以坚决的还击，使己方在商务谈判中的基本利益得到保障。

在犹太人看来，生意场上既有合作又伴随着竞争。商业竞争可分为三大类：买方之间的竞争、卖方之间的竞争，以及买方与卖方之间的竞争。在买方与卖方之间的竞争中，一方如果能首先击败同类竞争对手，就会占据主动地位。

犹太人认为，在多角谈判中买卖双方为了在成交中获得最大限度的利益，通常会采取假出价的策略巧妙周旋，这种策略在各类经济业务谈判中经常被运用。

假出价格，即买主利用高价的手段（或卖主利用报低价的手段），排除交易中的其他竞争对手，优先取得交易的权力，可是一到最后成交的关键时刻，便大幅度压价（或卖主大幅度提价），洽谈的讨价还价才真正开始。在这种情况下，一般是假出价格的一方占便宜，而另一方只好忍痛割爱。

休·蒙克是德国有名的犹太富翁，他想兴办一座高尔夫球场来作为他事业的开端。几经努力，他终于选中了一块场地，这块场地市值2亿马克，竞争者很多。如果相互加价，价格就会相应抬高。怎样才能得到这块场地，并且使价格不至于提高呢？蒙克在思考。于是，他找到了卖方的经纪人，表明了自己想购买这块场地的意愿。经纪人知道蒙克是个有钱的主儿，便想敲他一笔，说："这块场地的优越性是无可比拟的，建造高尔夫球场保证赚钱，要买的人很多，如果蒙克先生肯出5亿马克的话，我将优先给予考虑。"经纪人首先来了个狮子大张口。

“5亿马克？”蒙克表现出对地价行情一无所知的样子，“不贵，不贵，我愿意购买。”这一招果然有效，经纪人喜滋滋地将这个情况向卖主做了汇报。卖主也大喜过望，觉得5亿马克的价格已高得过头了，所以回绝了其他的竞争者。所有想购买这块场地的人听说自己的竞争对手是大富翁蒙克，也就纷纷退出了竞争。

陷阱已经布好，就等有人掉入。蒙克再也没来找经纪人，经纪人多次找上门去，他不是避而不见，就是推三阻四，说买地之事尚需斟酌斟酌。

稳坐钓鱼台，你急我不急。蒙克最后才说：“场地我当然要买的，不过价钱怎么样呢？”“您不是答应过出价5亿马克的吗？”经纪人赶紧提醒道。

“这是你开的价钱，事实上地价最多只值2亿马克，你难道没听出我说‘不贵，不贵’的讥讽意味吗？你怎么把一句笑话当真了呢？”蒙克笑着说。

经纪人这才发现已经中了蒙克的圈套，只好照实说：“地价确实只值2亿马克，蒙克先生就按这个数目付款也行。”

“真是笑话，如果按这个价格付款，我就不需要犹豫了。”蒙克回答说。这可让经纪人进退两难，其他人已退出竞争，如果蒙克不买就无人来购买了，最后只好以1.5亿马克成交。

谈判时，我们不可忘记的两个字是“冷静”。在任何时候，即使你所得到的高于你的期望值，你也不忙欣喜若狂。无奸不商，我们何不冷静思考一下，丰厚的回报是否有潜在的不利因素？

无论是对于买方的假出价还是卖方的假出价，最重要的一点是洽谈者在谈判时不要低估了对手，不要有贪小便宜的心理，要知道占小便宜吃大亏的道理。

以毒攻毒拆穿对方

犹太人口才智慧要诀

当觉得对方正要把自己往陷阱里推时，出其不意，来个主动攻击，拆穿对方的阴谋。在谈判中，这就要求谈判者机警睿智，能够及时判断出谈判对方下一步所要玩弄的手段，抢先给对方设置拦路桩，使他所要施展的手法失去效力。

高明的谈判家往往能够牵引对方像爬楼梯一样，随着台阶的升高而陷对方于进退两难的境地。当然也有破解的方法，俗话说："以牙还牙，以毒攻毒。"犹太人将之用到了"拆台"上面。

这也可以说是一种揭破陷阱，使其自露马脚的办法。使用这种话术的前提是，对对方的阴谋有所觉察，然后见机行事，当觉得对方正要把自己往陷阱里推时，出其不意，来个主动攻击，拆穿对方的阴谋。这是犹太人惯用的方法，它的妙处在于选择了恰当的时机，既揭露了对手，又令其白忙一场，最后落个一场空。

有个名叫勒絮费的美国犹太人想在斯腾塔岛购置一块地皮。与他打交道的卖主是个地产大王，此人精于讨价还价，只有在他认为再也榨不出更多的油水时才会成交。

在谈判中，地产大王善于施展一种叫作"平台"的手法。开始，这个刁钻的卖主会派一个代理人来同你见面，磋商价钱。在握手告别时，你会以为买卖的价格和条件已经谈妥了。然而当你同卖主本人会面后，你却发现那不过是你愿出的价而已，而不是他肯接受的卖价。接着，他自己又开出一些根本没磋商过的新要求，把价钱抬得更高，使成交的条件对他更有利。他用这种办法把要价抬高到一个新的“平台”上迫使你要么接受，要么放弃。由于当时斯腾塔岛上正兴起地产热，人们都疯狂地介入房地产，因而，他的办法在大多数情况下往往都能见效。人们在别无选择的情况下付给他更高的钱，他也因此而财源滚滚而来。

除了“平台”策略外，他还有一种伎俩，那就是要你在成交后15天就过户，而根据习惯的做法，过户期一般都是在合同签订后45～100天之内。他用这一手段逼迫买主做出更多让步。他耍这一套手法十分得心应手，而且善于掌握火候，不会把对方逼过了头使生意告吹，他往往还会拿起笔来准备在合同的最后文本上签字的当口儿，又把笔搁下，提出“最后一个条件”，

再谈判下去。这种非凡的本领，奥妙在于掌握对方的忍耐能保持到什么程度。

可是，这位卖主刚想对勒絮费也来这一手时，就被勒絮费识破了。勒絮费自有对策，他的对策就是“拆台”。

当卖主想把他往第一个“平台”上推时，他却微微一笑，开始讲起故事来。他编造了一个叫作多尔夫的人物。他说：“我从来没能从这位多尔夫先生手中买成一块地皮，因为每当我认为双方已谈妥成交之时，多尔夫总是又提出更多的要求，对我步步紧逼。多尔夫从来不知道满足，非要把条件抬到我无法容忍、买卖就此告吹的地步不可。”

“拆台”确实是一项有力的对策。那位卖主刚想把勒絮费往“平台”上推，勒絮费就紧盯住对方的眼睛，笑着说：“您瞧，您瞧，您怎么做起事来也像多尔夫先生一样。”就这样，他把那位卖主弄得动弹不得，半点也施展不开他的“平台”惯技。

这种以毒攻毒的应变对策贵在勒絮费预先发现谈判对方的攻击倾向。在谈判中，这就要求谈判者机警睿智，能够及时判断出谈判对方下一步所要玩弄的手段，抢先给对方设置拦路桩，使他所要施展的手法失去效力。

还有一次，勒絮费收到一个包裹，打开一看，是一盒乌鱼子，另外还附着一张划拨单和一封信：

“敬启者：

兹附上本公司经销的高级乌鱼子一盒，产品具有高养分及热量。至于货款1500元，就请以邮政划拨至本公司即可，划拨账号如所附之划拨单。”

勒絮费气炸了，但是因为已经将外盒拆封，也不好退回去。过了几天，正为自己的推销奇招沾沾自喜的乌鱼子商人，也接到了一个包裹，他打开来一看，竟然是一包石灰，附着一封信上写着：

“敬启者：

兹附上本公司经销的石灰一包，产品精良，一过水不但有高热量产生，还会像您接到这个产品时一样地叽咕叽咕叫个不停。至于货款1505元，和我欠您的货款相抵，5元就当小费，不用找了。”

这就是犹太人以毒攻毒的技巧，只不过口头语言已被书面语言所代替。

敢于撤退，该放手时就放手

犹太人口才智慧要诀

在激烈的竞争中，你发现对方提出的条件已经让你无法与之抗衡，继续斗下去非伤筋动骨不可，应将放手作为一条后路，没有这一条选择，最终会被对方套住，成为对方的囊中之物。如果对方提出的方案不合理，你还不知退却，终将会损失惨重。双方即使以不平等为基础达成了协议，该协议持续时间也不会长。

犹太法典《塔木德》上有句圣言：“只知道胜而不知道败的人，终将一败涂地。”

当明知情形极度不利，危机四伏，再战必将损兵折将、死伤

惨重时，还是“三十六计走为上策”为好。君子不吃眼前亏，识时务者为俊杰，该放手时就放手。

犹太人约翰·贝尔说：“应该把一次失败的谈判与成功的谈判都看作是胜利，坦率地说，应将放手作为一条后路，没有这一条选择，最终会被对方套住，成为对方的囊中之物。如果对方提出的方案不合理，你还不知退却，终将会是损失惨重。双方即使以不平等为基础达成了协议，该协议持续时间也不会长。”

选择撤退，只能是最后的王牌。谈判中什么最为重要？最典型的答案是选择撤退。这种答案是对错兼而有之。如果最后的王牌是撤退，就会令人想到谈判失败的后果。太多的谈判者只是在谈判处于崩溃的边缘时才想到撤退，而为时已晚了。

如果你发现你按对方出的条件成交，会让你损失惨重，你就要当机立断，退出竞争，免得做赔本的买卖。不过，让对方太轻易地取得竞争的胜利，有可能助长他的气焰，以后会变本加厉地玩弄种种恶劣手段。客户也会对你的能力和信誉、诚意产生怀疑，日后的合作将变得十分艰难。所以，金蝉脱壳、隐性退却是较好的选择。

隐性退却就是要做足表面文章，保留逼真假象。敢于放弃是使用隐性退却的先决条件，若是成交对你有害，不能迷恋，不能彷徨，当断则断，可喻之为“藕断”。

这个“藕断”应成为最高机密，不能让任何闲杂人员知道，甚至自己人也不用告知，除了最核心的人员之外，关键人物心知肚明即可。谈判原班人马、原有渠道、原来关系、

原先联系，均原封不动，该谈的照谈，该争的照争，可谓“丝连”。而这种表面文章，就是金蝉脱壳。

这样做的好处是，对方无法轻而易举地尝到胜果。你让他付出点代价，让他知道你不是个好欺负的人。这样一来，你日后的生存环境将变得好一些。客户也能感受到你的坚韧、你的诚意，留下日后进行合作的余地。

控制住话语权和谈话场面

犹太人口才智慧要诀

在谈话中必须要控制住场面和话语权。比如，打断对方的话，不失时机地把话题转到别的方面或转向另外的人。交谈也会出现一些出乎意料的情况，这时应该临阵不慌，冷静思考，随机应变，控制场面。

《塔木德》上说：“在交谈中，控制住谈话场面和话语权是一种攻守兼备的策略。”

假如你正在某个会场给一群人作演讲，正讲到兴头上，忽然一阵电话铃声响起，哪怕那声音很小很小，也会叫你一时语塞。这种声音还会影响会场的气氛，刚才一心听讲的观众注意力也会分散。这样一时语塞之后，你会发现，想要再回到刚才的氛围就很难很难。

因意外的声音而造成一时的失措，思维分散，是一种防护性的反射性反应，就像小动物听到一点小响声就竖起双耳警惕地环视四周一样。注意力的分散，往往造成思路的中断。有时你在音乐茶座边饮茶边聊天时，服务员把你要的咖啡送来摆放饮具时发出的声音，令满座人都一时停止了交谈，出现一时冷场的局面。

犹太人在经商过程中深刻体会到：在谈话中必须要控制住场面和话语权。比如，打断对方的话，不失时机地把话题转到别的方面或转向另外的人。我们在会议桌旁时常会看到这类实践者，在对手讲话时插话说："是那么回事，不过……"巧妙地把劲敌的话头打断，你也不妨小试一次。

若对方滔滔不绝地发言，而整个会议都快成为他的天下时，采取何种对策好呢？"我有一点意见想说"，这种话太唐突；"我有异议"，太富挑战性；"移到下个议案吧"，又很容易被看穿。

既要使对方舒服，又要夺取发言权，你不如说："您的话引出了我的感想……"这种移花接木的方法是最好的了。用"您的话使我想到"开头，接着便提出完全不同的话题。即使话题向着另一个方向行进，对方也毫无办法。

犹太人认为，转换话题也要讲究策略。一是要注意时机。当事先预计的交谈目的已经达到，对方在原先这个话题上再也无话可说，或对方在交谈中又提出了新的观点或情况，都要及时转换话题。二是要讲究方式。一般是先总结前面的交谈情况，肯定对方的积极配合，然后提出尚需交谈的话题。也可以采用迂回引导法，即先暂时从正面避开话题，谈一些对方感兴趣的事情，边谈边分析。

面对复杂多变的交谈形势，交谈者还要善于控制交谈的场面，这样才有助于说服对方。

常用的一个技巧就是通过控制话题来控制谈话场面，也就是使话题不要偏离中心或使已经偏离中心的话题回到中心上来。常见的方法有两种：一是阻挡法，即直接提醒对方，阻止对方再说下去，使双方的谈话重新回到中心话题上来。但提醒对方时应注意礼貌，绝不可粗暴地强制对方终止谈话，这样会伤害对方的自尊心，影响交谈的进行。二是引导法或暗示法，即对符合题意的谈话，要用一些表示肯定的方式（如眼神、手势、简短的应答）引导或暗示对方可以继续讲下去；对不符合题意或有离题现象的发言，可以礼貌地插入一些话提醒对方注意。

交谈也会出现一些出乎意料的情况。这时应该临阵不慌，冷静思考，随机应变控制场面。常见的情景控制技巧有如下一些：

引申转移法，即用适当的话把尴尬情绪引申到别处，以消除僵局。例如，高考前夜，一考生打翻家中热水瓶，热水瓶落在地上摔得粉碎，家里人觉得这是不祥的预兆，认为他的高考今年又要泡汤。全家人因此被笼罩在一种不安的气氛中。这时考生的姐姐忽然说："这个水平（水瓶）早该打破了！这说明弟弟今年高考一定行！"一句话使大家都回过神来，化阴郁为祥和，消除了心中的阴影。

模糊应答法，即努力寻找一些伸缩性较大、不甚精确的话语来回答一时难以说明的问题。此法在外交场合使用较多，如答复对方邀请时，说"将在适当的时候访问贵国"；涉及某些不便表态的问题时，说"对此，我们将注意研究"等。

即兴回敬法，即当场使用对方所使用的讲话方法或语句回敬对方，以诙谐的语言使谈话相映成趣，或使饶舌的对方知难而退。

PART 07 直的不通就拐个弯——头脑灵活，就不会有死路

免费给客户一点甜头尝尝

犹太人口才智慧要诀

想从别人手里得到什么，就要先给他一些什么。把准一些人爱贪小便宜的心理，免费给客户一点甜头尝尝，就很容易接近客户。如果这种推销是客户不可缺少的服务，而且效果又好，很快就能获得客户的心。

《塔木德》上说："想从别人手里得到什么，就要先给他一些什么。"犹太人把它的道理用在说服客户购买商品上面，这跟我们平常所说的欲取先予是同一回事。

赫伯特·波恩特只凭办公室、信笺和电话就建立了华盛顿地区管理咨询服务公司。这种服务的潜在顾客很不集中，在公司刚成立时，没有任何客户上门，为了生存，赫伯特·波

恩特不得不为自己推销。“我给从前的大学同学打了3个电话，”波恩特说，“每个人都问我有什么事，我说我在联系咨询工作。”接着他们问：“你现在在为谁咨询？”波恩特不得不说：“我还没有客户。”

在同学那里一无所获之后，波恩特从马克·吐温那里学到了一招。马克·吐温在内华达开发银矿失败后，身无分文来到了旧金山，去了最著名的一家报社应聘记者。

结果他被拒绝了，但马克·吐温告诉编辑他不要求薪水，只要给他提供免费报道的机会，这样他马上获得了这份工作。不久他又提出辞职，提醒他的老板“我没有薪水”，于是报社付给了他薪金，并派他做一名驻外记者。

波恩特如法炮制。他拜访了该领域最具权威性的一家公司，为该公司提供了整体工作方案并告知经理该项服务不收费，他很诚恳地说明了原因，客户很高兴地接受了。

“我很卖力地为那家公司工作，举行会议，解决问题，做计划，并将每日的进展汇报存档。”波恩特说。

两星期之内，老板拜访了波恩特，他不仅为波恩特的工作所打动，更为其方法所折服。他问波恩特需要什么费用，波恩特提出了一个价格，他们对此进行了磋商。

波恩特等待着购买信号并最终得到同意。当然这是个特例，并不是每个推销员都能免费提供他的产品，但你可免费提供服务和帮助以赢得购买信号，就会得到回报。当波恩特再与朋友通话，朋友问及他的客户时，波恩特已在该领域小有名气了。

犹太人把准世人都爱贪小便宜的心理，免费给客户一点甜头尝尝，就很容易接近客户。如果这种推销是客户不可缺少的服务，而且效果又好，很快就能获得客户的心。

东方不亮就让西方亮

犹太人口才智慧要诀

当从正面去做而无法解决时，不妨打破常规，从它的反面去着手，去宣传，这样也能收到意想不到的效果。

对待商业上的难题，当从正面去做而无法解决时，不妨打破常规，从它的反面去着手，去宣传，这样也能收到意想不到的效果。

美国麦克公司董事长库里恰克，以前只是一个小商贩，靠做小生意起家。有一年，他把所有的本钱取出来，购进了一大批日本货，准备在美国出售。不料进货不到两天，还没来得及出售，日本偷袭珍珠港的事件发生了，美国人抵制日货，使库里恰克濒临破产的境地。库里恰克有苦难言，辛辛苦苦赚来的钱眼看就要泡汤了。

这时库里恰克忽然想起了他的好朋友巴尼拉，一位移民美国的犹太人，巴尼拉的生意做得很成功，他决定请这位朋友帮帮忙。

听完库里恰克的诉苦后，巴尼拉微笑着说：“我的朋友，让我给你说个事吧！昨天我陪太太去书店买书，你知道她是一个肥胖者，她问有没有《如何减肥》这本书，售货员说：‘对不起，只有《如何增胖》。’‘你拿我开玩笑？’我太太很不高兴地说。‘绝非开玩笑，太太，你只要按书中的建议相反去做不就成了。我有一位朋友，她长得比您还要胖，有一次来我店里买《如何减肥》。当时没有，我就把《如何增肥》这本书推荐给她，想不到2个月后见到她时，居然瘦了10千克。太太，试一下吗？’结果，我太太就高高兴兴地买了那本《如何增肥》的书。”

“好吧，巴尼拉，我懂你的意思，具体我该怎样做呢？”

“下一次，你可以对来你商店的顾客这样说：‘美利坚的同胞们，买日货是爱国的最好表现，有爱国心的人不可不买。为什么呢？现在跟日本打仗，如果每个人买了一批日货，就等于省下一批国内资源。这部分资源就能转用于军需品，就能增加美利坚的一分国力。’这样就会大不一样的，我的朋友，你可以试一下。”

奇迹真的出现了，库里恰克照着这样一说，美国人纷纷购买他的日货，这样他的日货很快就卖完了。本来濒临破产的库

里恰克，把抵制日货改变成提倡购买日货，结果他不仅没有亏本，反而赚了一大笔。

正话反说，也是一种打破常规的方法。说出来的话，与所表达的字面意思完全相反，这就叫正话反说。例如，字面上肯定，而意义否定；或字面上否定，而意义上肯定。这种方法的妙处在于让顾客从逆向思维中寻找到答案。

故意装作不在乎的样子

犹太人口才智慧要诀

有时表现得过于热情，反而会使顾客有一种强迫感。人都有自尊心，不喜欢被别人逼得太过分而就范。人的天性似乎总是想要得到难以得到的东西，这时故意做出无所谓的推销姿态，往往能给客户制造出禁果分外香的效应，不会给人太多压力。在运用这种“不在乎”方法时，要注意不要让对方看出破绽，并且摸清了对方的确有购买意图，这样做才不会前功尽弃。

一位犹太人说：“推销员的目的就是卖掉手中的产品，但是有时表现得过于热情，反而会适得其反 。”

有一天，犹太人阿吉休姆在温斯彼罗市兜售炊具。他敲了公路巡逻员安徒先生家的门，他的妻子开门请推销员进去。

安徒太太：“我的先生和隔壁迪尔先生正在后院，不过，我和迪尔太太愿意看看你的炊具。”

阿吉休姆：“请你们的丈夫也到屋子里来吧！我保证，他们也喜欢我对产品的介绍。”

于是，两位太太“硬逼”着她们的丈夫也进来了。

阿吉休姆做了一次极其认

真的烹调表演。他拿他所推销的那套炊具用文火不加水煮苹果，然后又用安徒太太家的炊具以传统方法加水煮，两种不同方法煮成的苹果区别如此明显，给两对夫妇留下深刻的印象。但是男人们显然害怕他们会贸然买下什么，因而装作毫无兴趣的样子。

于是，阿吉休姆决定采用“欲擒故纵”的推销术。他洗净炊具，包装起来，放回到样品盒里，对两对夫妇说：“多谢你们让我做了这次表演，我实在希望能够在今天向你们提供炊具，但我只带了样品，也许你们将来才想买它吧。”

说着阿吉休姆起身准备离去，这时两位丈夫立刻对那套炊具感了兴趣，他们都站了起来，想要知道什么时候能买得到。

安徒先生：“请问，现在能向你购买吗？我现在确实有点喜欢那套炊具了。”

迪尔先生：“是啊，你现在能提供货品吗？”

阿吉休姆真诚地说：“两位先生，实在抱歉，我今天确实只带了

样品，而且什么时候发货，我也无法知道确切的日期。不过请你们放心，等能发货时，我一定把你们的要求放在心里。”

安徒先生坚持说：“哟，也许你会把我们忘了，谁知道呀？”

这时，阿吉休姆感到时机已到，就自然而然地提到了订货事宜：“噢，为了保险起见，你们最好还是付定金买一套吧。一旦公司能发货就给你们，这可能等待一个月，甚至可能要两个月。”

两位丈夫赶紧掏口袋付了定金。大约6个星期以后，商品发货了。

人的天性似乎总是想要得到难以得到的东西。在这里，阿吉休姆只是利用了这个天性，达到巧妙地推销了自己的产品的目的。

犹太人在运用这种“不在乎”方法时，尤其注意不让对方看出破绽，并且摸清了对方的确有购买意图，这样做才不会前功尽弃。

与污秽者为伍，自己也得污秽；与洁净者相伴，自己也得洁净。

犹太人认为，做父母的应该按照孩子的思维长项来寻找学习和研究的领域，即每个孩子都有自己的特长，教育，要懂得因材施教。